建筑设备安装识图与施工工艺
（第3版）

主　编　陈明彩　齐亚丽

副主编　刘媛媛　张虎伟　王怀英

U0311760

北京理工大学出版社
BEIJING INSTITUTE OF TECHNOLOGY PRESS

内 容 提 要

本书根据高等院校人才培养目标及专业教学改革的需要进行编写。全书共五章，主要包括建筑给水排水工程施工图识读与安装、建筑供暖与燃气供应工程施工图识读与安装、建筑通风空调工程施工图识读与安装、建筑变配电工程施工图识读与安装、建筑电气工程施工图识读与安装等内容。

本书可作为高等院校土木工程类相关专业的教材，也可供建筑施工现场相关技术和管理人员工作时参考。

图书在版编目（CIP）数据

建筑设备安装识图与施工工艺/陈明彩，齐亚丽主编.—3版.—北京：北京理工大学出版社，2019.2

ISBN 978-7-5682-6647-5

Ⅰ.①建… Ⅱ.①陈…②齐… Ⅲ.①房屋建筑设备－建筑安装－建筑制图－识图－高等学校－教材②房屋建筑设备－建筑安装－工程施工－高等学校－教材 Ⅳ.①TU204.21②TU8

中国版本图书馆CIP数据核字（2019）第009942号

出版发行 / 北京理工大学出版社有限责任公司

社　　址 / 北京市海淀区中关村南大街5号

邮　　编 / 100081

电　　话 / （010）68914775（总编室）

　　　　　　（010）82562903（教材售后服务热线）

　　　　　　（010）68948351（其他图书服务热线）

网　　址 / http://www.bitpress.com.cn

经　　销 / 全国各地新华书店

印　　刷 / 河北鸿祥信彩印刷有限公司

开　　本 / 787毫米×1092毫米　1/16

印　　张 / 15　　　　　　　　　　　　　　　　　责任编辑 / 江　立

字　　数 / 354千字　　　　　　　　　　　　　　　文案编辑 / 江　立

版　　次 / 2019年2月第3版　2019年2月第1次印刷　责任校对 / 周瑞红

定　　价 / 55.00元　　　　　　　　　　　　　　　责任印制 / 边心超

第3版前言

"建筑设备安装识图与施工工艺"是一门实践性很强的专业课程，是高等院校土建类相关专业必修的基础性课程，其主要任务是通过对建筑给水排水、供暖、通风与空调、燃气供应、建筑电气等工程的主要原理、系统的组成、工作方式及主要设备进行介绍，使学生能阅读和绘制一般的建筑设备施工图，了解相关标准图集的内容，掌握建筑设备安装施工工艺。

本书第1、2版自出版发行以来，经有关院校教学使用，反映较好，但随着科技的发展，人们的生活居住条件得到了更好地改善，各种新材料、新技术、新设备不断涌现与更新，建筑设备安装工程技术水平也在不断地发展进步，教材中的部分内容已经不能符合标准规范与科技发展的要求。同时，我国的高等教育工作也正在经历着改革与发展，为使教材内容能更好地符合当前高等教育改革的形势，满足目前高等教育教学工作的需求，为此，我们组织了有关专家、学者，在对实际社会需求与教学第一线的情况进行深入了解、研究的基础上，对本书进行了修订。

本次修订结合高等院校的办学特点，根据高等院校土建类相关专业人才培养目标，突出专业人才技能培养要求，注重学生专业知识和专业技能的培养，以培养面向生产第一线的应用型人才为目的，强调提升学生毕业后的实践能力和动手能力。为了强化教材的实用性和可操作性，本次修订对原有章节及内容进行了较大的整合和充实，从而能够更好地满足高等院校教学工作的需要。本次修订具体完成了以下工作：

（1）在内容上大力补充新知识、新技术、新工艺、新设备，在编写上采用最新标准、规范，以适应当今生产技术水平的发展。

（2）对每一设备安装工程均遵循系统简介→施工图识读→施工工艺的编写体例对内容进行整合，并注意理论教学与实践教学的搭配比例，从以往的理论教育为主，向理论与实践相结合转化，注重对学生动手实践能力的培养，使其能学有所用。

（3）结合教学大纲，进一步明确、强化知识目标、能力目标，并配套做好课后思考与练习，使学生在学习时对所学内容有更清楚的认识。

（4）注重图文并茂、列举实例的叙述方式，从而使学生易于理解与掌握所学知识。

本书由陈明彩、齐亚丽担任主编，刘媛媛、张虎伟、王怀英担任副主编。具体编写分工为：陈明彩编写第五章，齐亚丽编写第一章，刘媛媛编写第二章，张虎伟编写第三章，王怀英编写第四章。

本次修订过程中，参阅了大量国内同行多部著作，部分高等院校老师提出了很多宝贵意见供我们参考，在此表示衷心的感谢。

由于建筑设备安装工程涉及内容较多，限于编者的专业水平知识和实践经验，书中疏漏或不妥之处在所难免，恳请广大读者批评指正。

编　者

第2版前言

"建筑设备安装识图与施工工艺"是一门独立的、实践性很强的专业课程，学生学习的主要任务是了解建筑给水排水、供暖、通风与空调、燃气供应、建筑电气等工程的主要原理、系统的组成、工作方式及主要设备，能阅读和绘制一般建筑工程的建筑设备施工图，了解相关的标准图集内容，掌握建筑设备施工工艺。

本教材第1版自出版发行以来，经有关院校教学使用，反映较好。随着《建筑给水排水制图标准》（GB/T 50106—2010）、《暖通空调制图标准》（GB/T 50114—2010）、《建筑电气制图标准》（GB/T 50786—2012）等一系列制图标准和相关材料、施工工艺标准、规程的发布，教材中部分内容已经不能符合标准规范与科技发展的需要，也不能满足目前高等院校教学工作的需求，为此，我们组织了有关专家、学者，对教材进行了修订。

本次修订是以教材第1版为基础，按照第1版的编写体例，参照相关国家、行业标准，对暖通空调、给水排水、电气等制图图例进行了修改，并对制图方法、要求等知识进行了更新，并增加了电气照明施工图、电气动力施工图、建筑弱电施工图、变配电施工图等施工图识读方法；对建筑设备材料、工艺等陈旧的资料进行了更新；按照教学大纲增加了新知识点，如增加了室内燃气管道安装、管道支架的制作及安装、燃气系统施工图等；对配线工程进行了重新整理、划分，更加详细、系统地介绍了槽板配线、线槽配线、塑料护套线配线、导管配线、电缆配线、母线安装、架空配电线路的施工图识读方法与施工工艺；对电气动力工程进行了大量的知识点扩充，增补了吊车滑触线、电动机调试的相关知识；对建筑弱电系统进行了详细介绍，包括电缆电视系统、电话通信系统、火灾自动报警系统、防盗与保安系统、广播音响系统、智能建筑与综合布线系统等内容。

本书由陈明彩、毛颖担任主编，刘永户、李志孝、潘金仁担任副主编。

本教材在修订过程中，参阅了国内同行多部著作，部分高等院校老师提出了很多宝贵意见供我们参考，在此表示衷心的感谢！对于参与本教材第1版编写但未参与本次修订的老师、专家和学者，本版教材所有编写人员向你们表示敬意，感谢你们对高等教育改革所做出的不懈努力，希望你们对本教材保持持续关注并多提宝贵意见。

限于编者的学识及专业水平和实践经验，修订后的教材仍难免有疏漏或个妥之处，恳请广大读者指正。

编　者

第1版前言

建筑设备是建筑工程的重要组成部分。随着城市化进程的加快，城镇各类建筑陆续兴建，人民生活条件逐步改善，建筑设备工程技术水平也不断提高。掌握建筑设备工程常用材料及常用设备的类型、规格及表示方法，掌握设备系统的构成、特点及施工图的识读等基本知识，是准确计量建筑设备工程造价、合理组织施工及施工安装的基本要求。

随着我国大型工业企业的不断建立，城镇各类建筑陆续兴建，人民的生活居住条件逐步改善，基本建设工业化施工迅速发展，建筑设备工程技术水平也在不断提高。同时，由于近代科学技术的发展，各类学科相互渗透、相互影响，建筑设备技术也不例外。尤其是新材料的快速发展，更促使建筑设备制造行业进行技术革新。

"建筑设备安装识图与施工工艺"是一门独立的、实践性很强的课程，同时又和其他专业课程有着紧密的联系。为此，我们根据高等院校土建类专业的教学要求，组织编写了本教材，全书共分十五章，内容包括：水暖及通风空调工程常用材料，供暖系统安装，给水排水系统安装，管道系统设备及附件安装，通风空调系统安装，管道防腐与保温，水暖及通风空调工程施工图，电气工程常用材料，变配电设备安装，配线工程，电气照明工程，电气动力工程，接地与防雷装置安装，建筑弱电系统，建筑电气工程施工图等。

本教材在内容编排上做到了"深入浅出"，语言通俗易懂，概念准确；力求突出建筑设备领域的新知识、新材料、新工艺和新方法，克服专业教学存在的片面强调学科体系完整性、不适应社会发展需要的弊端。

为方便教学，本教材在各章前设置了【学习重点】和【培养目标】，给学生学习和老师教学作出了引导；在各章后面设置了【本章小结】和【思考与练习】，从更深的层次给学生以思考、复习的提示，由此构建了"引导—学习—总结—练习"的教学模式。

本教材由陈明彩、毛颖、陶炳芳、刘婷婷、李志孝编写。第一章至第三章由陈明彩编写；第四章、第五章由毛颖编写；第八章至第十一章由陶炳芳编写；第六章、第七章、第十二章由刘婷婷编写；第十三章、第十四章和第十五章由李志孝编写；最后由陈明彩统稿、定稿。

本教材可作为高等院校土建类相关专业教材，也可作为土建工程施工人员、技术人员和管理人员学习、培训的参考用书。本教材编写过程中参阅了国内同行多部著作，部分高等院校教师提出了很多宝贵意见，在此表示衷心的感谢！

本教材的编写虽经推敲核证，但限于编者的专业水平和实践经验，仍难免存在疏漏或不妥之处，恳请广大读者指正。

编　者

目 录

CONTENTS

第一章　建筑给水排水工程施工图识读与安装

1. 了解室内给水系统、建筑排水系统的分类、组成，消防系统的组成、分类。
2. 熟悉室内给水系统的常用给水方式、建筑排水系统的常用排水体制。
3. 了解给水管材、附件及给水设备，建筑排水系统的管材及卫生器具。
4. 熟悉高层建筑排水系统、屋面排水系统。
5. 掌握建筑给水排水施工的组成及识读方法。
6. 掌握建筑给水系统的管路布置、敷设方法；建筑给水管道安装方法、建筑室内排水管道安装方法、室外给水排水系统安装方法。

1. 能结合实际合理选用建筑给水、排水系统的管材、附件和设备。
2. 能够识读建筑给水排水施工图。
3. 能够安装建筑给水排水系统。

第一节　建筑给水系统

一、室内给水系统的分类、组成及常用给水方式

1. 室内给水系统的分类

室内给水系统按照供水对象可划分为生产给水系统、消防给水系统、生活给水系统三类。

（1）生产给水系统。 生产给水系统主要解决生产车间内部的用水问题，对象范围比较广，如设备的冷却、产品及包装器皿的洗涤或产品本身所需的用水（如饮料、锅炉、造纸等）。

(2)消防给水系统。 消防给水系统是指城镇的民用建筑、厂房以及用水进行灭火的仓库，按国家对有关建筑物的防火规定所设置的给水系统，它是提供扑救火灾用水的主要设施。

(3)生活给水系统。 生活给水系统以民用住宅、饭店、宾馆、公共浴室等为主，提供日常饮用、盥洗、冲刷等的用水。

实际上，并不是每一幢建筑物都必须设置三种独立的给水系统，而应根据使用要求混合组成"生活－消防"给水系统或"生产－消防"给水系统以及"生活－生产－消防"给水系统。只有大型的建筑或重要物资仓库，才需要单独的消防给水系统。

2. 室内给水系统的组成

一般情况下，室内给水系统由下列各部分组成(图 1-1)：

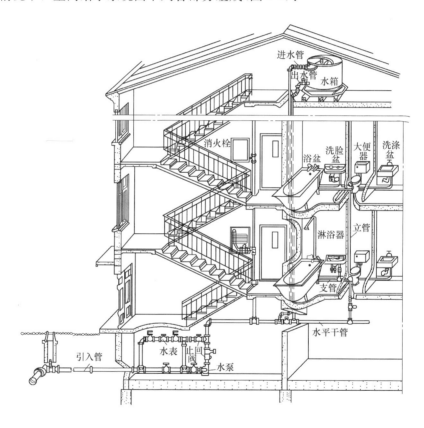

图 1-1 室内给水系统

(1)引入管。 对一幢单独建筑物而言，引入管是指穿过建筑物承重墙或基础，将水自室外给水管引入室内给水管网的管段，也称进户管。对于一个工厂、一个建筑群体、一个校区，引入管是指总进水管。

(2)水表节点。 水表节点是指引入管上装设的水表及其前后设置的阀门、泄水装置的总称。阀门用以修理和拆换水表时关闭管网；泄水装置主要用于系统检修时放空管网、检测水表精度及测定进户点压力值。为了使水流平稳流经水表，确保其计量准确，在水表前后应有符合产品标准规定的直线管段。

水表及其前后的附件一般设在水表井中，如图 1-2 所示。温暖地区的水表井一般设在室外，寒冷地区为避免水表冻裂，可将水表设在供暖房间内。在建筑内部的给水系统中，除在引入管上安装水表外，在需计量水量的某些部位和设备的配水管上也要安装水表。为便于节约用水，住宅建筑每户的进户管上均应安装分户水表。

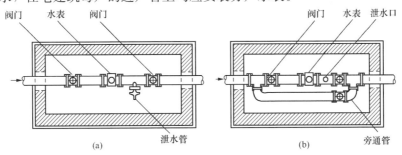

图 1-2　水表节点

(a)无旁通管的水表节点；(b)有旁通管的水表节点

(3)给水管道。给水管道包括水平或垂直干管、立管、横支管等。

(4)配水龙头和用水设备。

(5)给水附件。给水附件包括用于管道系统中调节水量、水压，控制水流方向，以及关断水流，便于管道、仪表和设备检修的各类阀门，如截止阀、止回阀、闸阀等。

(6)加压和贮水设备。在室外给水管网水量、压力不足或室内对安全供水、水压稳定有要求时，需在给水系统中设置水泵、气压给水设备和水池、水箱等各种加压、贮水设备。

3. 建筑室内给水系统的给水方式

建筑给水系统的给水方式，是根据用户对水质、水压和水量的要求，室外管网所能提供的水压情况，卫生器具及消防设备在建筑物内的分布以及用户对供水安全可靠性的要求等因素而决定的。工程中常用的给水方式有以下几种：

(1)直接给水方式。直接给水方式由室外管网直接供水，即室内给水管道系统与室外供水管网直接相连，是最为简单、经济的给水方式，如图 1-3 所示。其适用于室外供水管网的水量和水压充足，能全天满足用水要求的建筑。

这种给水方式的优点是：给水系统简单、投资少、安装维修方便，充分利用了室外管网压力，供水较为安全、可靠；其缺点是：此种系统内无贮备水量，当室外管网停水时，室内系统就会立即断水。

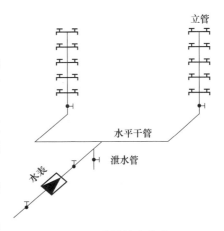

图 1-3　直接给水方式

(2)单设水箱的给水方式。单设水箱的给水方式宜在室外管网的供水压力周期性不足，室内给水系统要求水压稳定，且允许设置水箱的建筑内采用。如图 1-4 所示，建筑物在屋顶设有高位水箱、室内给水系统与室外供水管网连接。当室外供水管网压力满足室内用水要求时，由室外供水管网直接向室内给水系统供水，并向高位水箱充水，从而贮备一定的水量。当用水高峰时，室外供水管网的压力不足，则由水箱向室内给水系统补充供水。为防止水箱中的水回流至室外管网，应在引入管上设置止回阀。

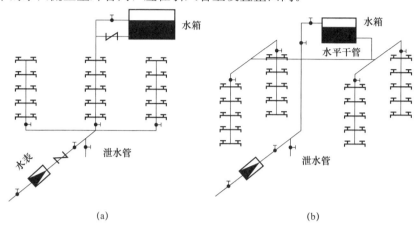

（a） （b）

图1-4 单设水箱的给水方式

(a)室内所需水量由给水管网和水箱联合供水；(b)室内所需水量全部由水箱供水

这种给水方式的优点是：系统比较简单，较能充分利用室外管网的压力供水，节省电耗；具有一定的贮备水量，供水可靠性较好；其缺点是：由于设置了高位水箱，增加了建筑结构荷载，并给建筑的立面处理带来了一定困难。

(3)设水泵升压的给水方式。设水泵升压的给水方式宜在室外给水管网的水压经常不足时采用。当建筑内用水量大且较均匀时，可采用恒速水泵供水；当建筑内用水不均匀时，宜采用一台或多台水泵变速运行供水，以提高水泵的工作效率。

1)设贮水池、水泵和水箱的给水方式。设贮水池、水泵和水箱的给水方式宜在室外供水管网压力经常不能满足室内给水系统需要，并且不允许水泵直接从室外管网吸水且室内用水又不均匀时采用，如图1-5所示。

水泵从贮水池中吸水，经加压后供给室内系统。当水泵供水水量大于系统用水量时，多余的水流入水箱贮存；当水泵供水水量小于系统用水量时，则由水箱向系统补充供水，以满足室内给水系统要求。另外，贮水池和水箱又起到了贮备一定水量的作用，提高了供水可靠性。

这种给水方式的优点是：水泵能及时向水箱充水，可缩小水箱的容积，同时在水箱的调节下，水泵的出水量稳定，能保持在高效区运行，节省电耗。

2)气压给水方式。气压给水方式即在给水系统中设置气压给水设备，利用该设备气压水罐内气体的可压缩性，升压供水。气压水罐的作用相当于高位水箱，但其位置可根据需要设置在高处或低处。这种给水方式宜在室外给水管网压力低于或经常不能满足建筑内给水管网所需水压，或室内用水不均匀，且不宜设置高位水箱时采用，如图1-6所示。

3)叠压给水方式。水泵直接从室外供水管网吸水时，应设旁通管，在旁通管上设阀门，如图1-7所示。当室外供水管网压力足够大时，可停泵，由室外管网直接向室内系统供水。应在水泵出水口和旁通管上设止回阀，以防止水泵停止运行时，室内系统中的水回流至室外管网，这样

叠压给水设备

设置的优点是充分利用了室外管网的压力，节省了电能。

因水泵直接从室外管网抽水，会使外网压力降低，影响附近用户用水，严重时还可能造成外网负压，在管道接口不严密时，其周围土壤中的渗漏水会吸入管内，污染水质。当采用水泵直接从室外管网抽水时，必须经供水部门同意，并在管道连接处采取必要的防护措施，以免水质污染。

4）**变频调速给水方式**。水箱设在小区的公共设备间或某幢建筑的单独设备间内，水箱贮水量根据用水标准确定，水泵把水箱内的水取出，供给小区供水管网或建筑内部供水管线，变频调速装置根据水泵出口压力变化来调节水泵转速，使水泵出口压力维持在一个非常恒定的水平，当用水量非常小时，水泵转速极低，甚至停转，节能效果显著，供水压力稳定，如图 1-8 所示。

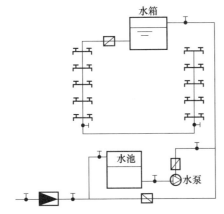

图 1-5　设贮水池、水泵和水箱的给水方式

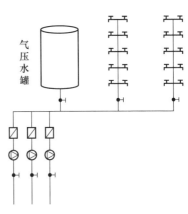

图 1-6　气压给水方式

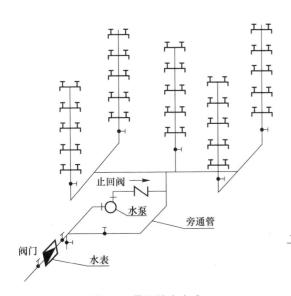

图 1-7　叠压给水方式

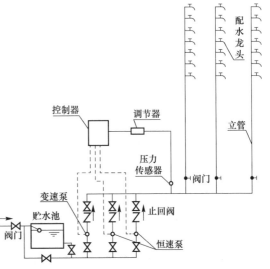

图 1-8　变频调速给水方式

（4）**分区给水方式**。在多层建筑物中，当室外给水管网的压力只能满足建筑物下面几层供水要求时，为了充分利用室外管网水压，可将建筑物供水系统划分为上、下两区，如图 1-9 所

示。下区采用城市管网压力直接供水，上区由升压、贮水设备供水。可将
两区的一根或几根立管相互连通，在连接处装设阀门，以便在下区进水管
发生故障或室外给水管网水压不足时，打开阀门由高区水箱向低区用户供
水。这种给水方式特别适用于建筑物低层设有洗衣房、浴室、大型餐厅等
用水量大的场所。

分区给水方式

　　(5)分质给水方式。分质给水方式根据不同用途所需的不同水质，分
别设置独立的给水系统。如图 1-10 所示，饮用水给水系统供饮用、烹饪、盥洗等生活用
水，水质符合《生活饮用水卫生标准》(GB 5749—2006)；杂用水给水系统水质较差，只能用
于建筑内冲洗便器、绿化、洗车、扫除等用水。近年来为确保水质，有些国家还采用了饮
用水与盥洗、沐浴等生活用水分设两个独立管网的分质给水方式。生活用水均先入屋顶水
箱(空气隔断)后，再经管网供给各用水点，以防回流污染。饮用水则根据需要，深度处理
达到直接饮用要求，再进行输配。

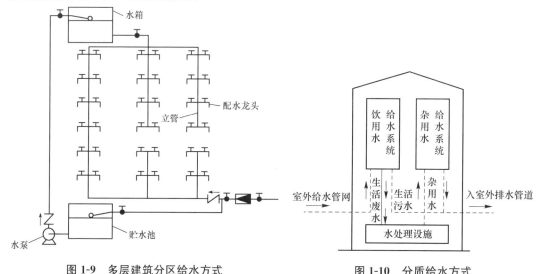

图 1-9　多层建筑分区给水方式　　　　　　图 1-10　分质给水方式

二、给水管材及附件

　　给水系统是由管道、管件、附件和给水设备连接而成的，管道材料及附件合适与否，
对工程质量、工程造价及使用产生直接影响。

　　(一)常用给水管材

　　常用给水管材一般分为钢管、铜管、塑料管、给水铸铁管和复合管等。需要注意的是，
生活用水的给水管必须是无毒的。

　　1. 钢管

　　钢管是给水排水设备工程中应用最广泛的金属管材。钢管分为焊接钢管和无缝钢管。

　　(1)焊接钢管。焊接钢管俗称水煤气管，又称黑铁管，通常由卷成管形的钢板、钢带以
对缝或螺旋缝形式焊接而成，故又称为有缝钢管。焊接钢管的规格用公称直径表示，符号
为 DN，单位为 mm。焊接钢管按其表面是否镀锌可分为镀锌钢管(白铁管)和非镀锌钢管
(黑铁管)；按钢管壁厚不同又可分为普通焊接钢管、加厚焊接钢管和薄壁焊接钢管。

(2)无缝钢管。 无缝钢管是用钢坯经穿孔轧制或拉制成的钢管，常用普通碳素钢、优质碳素钢或低合金钢制造而成。它具有承受高压及高温的能力，常用于输送高压气体、高温热水、易燃易爆及高压流体等介质。因同一口径的无缝钢管有多种壁厚，故无缝钢管规格一般不用公称直径表示，而用"D(管外径，单位为 mm)×壁厚(单位为 mm)"表示，如 $D159×4.5$ 表示管外径为 159 mm、壁厚为 4.5 mm 的无缝钢管。

低压流体输送用焊接钢管

钢管具有强度高、承受内压力大、抗震性能好、质量比铸铁管轻、接头少、内外表面光滑、容易加工和安装等优点。但是，其抗腐蚀性能差，造价较高。钢管镀锌的目的是防锈、防腐，不使水质变坏，延长使用年限。外径不大于 219.1 mm 的低压流体输送用焊接钢管公称口径、外径、公称壁厚和不圆度见表 1-1。

表 1-1　29.10 的钢管公称口径、外径、公称壁厚和不圆度(GB/T 3091—2015)　　　mm

公称口径/DN	外径/D			最小公称壁厚 t	不圆度 不大于
	系列 1	系列 2	系列 3		
6	10.2	10.0	—	2.0	0.20
8	13.5	12.7	—	2.0	0.20
10	17.2	16.0	—	2.2	0.20
15	21.3	20.8	—	2.2	0.30
20	26.9	26.0	—	2.2	0.35
25	33.7	33.0	32.5	2.5	0.40
32	42.4	42.0	41.5	2.5	0.40
40	48.3	48.0	47.5	2.75	0.50
50	60.3	59.5	59.0	2.8	0.60
65	76.1	75.5	75.0	3.0	0.60
80	88.9	88.5	88.0	3.25	0.70
100	114.3	114.0	—	3.25	0.80
125	139.7	141.3	140.0	3.5	1.00
150	165.1	168.3	159.0	3.5	1.20
200	219.1	219.0	—	4.0	1.60

注：1. 表中的公称口径是近似内径的名义尺寸，不表示外径减去两倍壁厚所得的内径。
　　2. 系列 1 是通用系列，属推荐选用系列；系列 2 是非通用系列；系列 3 是少数特殊、专用系列。

2. 铜管

铜管耐压强度高、韧性好，具有良好的延展性、抗震性和抗冲击性等机械性能；化学性能稳定，耐腐蚀，耐热；内壁光滑，流动阻力小，有利于节约能耗；卫生性能好，可以抑制某些细菌生长。由于给水系统用铜管造价偏高，因此，建筑给水所用铜管为薄壁纯铜管，其口径为 15～200 mm。铜管的连接可采用钎焊连接、沟槽连接、卡套连接、卡压连接等方式。

3. 塑料管

近年来，各种各样的塑料管逐渐代替钢管被应用在设备工程中。其优点是品种较多、化学性能稳定、耐腐蚀、质量轻、管内壁光滑、加工安装方便等。**常用的塑料管材有硬聚氯乙烯塑料管、聚乙烯管、交联聚乙烯管、聚丙烯管、聚丁烯管等。**

(1)硬聚氯乙烯塑料管。目前，用得最多的塑料管是硬聚氯乙烯塑料管，也称UPVC管。它具有化学性能稳定、耐腐蚀、物理机械性能好、无不良气味、质轻而坚、可制成各种颜色等优点。但是其强度较低，耐久、耐温性能较差。

轻型硬聚氯乙烯塑料管用于工作压力小于0.6 MPa的管路，重型硬聚氯乙烯塑料管用于工作压力小于1.0 MPa的管路。输送腐蚀性液体的管道和大便器、大便槽、小便槽用的冲洗管，宜采用硬聚氯乙烯塑料管。给水塑料管的连接，有螺纹连接、焊接、法兰连接和粘接等方法。

(2)聚乙烯管。聚乙烯管又称PE管，包括高密度聚乙烯管和低密度聚乙烯管。其优点是质量轻、韧性好、耐腐蚀、可盘绕、耐低温性能好、运输及施工方便、具有良好的柔性和抗蠕变性，在建筑给水中得到广泛应用。目前，国内产品的规格为DN16～DN160，最大可达DN400。

(3)交联聚乙烯管。交联聚乙烯是通过化学方法使普通聚乙烯的线性分子结构改成三维交联网状结构，也称为PEX管。交联聚乙烯管具有强度高、韧性好、抗老化（使用寿命达50年以上）、温度适应范围广（−70 ℃～110 ℃）、无毒、不滋生细菌、安装维修方便、价格适中等优点。常用规格为DN10～DN32，少量达DN63，主要用于建筑室内热水给水系统。

(4)聚丙烯管。聚丙烯管也称为PP管，普通聚丙烯材质有一个显著缺点，即耐低温性差，在50 ℃以下即因脆性太大而难以正常使用，这种情况通过共聚合的方式可以使聚丙烯性能得到改善。聚丙烯管分为均聚聚丙烯管、嵌段共聚聚丙烯管、无规共聚聚丙烯管三种。目前市场上用得较多的是嵌段共聚聚丙烯管和无规共聚聚丙烯管。

(5)聚丁烯管。聚丁烯管是用高分子树脂制成的高密度塑料管，也称为PB管。其管材质软、耐磨、耐热、抗冻、无毒无害、耐久性好、质量轻、施工安装简单，公称压力可达1.6 MPa，能在−20 ℃～95 ℃条件下安全使用，适用于冷、热水系统。

4. 给水铸铁管

我国生产的**给水铸铁管按其材质不同可分为球墨铸铁管和普通灰口铸铁管。**铸铁管具有耐腐蚀性强、使用期长、价格较低等优点；其缺点是性脆、长度小、质量大，适用于消防系统、生产给水系统的埋地敷设。

给水铸铁管有低压管、普压管和高压管三种，工作压力分别不大于0.45 MPa、0.75 MPa、1.00 MPa。实际选用时应根据管道的工作压力来选择，表1-2为常用给水铸铁管规格。

表1-2 常用给水铸铁管规格

公称内径/mm	壁厚/mm		有效长度/m	质量/kg			
	低压	高压		低压		高压	
				3 m	4 m	3 m	4 m
75	9	9	3	4	58.5	75.6	58.5	75.6
100	9	9	3	4	75.5	97.7	75.5	97.7
125	9	9	—	4	—	119	—	119
150	9	9.5	—	4	—	143	—	149
200	9.4	10	—	4	—	196	—	207

铸铁管的接口形式一般为承插接口，可分为柔性接口和刚性接口两类。柔性接口采用胶圈连接；刚性接口采用石棉水泥接口或膨胀性填料接口，重要场合可采用铅封接口。常用给水铸铁管管件，如图 1-11 所示。

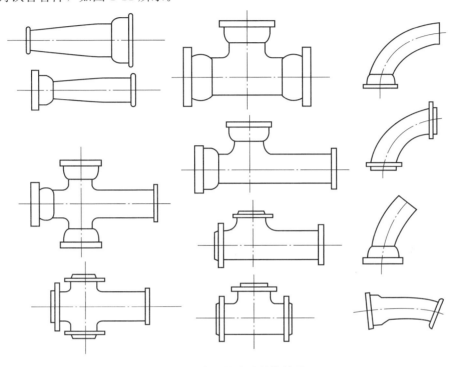

图 1-11　常用给水铸铁管管件

5. 复合管

复合管是金属与塑料混合型管材，它综合了金属管材和塑料管材的优势，有铝塑复合管和钢塑复合管两类。

(1)铝塑复合管。铝塑复合管的内壁、外壁是塑料层，中间夹以铝合金层，通过挤压成型的方法复合而成，可分为冷水、热水用铝塑管和燃气用复合管。铝塑复合管除具有塑料管的优点外，还具有耐压强度高、耐热、可挠曲、接口少、施工方便、美观等优点。铝塑复合管可广泛应用于建筑室内冷水、热水供应和地面辐射供暖。

(2)钢塑复合管。钢塑复合管是在钢管内壁衬(涂)上一定厚度的塑料层复合而成，依据复合管基材的不同，可分为衬塑复合管和涂塑复合管两种。衬塑复合管是在传统的输水钢管内插入一根薄壁的 PVC 管，使两者紧密结合，就成了 PVC 衬塑复合管；涂塑复合管是以普通碳素钢管为基材，将高分子 PE 粉末熔融后均匀地涂敷在钢管内壁，经塑化后，形成光滑、致密的塑料涂层。

钢塑复合管兼具金属管材强度高、耐高压、能承受较强的外来冲击力和塑料管材的耐腐蚀性、不结垢、导热系数低、流体阻力小等优点。

(二)常用给水附件

给水附件是给水管网系统中调节水量和水压、控制水流方向、关断水流等各类装置的总称，可分为配水附件和控制附件两类。

1. 配水附件

一般情况下，配水附件和卫生器具配套安装，主要起分配、调节给水流量的作用，如图 1-12 所示。

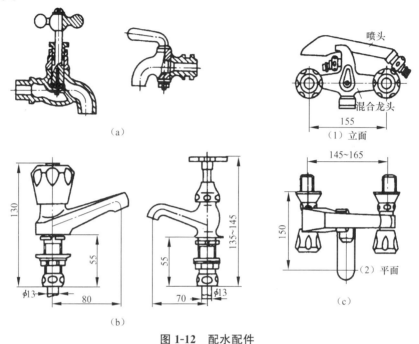

图 1-12　配水配件

(a)普通喷水龙头；(b)洗脸盆龙头；(c)带喷头的龙头

2. 控制附件

控制附件用来调节水压、管道水流量大小及切断水流、控制水流方向，如截止阀、闸阀、止回阀、蝶阀、球阀等。

(1)截止阀。 截止阀在管路上起开启和关闭水流的作用，但不能调节流量，其优点是关闭严密；缺点是水阻力大，安装时需注意安装方向，如图 1-13 所示。

(2)闸阀。 闸阀在管路中既可以起开启和关闭的作用，又可以调节流量，对水阻力小；其缺点是关闭不严密。闸阀是给水系统中使用最为广泛的阀门，又称水门。闸阀结构如图 1-14 所示。

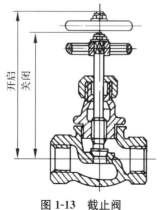

图 1-13　截止阀

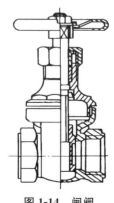

图 1-14　闸阀

(3)止回阀。止回阀通常安装于水泵出口，防止水倒流。安装时应按阀体上标注箭头方向安装，不可装反。止回阀可分为多种，如升降式止回阀、立式升降式止回阀、旋启式止回阀等。在系统有严重水锤产生时，可采用微启缓闭止回阀。该阀门结构和工作原理，可参考相关厂家样本。图 1-15 所示为升降式、旋启式、立式升降式止回阀。

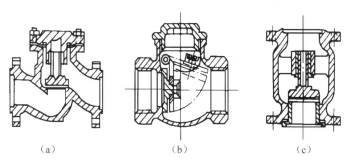

（a）　　　　　　　　（b）　　　　　　　　（c）

图 1-15　止回阀

（a）升降式止回阀；（b）旋启式止回阀；（c）立式升降式止回阀

(4)蝶阀。蝶阀具有开启方便、结构紧凑、占用面积小的特点，适宜在设备安装空间较小时采用。蝶阀如图 1-16 所示。

蝶阀的阀瓣绕阀座内的轴转动，达到阀门的启闭。按驱动方式可分为手动、涡轮传动、气动和电动。蝶阀结构简单、外形尺寸小、质量轻，适合制造较大直径的阀门。手动蝶阀可以安装在管道的任何位置上。带传动机构的蝶阀，应直立安装，使传动机构处于铅垂位置。

蝶阀适用于室外管径较大的给水管道上和室内消火栓给水系统的主干管上。

蝶阀的启闭件(蝶板)绕固定轴旋转。蝶阀具有操作力矩小、开闭时间短、安装空间小、质量轻等优点；其主要缺点是蝶板占据一定的过流断面，增大阻力损失，容易挂积纤维和杂物。

(5)球阀。在小管径管道上可使用球阀。球阀阀芯为球形，内有一条水流通道，转动阀柄时，水流通道和水流方向垂直，则关闭阀门，反之开启。球阀如图 1-17 所示。

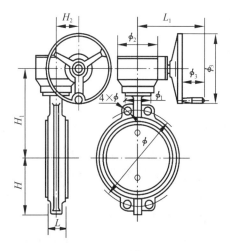

图 1-16　蝶阀

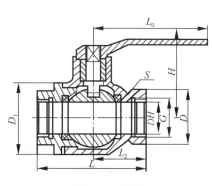

图 1-17　球阀

3. 水表

水表是一种计量建筑物或设备用水量的仪表。室内给水系统中广泛使用流速式水表。流速式水表是根据管径一定时，通过水表的水流速度与流量成正比的原理来测量的。

（1）水表的类型。**流速式水表按翼轮构造不同，可分为旋翼式和螺翼式两种。**旋翼式的翼轮转轴与水流方向垂直，水流阻力较大，多为小口径水表，宜用于测量小的流量；螺翼式翼轮转轴与水流方向平行，阻力较小，适用于大流量的大口径水表。复式水表是旋翼式和螺翼式的组合形式，在流量变化很大时采用。流速式水表，如图 1-18 所示。

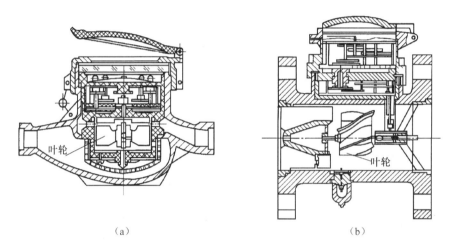

图 1-18　流速式水表

(a)旋翼式水表；(b)螺翼式水表

流速式水表按其计数机件所处的状态不同，又可分为干式和湿式两种。干式水表的计数机件用金属圆盘与水隔开；由于湿式水表的计数机件浸在水中，故在计数度盘上装一块厚玻璃（或钢化玻璃），用以承受水压。湿式水表机件简单、计量准确、密封性能好，但只能用在水中不含杂质的管道上。在干式水表和湿式水表中，应优先采用干式水表。

（2）水表的技术参数。

最大流量：只允许短时间内使用的流量，为水表使用的流量上限值。

公称流量：水表长期正常使用的流量。

分界流量：水表误差限改变时的流量。

最小流量：在规定误差限内，水表使用的流量下限值。

始动流量：水表开始连续指示时的流量。

（3）水表的选用。水表的选用包括种类的选择和口径的确定。一般情况下，公称直径小于或等于 50 mm 时，应采用旋翼式水表；公称直径大于 50 mm 时，应采用螺翼式水表。对于用水不均匀的给水系统，以设计流量不大于水表的最大流量确定水表的口径；对于用水均匀的给水系统，以设计流量不大于水表的公称流量确定水表的口径。

（4）电控自动流量计（IC 卡智能水表）。IC 卡智能水表如图 1-19 所示。其内部设有微电脑测控系统，通过传感器检测水量，用 IC 卡传递水量数据，主要用来计量经自来水管道供给用户的饮用冷水，适于家庭使用。IC 卡智能水表性能技术参数见表 1-3。

图 1-19　IC 卡智能水表

表 1-3　IC 卡智能水表性能技术参数表

公称直径 /mm	计量等级	过载流量 /(m³·h⁻¹)	常用流量 /(m³·h⁻¹)	分界流量 /(m³·h⁻¹)	最小流量 /(m³·h⁻¹)	水温/℃	最高水压 /MPa
15	A	3	1.5	0.15	0.06	≤60	1.0

三、建筑给水设备

建筑给水系统的供水设备包括水泵、水箱、储水池、气压给水装置等。

1. 水泵

水泵是建筑给水系统中的主要升压设备。在建筑给水系统中，一般采用离心式水泵，简称离心泵。离心泵通过离心力的作用来输送和提升液体。

(1)离心泵的工作原理。开泵前要排除泵内空气，使泵壳和水管充满水，当叶轮高速转动时，在离心力的作用下，叶轮间的水被甩入泵壳获得动能和压能，由于泵壳的断面是逐渐扩大的，所以，水流入泵壳后，流速逐渐减小，部分动能转化为压能，因而流入压水管的水具有较高的压力。

(2)离心泵的基本工作参数。

1)流量。水泵在单位时间内输送水的体积称为水泵的流量，以符号 Q 表示，单位为 m³/h 或 L/s。

2)扬程。单位质量的水在通过水泵以后获得的能量称为水泵的扬程，用符号 H_p 表示，单位一般用高度单位 m，也有用 kPa 或 MPa 的。

3)功率。水泵的功率是水泵在单位时间内所做的功，也就是单位时间内通过水泵的液体所获得的能量，水泵的这个功率称为有效功率，以符号 N 表示，单位为 kW。电动机通过泵轴传递给水泵的功率称为轴功率，以符号 $N_{轴}$ 表示。

(3)水泵的设置。水泵机组一般设置在专门的水泵房内。水泵房应有良好的通风、采光、防冻和排水措施。在要求防震、安静的房间周围不要设置水泵。泵房内水泵机组的布置要便于起吊设备的操作，管道的连接要力求管线短、弯头少，间距要保证检修时能拆卸、放置电机和泵体，并满足维护要求。水泵机组应设高度不小于 0.1 m 的独立基础，水泵基础不得与建筑物基础相连。每台水泵应设独立的吸水管，以免相邻水泵吸水时互相影响。多台水泵共用吸水管时，吸水管应从管顶平接。水泵出水管上要设置阀门、止回阀和压力表，并应有防水锤的措施。为减小噪声，在水泵及其吸、压水管上均应设隔振装置，通常可采用在水泵机组的基础下面设橡胶、弹簧减振器或橡胶隔振垫，在吸、压水管上装设可曲挠橡胶接头等装置。

2. 水箱

建筑物室内的给水系统中，在需要增压、稳压、减压或需要储存一定的水量时，均可设置水箱。水箱形状通常为圆形和矩形，制作材料有钢板或钢筋混凝土或玻璃钢等。

(1)水箱的配管。**水箱配管由带水位控制阀的进水管、出水管、溢流管、泄水管、信号管及通气管组成。**水箱的构造如图1-20所示。

1)进水管。每个浮球阀前应设置检修阀门，便于浮球阀检修。浮球阀一般不应少于两个，进水管距离箱顶200 mm。

2)出水管。可与进水管共用，设单向阀以避免将沉淀物冲起。

3)溢流管。管高于最高液位50 mm，管径比进水管大1～2号，到箱底以下可与进水管同径。不设阀门，溢流管不能直接接入下水道。

4)泄水管。泄水管为泄空或洗刷排污用，从箱底最低处接出，设阀门，管径由排空时间长短确定，一般为40～50 mm，可与溢流管相连。

5)信号管。信号管是反映水位控制阀失灵报警的装置，安装在水箱壁的溢流口以下10 mm处，管径为15～20 mm。信号管的另一端通到值班室，以便随时发现水箱浮球阀失灵而能及时修理。

6)通气管。通气管是保证排水管道与大气相通，以免在排水管中因局部满流而致使设备排水管的水封被破坏，或产生喷射的装置。通气管设置在水箱盖上，管口下弯并设滤网，管径不小于50 mm。

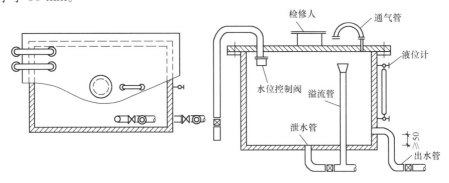

图1-20　水箱的平、剖面及接管示意

(2)水箱的设置。水箱一般设置在顶层房间、闷顶或平屋顶上的水箱间内。水箱的承重结构应为非燃烧材料。水箱应加盖，不得污染。

3. 储水池

当不允许水泵直接从室外给水管网抽水时，应设储水池，水泵从储水池中抽水向建筑内供水。储水池可由钢筋混凝土制造，也可由钢板焊制，形状多为圆形和矩形，也可以根据现场情况设计成任意形状。

储水池可布置在独立水泵房屋顶上，成为高架水池；也可单独布置在室外，成为地面水池或地下水池，或室内地下室的地面水池。无论如何布置，一般均使水泵启动时呈自灌状态。不宜采用建筑物地下室的基础结构本体兼作水池的池壁或池底，以免产生裂缝渗漏污染水质。设计采用室外地下式水池时，水池的溢流水位应高于地面，且溢流管要采用间接排水，以防下水道污水倒灌入水池。水池的进水管和水泵的吸水管应设在水池的两端，以保证池内储水经常流动，防止产生死水腐化变质；设在一端时应在池内加导流墙。在消防和生活合用一个水池时，应采取技术措施，既要使池内水保持流动，又要保证消防储水平时不被生活水泵动用。容积大于 500 m³ 的水池应分成两格，以便清洗和检修时不停水。水池应设带有水位控制阀的进水管、溢水管、排水管、通气管、水位显示器或水位报警装置、检修人孔等。

4. 气压给水装置

气压给水装置是水泵与气压罐的联合工作装置，水泵在向楼层供水的同时，还须将水压入存有压缩空气的密闭罐内，罐内存水增加，压缩空气的体积被压缩，达到一定水位时水泵停止工作，罐内的水在压缩空气的推动下，向各用水点供水。气压给水装置的优点是建设速度快，便于隐藏，容易拆迁，灵活性大，不影响建筑美观，水质不易污染，噪声小。但这种装置的调节能力小，运行费用高，耗用钢材较多，而且变压力的供水压力变化幅度大，在用水量和水压稳定性要求较高时，使用这种装置供水会受到一定的限制。

(1)气压给水装置的组成。**气压给水装置一般由密封罐、水泵、控制装置、补气设施等组成。**

1)密封罐，其内部充满空气和水。

2)水泵，将水送到罐内及管网。

3)控制装置，用以启动水泵等装置。

4)补气设施，如空气压缩机等补充空气的设施。

(2)气压给水装置的分类。**气压给水装置分为多罐式和单罐式两种，**图 1-21 所示为单罐变压式气压给水装置。

1)按罐内压力变化情况分类。

①变压式气压给水装置。其罐内空气随供水情况而变化，给水压力有一定波动，主要用于用户对水压没有严格要求时。

②定压式气压给水装置。这类装置可在变压式气压给水装置的出水管上安装调压阀，从而使阀后水压保持稳定。在向建筑给水系统送水过程中，水压基本稳定。

2)按气压水罐的形式分类。

①补气式气压给水装置。其气压水罐中气、水直接接触，在运行过程中，部分气体会溶于水中，气体将逐渐减少，罐内压力随之下降，时间稍长，就不能满足设计要求。为保证系统正常工作，需设补气装置。

②隔膜式气压给水装置。在气压水罐中设置帽形或胆囊形(胆囊形优于帽形)弹性隔膜，两类隔膜均固定在罐体法兰盘上，如图 1-22 所示。隔膜将气、水分离，既可使气体不会溶于水中，又使水质不易被污染，所以不需设置补气装置。

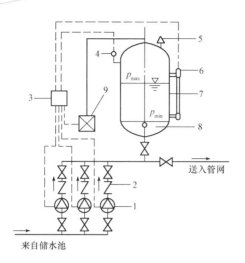

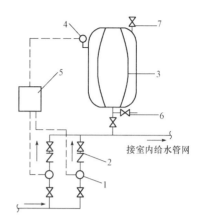

图1-21　单罐变压式气压给水装置　　图1-22　隔膜式气压给水装置

1—水泵；2—止回阀；3—控制器；

4—压力继电器；5—安全阀；6—液位信号器；

7—气压水罐；8—排气阀；9—空气压缩机

1—水泵；2—止回阀；3—隔膜式气压水罐；

4—压力信号器；5—控制器；

6—泄水阀；7—安全阀

第二节　建筑排水系统

一、建筑排水系统的分类、组成及常用排水体制

1. 室内排水系统的分类

根据所接纳排除的污废水性质，建筑排水系统可分为生活污水系统、生产废水系统和雨水系统三类。

(1)生活污水系统。生活污水系统主要排除居住建筑、公共建筑及工厂生活间的污(废)水。有时，由于污(废)水处理、卫生条件或杂用水水源的需要，把生活排水系统又进一步分为排除冲洗便器的生活污水排水系统和排除盥洗、洗涤废水的生活废水排水系统。生活废水经过处理后，可作为杂用水，用来冲洗厕所、浇洒绿地和道路、冲洗汽车等。

(2)生产废水系统。生产废水系统排除工艺生产过程中产生的污废水。为便于污废水的处理和综合利用，按污染程度可分为生产污水排水系统和生产废水排水系统。生产污水污染较重，需要经过处理，达到排放标准后排放；生产废水污染较轻，如机械设备冷却水，生产废水可作为杂用水水源，也可经过简单处理后(如降温)回用或排入水体。

(3)雨水系统。雨水系统收集、排除降落到多跨工业厂房、大屋面建筑和高层建筑屋面上的雨水、雪水。

2. 建筑内部排水系统的组成

建筑内部排水系统一般由卫生器具、排水横支管、立管、排出管、通气管、清通设备及某些特殊设备等部件组成，如图1-23所示。

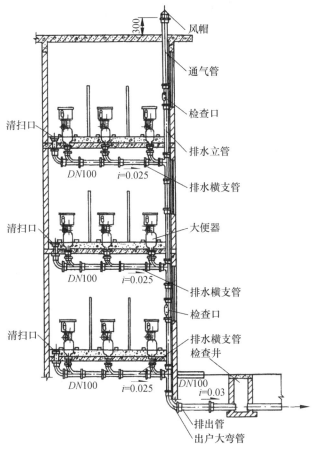

图 1-23　室内排水系统组成

（图中标注）风帽、300、通气管、检查口、排水立管、排水横支管、大便器、排水横支管、检查口、排水横支管、检查井、排出管、出户大弯管、清扫口、清扫口、清扫口、DN100　i=0.025、DN100　i=0.025、DN100　i=0.025、DN100　i=0.03

（1）卫生器具。卫生器具是建筑内部排水系统的起点，用来满足日常生活和生产过程中各种卫生要求，收集和排除污（废）水的设备，其接纳各种污水后排入管网系统。

（2）横支管。横支管的作用是把各卫生器具排水管流来的污水排至立管。横支管应具有一定的坡度，对于 DN50 管径的生活污水塑料管，其标准坡度应为 25‰，坡向立管。

（3）立管。立管接受各横支管流来的污水，然后再排至排出管。为了保证污水畅通，立管管径不得小于 50 mm，也不应小于任何一根接入横支管的管径。

（4）排出管。排出管是室内排水立管与室外排水检查井之间的连接管段，用来收集一根或几根立管排来的污水，并将其排至室外排水管网中去。排出管的管径不得小于与其连接的最大立管的管径，连接几根立管的排出管，其管径应由水力计算确定。

（5）通气管。通气管的作用是使污水在室内外排水管道中产生的臭气及有害气体排到大气中去，以免影响室内的环境卫生，减轻废水、废气对管道的腐蚀，使管内在污水排放时的压力变化尽量稳定并接近大气压力，减轻立管内气压变化幅度，并在排水时向管内补给空气，因而可保护卫生器具的存水弯不致因压力波动而被抽吸（负压时）或喷溅（正压时），保证水流通畅，保护卫生器具水封，如图 1-24 所示。

对于层数不多的建筑，在排水横支管不长、卫生器具数不多的情况下，采取将排水立管上部延伸出屋顶的通气措施即可。排水立管上延部分称为（伸顶）通气管。一般建筑物内的排水管道均设置通气管。仅设一个卫生器具或虽接有几个卫生器具但共用一个存水弯的排水管道，以及建筑物内底层污水单独排除的排水管道，可不设通气管。

对于层数较多及高层建筑，由于立管较长而且卫生器具设置数量较多，同时排水概率大，排水的机会多，更易使管道内压力产生波动而将器具水封破坏。故在多层及高层建筑中，除伸顶通气管外，还应设置环形通气管或主通气立管等。

通气管管径一般与排水立管管径相同或小一号，但在最冷月平均气温低于 −13 ℃的地区，应在室内平顶或吊顶下 0.3 m 处将管径放大一级，以免管中结冰霜而缩小或阻塞管道断面。

（6）清通设备。在建筑内部排水系统中，为疏通排水管道，需设置检查口、清扫口、检查井等清通设备，如图 1-25 所示。

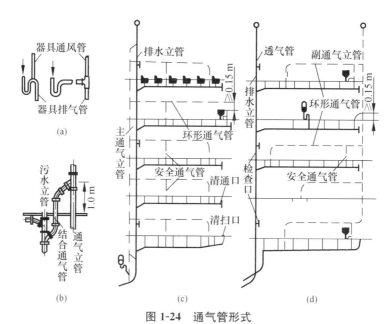

图 1-24 通气管形式

(a)器具排气管；(b)结合通风管；(c)排水、通气立管同边设置；(d)排水、通气立管分开设置

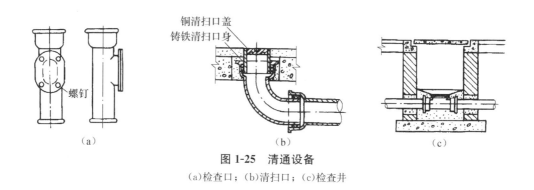

图 1-25 清通设备

(a)检查口；(b)清扫口；(c)检查井

1)检查口。检查口设在排水立管上及较长的水平管段上，图 1-25(a)所示为一个带有螺栓盖板的短管，清通时将盖板打开。其装设规定为：立管上除建筑最高层及最底层必须设置外，可每隔两层设置一个，若为二层建筑，可在底层设置。检查口的设置高度一般距离地面 1 m，并应高于该层卫生器具上边缘 0.15 m。

2)清扫口。清扫口是一种安装在排水横支管上，用于清扫排水横支管的附件。清扫口设置在楼板或地坪上，且与地面相平，如图 1-25(b)所示，也可用带清扫口的弯头配件或在排水管起点设置堵头代替清扫口。

清扫口的设置应符合以下要求：

①在排水横支管直线管段上的一定距离处，应设清扫口。

②当排水横支管连接卫生器具数量较多时，在横支管起端应设置清扫口。如系统采用铸铁管时，连接 2 个及 2 个以上大便器的排水横支管或连接 3 个及 3 个以上卫生器具，宜设置清扫口；如系统采用 UPVC 管时，一根横支管上连接 4 个或 4 个以上大便器的排水横支管，宜设置清扫口。

③在水流偏转角大于 45°的排水横支管上，应设清扫口。

④管径小于 100 mm 的排水管道上，设置清扫口的尺寸应与管径相同；管径等于或大于 100 mm 的排水管道上设置的清扫口，其尺寸应采用 100 mm。

⑤清扫口不能高出地面，必须与地面相平。污水横管起端的清扫口与墙面的距离不得小于 0.2 m。当采用管堵代替清扫口时，为了便于清通和拆装，与墙面的净距不得小于 0.4 m。

3)检查井。对于不散发有害气体或大量蒸汽的工业废水的排水管道，在管道转弯变径处和坡度改变及连接支管处，可在建筑物内设检查井，其构造如图 1-25(c)所示。

检查井的设置应符合以下要求：

①生活污水排水管道，在建筑物内不宜设检查井。

②对于不散发有害气体或大量蒸汽的工业废水的排水管道，可在建筑物内排水管上以下部位设检查井：一是在管道转弯或连接支管处；二是在管道管径及坡度改变处；三是在直线管段上每隔一定距离处(生产废水不宜大于 30 m，生产污水不宜大于 20 m)。

③检查井直径不得小于 0.7 m。

④检查井中心至建筑物外墙的距离不宜小于 3.0 m。

(7)抽升设备。当一些民用和公共建筑的地下室、人防建筑、地下铁道及工业建筑内部，标高低于室外地坪的车间和其他用水设备的房间，卫生器具的污水不能自流排至室外管道时，需设污水泵和集水池等局部抽升设备，将污水抽送到室外排水管道中去，以保证生产的正常进行和保护环境卫生。

(8)局部处理构筑物。当个别建筑内排出的污水不允许直接排入室外排水管道时(如呈强酸性、强碱性、含多量汽油、油脂或大量杂质的污水)，则要设置污水局部处理设备，使污水水质得到初步改善后再排入室外排水管网。此外，当没有室外排水管网或有室外排水管网但没有污水处理厂时，室内污水也需经过局部处理后才能排入附近水体、渗入地下或排入室外排水管网。根据污水性质的不同，可以采用不同的污水局部处理设备，如沉淀池、除油池、化粪池、中和池及其他含毒污水的局部处理设备。

3. 建筑排水系统的排水体制

生活污水、生产废水和雨水可采用同一个管道系统来排除，也可采用两个或两个以上各自独立的管道系统来排除，这种不同的排除方式所形成的排水系统称作排水体制。**排水体制一般分为合流制与分流制两种类型。**

(1)合流制。合流制是将生活污水、生产废水和雨水排泄到同一个管渠内排除的系统。最早出现的合流制排水系统是将泄入其中的污水和雨水，不经处理而直接就近排入水体。其缺点是污水未经处理即行排放，使受纳水体遭受严重污染。很多城市的老城区还采用这种系统，为此，在改造老城区的合流制排水系统时，常采用设置截流干管的方法，把晴天和雨天初期降雨时的所有污水都输送到污水处理厂，经处理后再排入水体。当管道中的雨水径流量和污水量超过截流管的输水能力时，有一部分混合污水自溢流井溢出而直接泄入水体。这就是所谓的截流式合流制排水系统，虽较之前有所改善，但仍不能彻底消除对水体的污染，如图 1-26(a)所示。

(2)分流制。分流制排水系统是将生活污水、生产废水和雨水分别在两个或两个以上各自独立的管渠内排除的系统。排除生活污水、生产废水或城市污水的系统称为污水排水系统；排除雨水的系统称为雨水排水系统，如图 1-26(b)所示。分流制的优点是污水能得到全部处理，管道水力条件较好，可分期修建；主要缺点是降雨初期的雨水对水体仍有污染。我国新建城市和工矿区多采用分流制。对于分期建设的城市，可先设置污水排水系统，待城市发展成型后，再增设雨水排水系统。在工业企业中不仅要采取雨、污分流的排水系统，而且要根据工业废水化学和物理性质的不同，分设几种排水系统，以利于废水的重复利用和有用物质的回收。

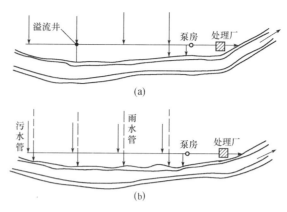

图 1-26 合流制与分流制排水系统图
(a)合流制；(b)分流制

排水体制的选择是一项很复杂、很重要的工作，应根据城市及工矿企业的规划、环境保护的要求、污水利用的情况、原有排水设施、水质、水量、地形、气候和水体等条件，从全局出发，在满足环境保护的前提下，通过技术经济比较，综合考虑确定；条件不同的地区，也可采用不同的排水体制。

二、建筑排水系统的管材及卫生器具

(一)管材

管材的选用受多种因素的影响，需要综合考虑，包括国家相关政策、有关标准规范、使用性质、建筑高度、抗震要求、防火要求、设计标准、造价、使用维护等。建筑排水系统的管材主要有排水铸铁管和硬聚氯乙烯塑料管等。

1. 排水铸铁管

目前使用的排水铸铁管是柔性接口机制排水铸铁管，为离心铸造或连续铸造。管道管径一般为 50～200 mm，管内外光滑、强度高、耐腐蚀、噪声小、抗震防火、安装方便，特别适用于高层建筑。管道采用平口相接，用不锈钢卡箍连接、橡胶套密封。

2. 硬聚氯乙烯塑料管(UPVC)

硬聚氯乙烯塑料管是以聚氯乙烯树脂为主要原料的塑料制品，具有优良的化学稳定性、耐腐蚀性。其主要优点是物理性能好、质量轻、管壁光滑、水头损失小、容易加工及施工方便等。其缺点是防火性能不好、排水噪声大。

硬聚氯乙烯塑料管的适用场所：①住宅建筑优先选用 UPVC 管材；②排放带酸性、碱性废水的实验楼、教学楼应选用 UPVC 管材；③当建筑物内连续排放水温高于 40 ℃、瞬时排放水温高于 80 ℃的排水管道及排放含油废水(如厨房排水)的排水管道不宜采用 UPVC 管材；④对防火要求高的建筑物(如火灾危险性大的高层建筑)和要求环境安静的场所，应采用柔性接口机制铸铁排水管。若采用 UPVC 管材，应设置阻火圈或防火套管，并应考虑采用消能措施。

硬聚氯乙烯塑料管的连接方法主要采用承插粘接。

(二)卫生器具

1. 便溺用卫生器具

便溺用卫生器具包括大便器、大便槽、小便器、小便槽等。

(1)大便器。 大便器有坐式大便器与蹲式大便器两种。

1)坐式大便器。 坐式大便器本身带有存水弯，多用于住宅、宾馆、医院。坐式大便器按冲洗的水力原理可分为虹吸式和冲洗式两种，其中虹吸式应用较为广泛，冲洗设备一般采用低水箱，图1-27所示为低水箱坐式大便器安装图。

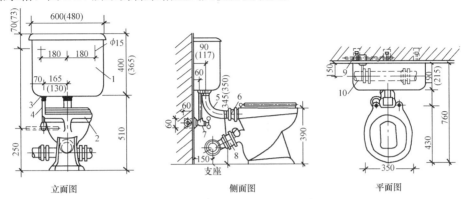

立面图　　　　　侧面图　　　　　平面图

图1-27　低水箱坐式大便器安装图

1—低水箱；2—坐式大便器；3—浮球阀配件；4—水箱进水管；5—冲洗管及配件；
6—胶皮碗；7—角式截止阀；8—三通；9—给水管；10—排水管

2)蹲式大便器。 蹲式大便器常用于公共建筑卫生间及公共厕所内，多采用高水箱或适时自闭式冲洗阀冲洗。图1-28所示为高水箱蹲式大便器安装图。

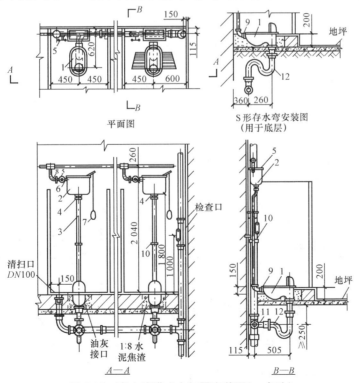

平面图　　　　　　　　S形存水弯安装图
　　　　　　　　　　　（用于底层）

A—A　　　　　　　B—B

图1-28　高水箱蹲式大便器安装图（一台阶）

1—蹲式大便器；2—高水箱；3—冲洗管；4—冲洗管配件；5—角式截止阀；6—浮球阀配件；
7—拉链；8—弯头；9—胶皮碗；10—单管立式支架；11—90°三通；12—存水弯

（2）大便槽。大便槽是个狭长开口的槽，用水磨石或瓷砖建造。从卫生角度评价，大便槽受污面积大、有恶臭，而且耗水量大、不够经济；但设备简单、建造费用低，因此，可在建筑标准不高的公共建筑或公共厕所内采用。在使用频繁的建筑中，大便槽宜采用自动冲洗水箱进行定时冲洗。

（3）小便器。

1）挂式小便器。挂式小便器悬挂在墙上，其冲洗设备可采用自动冲洗水箱，也可采用阀门冲洗，每只小便器均应设存水弯，其结构及安装图如图1-29所示。

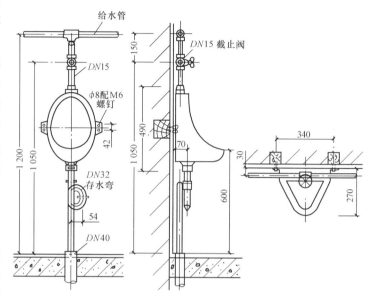

图 1-29　挂式小便器结构及安装图

2）立式小便器。立式小便器安装在对卫生设备要求较高的公共建筑内，如展览馆、大剧院、宾馆、大型酒店等男厕所内，多为 2 个以上成组安装。立式小便器的冲洗设备常为自动冲洗水箱，其结构及安装图如图1-30所示。

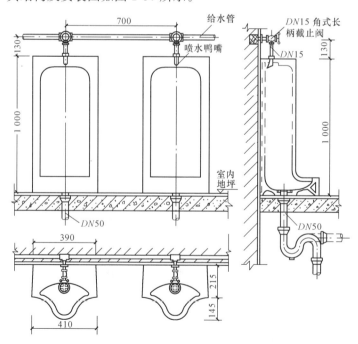

图 1-30　立式小便器结构及安装图

(4)小便槽。小便槽是采用瓷砖沿墙砌筑的浅槽，因有建造简单、经济、占地面积小、可同时供多人使用等优点，故被广泛装置在工业企业、公共建筑、集体宿舍男厕所中，如图 1-31 所示。

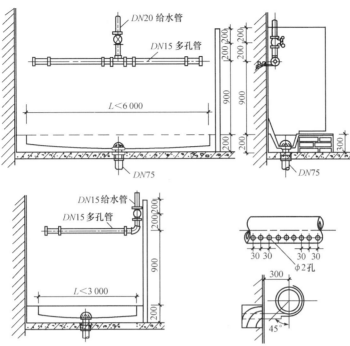

图 1-31　小便槽安装示意

2. 盥洗、沐浴用卫生器具

(1)洗脸盆。洗脸盆一般安装在盥洗室、浴室、卫生间供洗脸、洗手用。按其形状来分，有长方形、三角形、椭圆形等；按安装方式不同，可分为墙架式、柱脚式和台式。其安装形式如图 1-32 所示。

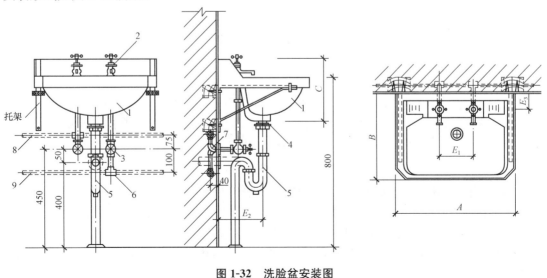

图 1-32　洗脸盆安装图

1—洗脸盆；2—水龙头；3—角式截止阀；4—排水栓；5—存水弯；6—三通；7—弯头；8—热水管；9—冷水管

(2) 盥洗槽。盥洗槽一般设置在工厂、学校集体宿舍。盥洗槽一般用水磨石筑成，形状为一长条形，在距地面1 m高处装置水龙头，其间距一般为600～700 mm，槽内靠墙边设有泄水沟，沟的中部或端头装有排水口。

(3) 浴盆。浴盆安装在住宅、宾馆、医院等卫生间及公共浴室内。浴盆上配有冷热水管或混合水龙头，其混合水经混合开关后流入浴盆，管径为20 mm。浴盆的排水口及溢水口均设置在水龙头一端，浴盆底有0.02的坡度，坡向排水口。有的浴盆还配置固定式或软管式活动淋浴莲蓬喷头。

(4) 淋浴器。淋浴器占地面积小、成本低、清洁卫生，广泛用于集体宿舍、体育场馆及公共浴室中。淋浴器有成品件，也有在现场组装的。图1-33所示为双管成品淋浴器安装图。

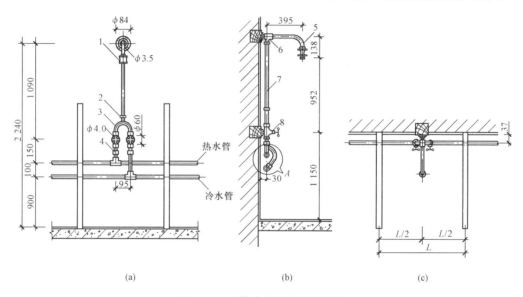

图1-33 双管成品淋浴器安装图

(a)立面图；(b)侧面图；(c)平面图

1—莲蓬头；2—管锁母；3—连接弯；4—管接头；5—弯管；6—带座三通；7—直管；8—带座截止阀

(5) 妇女卫生盆。妇女卫生盆一般安装在妇产科医院、工厂女卫生间及设备完善的居住建筑和宾馆卫生间内。

3. 洗涤用卫生器具

(1) 洗涤盆。洗涤盆一般安装在厨房或公共食堂内，供洗涤碗碟、蔬菜等食物用。洗涤盆有墙架式、柱脚式之分，又有单格、双格之分。洗涤盆可设置冷热水龙头或混合水龙头，排水口在盆底的一端，口上有十字栏栅，备有橡胶塞头。医院手术室、化验室等处的洗涤盆因工作需要常设置肘式开关或脚踏开关。洗涤盆的安装形式如图1-34所示。

(2) 化验盆。化验盆装置在工厂、科学研究机关、学校化验室或试验室中，通常都是陶瓷制品，盆内已有水封，排水管上不需装存水弯，也不需盆架，用木螺丝固定于试验台上。盆的出口配有橡皮塞头。根据使用要求，化验盆可装置单联、双联、三联的鹅颈龙头。

(3) 污水盆。污水盆装置在公共建筑的厕所、盥洗室内，供打扫厕所、洗涤拖布或倾倒污水之用。图1-35所示为污水盆安装图。

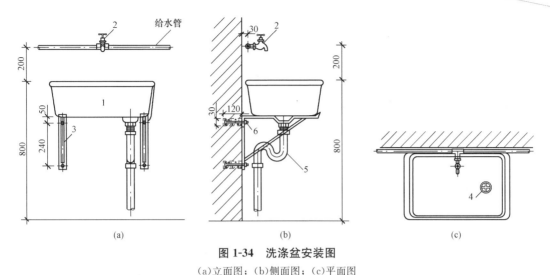

图1-34　洗涤盆安装图

(a)立面图；(b)侧面图；(c)平面图

1—洗涤盆；2—水龙头；3—托架；4—排水栓；5—存水弯；6—螺栓

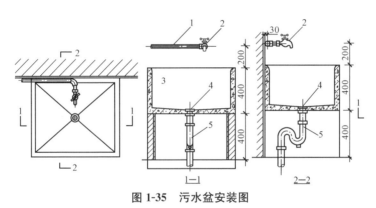

图1-35　污水盆安装图

1—给水管；2—水龙头；3—污水池；4—排水栓；5—存水弯

三、高层建筑排水系统

高层建筑多为民用和公共建筑，其排水系统主要是接纳盥洗、淋浴等洗涤废水、粪便污水、雨雪水；以及附属设施如餐厅、车库和洗衣房等排水。高层建筑的排水立管长、水量大、流速高，污水在排水立管中的流动既不是稳定的压力流也不是一般的重力流，是一种呈水、气两相的流动状态。高层建筑排水系统的特点，造成了管内气压波动剧烈，在系统内易形成气塞使管内水气流动不畅；破坏了卫生器具中的水封，造成排水管道中的臭气及有害气体侵入室内而污染环境。因此，高层建筑中，室内排水系统功能的优劣很大程度上取决于通气管系统的设计、设置、敷设是否合理，排水体制选择是否切合实际，这是高层建筑排水系统最重要的问题。

1. 苏维托排水系统

苏维托排水系统是采用一种气水混合或分离的配件来代替一般零件的单立管排水系统，它包括**气水混合器和气水分离器**两个基本配件。

(1)气水混合器。苏维托排水系统中的混合器是由长约80 cm的连接配件装设在立管与每层楼横支管的连接处。横支管接入口有三个方向；混合器内部有三个特殊构造——乙字弯、隔板和隔板上部约 1 cm 高的孔隙，如图 1-36 所示。

自立管下降的污水经乙字弯管时，水流撞击分散并与周围空气混合成水沫状气水混合物，比重变轻，下降速度减缓，减小抽吸力。横支管排出的水受隔板阻挡，不能形成水舌，能保持立管中气流通畅，气压稳定。

(2)气水分离器。 苏维托排水系统中的跑气器通常装设在立管底部，它是由具有凸块的扩大箱体及跑气管组成的一种配件。跑气器的作用是：沿立管流下的气水混合物遇到内部的凸块溅散，从而把气体(70%)从污水中分离出来，由此减少了污水的体积，降低了流速，并使立管和横干管的泄流能力平衡，气流不致在转弯处被阻塞；另外，将释放出的气体用一根跑气管引到干管的下游(或返向上接至立管中去)，这就达到了防止立管底部产生过大反(正)压力的目的，如图 1-37 所示。

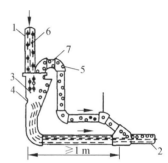

图 1-36　气水混合器配件

1—立管；2—乙字弯；3—空隙；4—隔板；
5—混合室；6—气水混合器；7—空气

图 1-37　跑气器

1—立管；2—横管；3—空气分离室；
4—凸块；5—跑气管；6—气水混合器；7—空气

2. 旋流单立管排水系统

旋流单立管排水系统(图 1-38)主要有两种特殊管件：一是安装于横支管与立管相接处的旋流器；二是立管底部与排出管相接处的大曲率导向弯头。旋流器由主室和侧室组成，主侧室之间有一侧壁，用以消除立管流水下落时对横支管的负压吸引。立管下端装有满流叶片，能将水流整理成沿立管纵轴旋流状态向下流动，这有利于保持立管内的空气芯，维持立管中的气压稳定，能有效地控制排水噪声。大曲率导向弯头是在弯头凸岸设一导向叶片，叶片迫使水流贴向凹岸一边流动，减缓了水流对弯头的撞击，消除部分水流能量，避免了立管底部气压的太大变化，理顺了水流。

3. 芯型排水系统

芯型排水系统主要有两个特殊管件：一是在各层排水横支管与立管连接处设置的高奇马接头配件(又称环流器)；二是在排水立管的底部设置的角笛弯头。高奇马接头配件如图 1-39 所示，外观呈倒锥形，在上入流口与横支管入流口交汇处设有内管，从横支管排入的污水沿内管外侧向下流入立管，避免因横支管排水产生的水舌阻塞立管。从立管流下的污水经过内管后发生扩散下落，形成汽水混合流，减缓下落流速，保证立管内空气畅通。高奇马接头配件的横支管接入形式有两种：一种是正对横支管垂直接入；另一种是沿切线方向接入。

角笛弯头(图 1-40)装在立管的底部，上入流口端断面较大，从排水立管流下的水流，因过水断面突然增大，流速变缓，下泄的水流所夹带的气体被释放。一方面，水流沿弯头的缓

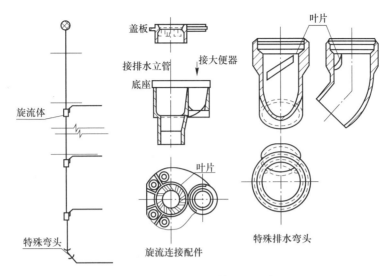

图 1-38　旋流单立管排水系统

弯滑道面导入排出管，消除了水跃和水塞现象；另一方面，由于角笛弯头内部有较大的空间，可使立管内的空气与横管上部的空间充分连通，以保证气流畅通，减少压力波动。

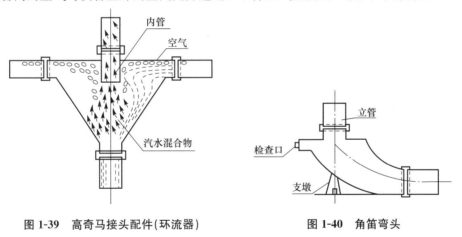

图 1-39　高奇马接头配件(环流器)　　　**图 1-40　角笛弯头**

4. 简易单立管排水系统

为了减小排水管道中的压力波动，提高单立管排水系统的通水能力，近年来国、内外开发了多种形式的简易单立管排水系统。通过在排水立管接入横支管的上、下两段上设置两条斜向的凸起导流片，使下落的排水产生旋转，在离心力的作用下使水流沿排水立管的内壁回旋流动。在立管内形成空气芯，保证气流畅通，减少立管内的压力波动，无须设置专用通气立管。试验证明，这种单立管排水系统，在 $DN100$ 时可允许做到 15 层(共 14 户，按每户 3 大件计)，要求最底层卫生间单独排放，立管根部和总排出横管加大一号，并要求采用两个 45°弯头的弯曲半径的排出管。

韩国开发的有螺旋导流线的 UPVC 单立管排水系统在硬聚氯乙烯管内有 6 条间距 50 mm 的螺旋线导流凸起片，如图 1-41 所示，排水在管内旋转下落，管中形成一个畅通的空气芯，提高了排水能力，降低了管道中的压力波动。另外，设计有专用的 DRF/x 型三通，如图 1-42

所示，立管的相接不对中，DN100 的管子错位 54 mm，从横支管流出的污水从圆周的切线方向进入立管，可以起到削弱支管进水水舌的作用并避免形成水塞；同时，由于减少了水流的碰撞，使得 UPVC 管减少噪声的效果良好。

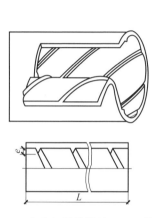

图 1-41　有凸起螺旋线的 UPVC 单立管

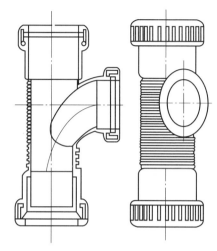

图 1-42　DRF/x 型三通

四、屋面排水系统

降落在屋面的雨和雪，特别是暴雨，短时间内会形成积水。屋面雨水排放系统的任务是要及时地将屋面雨水、雪水有组织、有系统地排除，以免四处溢流或屋面漏水造成水患，影响人们正常的生产和生活。

（一）雨水外排水系统

雨水外排水系统是屋面不设雨水斗，建筑内部没有雨水管道的雨水排放方式。按屋面有无天沟，外排水系统又分为**檐沟外排水**和**天沟外排水**两种方式。

1. 檐沟外排水

檐沟外排水系统适用于普通住宅、一般公共建筑、小型单跨厂房。**檐沟外排水系统由檐沟和雨落管组成，**如图 1-43 所示。降落到屋面的雨水沿屋面集流到檐沟，然后流入到沿外墙设置的雨落管，排至地面或雨水口。根据经验，雨落管管径可分为 75 mm、100 mm 两种规格。民用建筑雨落管间距为 12～16 m，工业建筑为 18～24 m。

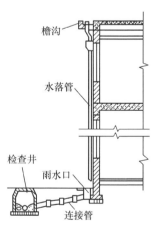

图 1-43　檐沟外排水

2. 天沟外排水

天沟外排水系统由天沟、雨水斗和排水立管及排出管组成。天沟的位置在两跨中间以伸缩缝为分水线倾向边墙，其坡度不小于 0.005，天沟伸出山墙 0.4 m；雨水斗设在伸出山墙的天沟末端，如图 1-44 所示。降落到屋面上的雨水沿坡向天沟的屋面汇集到天沟，沿天沟流入设在建筑物两端的雨水斗，经外墙水落管排至地面或雨水井，天沟与雨水管连接的构造如图 1-45 所示。

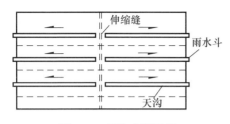

图 1-44 天沟布置示意

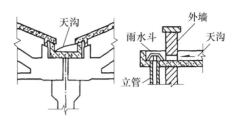

图 1-45 天沟与雨水管连接构造图

(二)雨水内排水系统

在建筑物屋面设置雨水斗,雨水管道设置在建筑物内部的排水系统称为内排水系统。对于屋面雨水排水,当采用外排水系统有困难时,可采用内排水系统。

(1)雨水内排水系统的组成。**雨水内排水系统由雨水斗、连接管、悬吊管、立管、排出管、埋地干管和检查井等组成,**如图 1-46 所示。降落到屋面上的雨水沿屋面流入雨水斗,经连接管、悬吊管进入排水立管,再经排出管流入雨水检查井或经埋地干管排至室外雨水管道。雨水内排水系统适用于建筑立面要求高,大屋面面积,屋面上有天窗,多跨形、锯齿形建筑屋面。

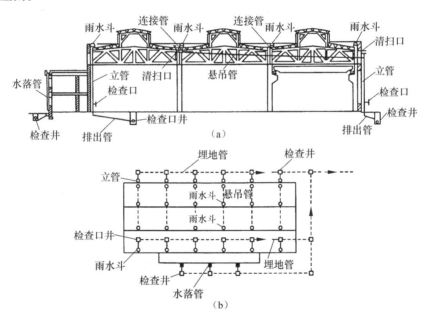

图 1-46 雨水内排水系统

(a)剖面图;(b)平面图

(2)雨水内排水系统的分类。**雨水内排水系统按雨水斗的连接方式,可分为单斗和多斗雨水排水系统。**单斗系统一般不设悬吊管;多斗系统中悬吊管将雨水斗和排水立管连接起来。多斗系统的排水量大约为单斗的 80%,在条件允许的情况下,应尽量采用单斗排水系统排水。

按排除雨水的安全程度,内排水系统可分为敞开式和密闭式两种排水系统。敞开式系统为重力排水，检查井设在室内，可与生产废水合用埋地管道或地沟，但在暴雨时可能出现检查井冒水现象；密闭式系统为压力排水，雨水由雨水斗收集，或通过悬吊管直接排入室外的系统，室内不设检查井或密闭检查口。

（3）雨水内排水系统的布置。

1）雨水斗。雨水斗是一种雨水由此进入排水管道的专用装置，设在天沟或屋面的最低处。雨水斗有整流格栅装置，具有整流作用，避免形成过大的漩涡，稳定斗前水位并拦截树叶等杂物。雨水斗有 65 型、79 型和 87 型，有 75 mm、100 mm、150 mm 和 200 mm 四种规格。内排水系统布置雨水斗时应以伸缩缝、沉降缝和防火墙为天沟分水线，各自成排水系统。

2）连接管。连接管是连接雨水斗和悬吊管的一段竖向短管。连接管一般与雨水斗同径，但不宜小于 100 mm，连接管应牢固固定在建筑物的承重结构上，下端用斜三通与悬吊管连接。

3）悬吊管。悬吊管是悬吊在屋架、楼板和梁下或架空在柱上的雨水横管。悬吊管连接雨水斗和排水立管。其管径不小于连接管管径，也不应大于 300 mm，塑料管的坡度不小于 0.5%；铸铁管的坡度不小于 1%。在悬吊管的端头和长度大于 15 m 的悬吊管上设检查口或带法兰盘的三通，位置宜靠近墙柱，以利检修。连接管与悬吊管、悬吊管与立管之间宜采用 45°三通或 90°斜三通连接。悬吊管一般采用塑料管或铸铁管，固定在建筑物的桁架或梁上，在管道可能受振动或生产工艺有特殊要求时，可采用钢管焊接连接。

4）立管。雨水立管承接悬吊管或雨水斗流出的雨水，一根立管连接的悬吊管根数不得多于两根，立管管径不得小于悬吊管管径。立管宜沿墙、柱安装，并在距离地面 1 m 处设检查口。

5）排出管。排出管是立管和检查井之间的一段有较大坡度的横向管道，其管径不得小于立管管径。在检查井中与下游埋地管管顶平接，水流转角不得小于 135°。

6）埋地管。埋地管敷设于室内地下，承接立管的雨水并将其排至室外雨水管道。埋地管最小管径为 200 mm，最大不超过 600 mm。埋地管一般采用混凝土管、钢筋混凝土管或陶土管。

7）附属构筑物。常见的附属构筑物有检查井、检查口井和排气井，用于雨水管道的清扫、检修、排气。检查井适用于敞开式内排水系统，设置在排出管与埋地管连接处，埋地管转弯、变径及超过 30 m 的直线管路上。

第三节　消防给水系统

一、消防系统的组成

1. 消防供水水源

市政给水管网一般室外有生活、生产、消防给水管网，可以供给消防用水的，应优先选用这种水源。

除市政给水管网外，还有天然水源，**天然水源包括地表水和地下水两大类**，选用天然水源时应优先选用地表水。一般情况下，当天然水源丰富，可确保枯水期最低水位时的消防用水量，且水质符合要求并距离建筑物较近时，可以选用天然水源。

当前两种水源不能满足要求时，需要设立消防水池供水。

2. 消防供水设备

消防供水设备主要包括自动供水设备(如消防水箱)、主要供水设备(如消防水泵)、临时供水设备(如水泵接合器)。

3. 消防给水管网

消防给水管网主要包括进水管、水平干管、消防立管等。

4. 室内消防系统

室内消防系统主要有室内消火栓、自动喷水系统。

二、室内消防系统的分类

1. 消火栓给水系统

消火栓给水系统一般由水枪、水带、消火栓、消防卷盘、消防管网、消防水池、高位水箱、水泵接合器及增压水泵等组成。

(1)消火栓的布置要求。消火栓应设置在建筑物中经常有人通过的、明显的地方,如走廊、楼梯间、门厅及消防电梯旁等处的墙龛内,龛外应装有玻璃门,门上应标有"消火栓"标志。消火栓平时应封锁,使用时击破玻璃,按电钮启动水泵,取水枪灭火。室内消火栓的布置,应保证有两支水枪的充实水柱同时到达室内任何部位(建筑高度小于等于 24 m,且体积小于等于 5 000 m³ 的库房可以采用一支),这是因为考虑到消火栓是室内主要灭火设备,在任何情况下,均可使用室内消火栓进行灭火。

(2)消火栓的设置范围。

1)高度不超过 24 m 的厂房、车库和科研楼(存有与水接触能引起燃烧爆炸或助长火势蔓延的物品除外)。

2)超过 800 个座位的剧院、电影院、俱乐部和超过 1 200 个座位的礼堂、体育馆。

3)体积超过 5 000 m³ 的车站、码头、机场建筑物,以及展览馆、商店、病房楼、门诊楼、图书馆书库等建筑物。

4)超过 7 层的单元式住宅,超过 6 层的塔式住宅、通廊式住宅,底层设有商业网点的单元式住宅。

5)超过 5 层或体积超过 1 000 m³ 的教学楼等其他民用建筑。

6)国家级文物保护单位的重点砖木或木结构古建筑。

7)人防工程中使用面积超过 300 m² 的商场、医院、旅馆、展览厅、旱冰场、体育场、舞厅、电子游艺场等;使用面积超过 450 m² 的餐厅、丙类和丁类生产车间及物品库房;电影院、礼堂;消防电梯前室;停车库、修车库。

8)高层民用建筑必须设置室内消防给水系统。除无可燃物的设备层外,主体建筑和裙房各层均应设置室内消火栓。

(3)消火栓系统管道的布置。低层建筑,除有特殊要求设置独立消防管网外,一般都与生活、生产给水管网结合设置;高层建筑室内消防给水管网应与生活、生产给水系统分开独立设置。

1)引入管:室内消防给水管网的引入管一般不应小于两条,当一条引入管发生故障时,其余引入管应仍能保证消防用水量和水压。

2)管网布置：为保证供水安全，一般采用环式管网供水，保证供水干管和每条消防立管都能做到双向供水。

3)消防竖管布置：应保证同层相邻两个消火栓的水枪充实水柱能同时达到被保护范围内的任何部位。每根消防竖管的直径不小于 100 mm，消防竖管不应通过危险区域，应设置在可以防止机械破坏和火灾破坏的地方。

（4）箱式消火栓安装。

1)消火栓通常安装在消防箱内，有时也装在消防箱外边。

2)在一般建筑物内，消火栓及消防给水管道均采用明装。

3)消火栓应安装在建筑物内明显处以及取用方便的地方。

4)消火栓一般安装在砖墙上，分明装、暗装及半明装三种形式。

5)水龙带与消火栓及水枪接头连接时，采用 16 号铜线缠 2～3 道，每道不少于 2～3 圈。绑扎好后，将水龙带及水枪挂在箱内支架上。

6)安装室内消火栓时，必须取出箱内的水龙带、水枪等全部配件，箱体安装好后再复原。进水管的公称直径不小于 50 mm，消火栓应安装平整牢固，各零件应齐全可靠。

2. 自动喷水灭火系统

（1）自动喷水灭火系统的分类。**自动喷水灭火系统是指火灾发生时，喷头封闭元件能自动开启喷水灭火，同时发出报警信号的一种消防系统。**这种系统能够自动喷洒，可有效阻止火势蔓延，是一种有效的灭火给水系统，但这种系统的管网及附属设备比较复杂，造价较高。自动喷水灭火系统主要有以下几类：

1)湿式喷水灭火系统。湿式喷水灭火系统工作原理如图 1-47 所示。火灾发生时，建筑物内温度上升，湿式系统的闭式喷头温感元件感温爆破或熔化脱落，喷头喷水。喷水造成报警阀上方的水压小于下方的水压，于是阀板开启，向洒水管网供水，同时部分水流沿报警器的环形槽进入延迟器、压力继电器及水力警铃等设施，发出火警信号，启动消防水泵等设施供水。

2)干式喷水灭火系统。干式喷水灭火系统的工作原理与湿式喷水灭火系统的工作原理相似。火灾时，喷头脱落后，管道中的空气首先排出，使干式报警阀后管网内的压力降低，干式报警阀开启，水流向配水管网，喷头开始喷水。

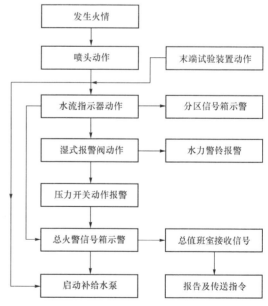

图 1-47　湿式喷水灭火系统工作原理

3)预作用喷水灭火系统。预作用喷水灭火系统在火灾前充满气体，跟干式系统类似。火灾发生时，由火灾探测器和火灾报警控制器打开雨淋阀，在闭式喷头未开启前向管路内充水，系统由干式变为湿式，完成预作用。当温度继续升高达到一定温度时，喷头开启，喷水灭火。

4)雨淋式灭火系统。雨淋式灭火系统由火灾探测报警装置控制雨淋阀，该探测装置可以是光感、烟感、温感元件。火灾发生时，火灾探测器向控制箱发出信号，确认火灾发生后，打开雨淋阀，保护区域内的喷头同时喷水灭火。

5)水幕系统。水幕系统与雨淋系统相同，火灾发生时，由火灾探测器感知火灾，启动控制阀，系统通过水幕喷头喷水，进行阻火、隔火或冷却防火隔断物。

6)水喷雾灭火系统。水喷雾灭火系统采用专用的水雾喷头将水流分解为细小的水雾滴来灭火，灭火时，细小的水雾气化可以获得最佳的冷却效果；另外，水雾滴喷到燃烧的物体表面时，可以在物体表面形成乳化层。这些特性都是一般自动喷水灭火系统所不具有的，但是由于水雾系统要求系统有较高的压力和较大的水量，所以，其使用受到一定限制。

(2)自动喷水灭火系统喷头的安装。喷头的种类有很多，一般按喷头是否有堵水支撑分为两类：喷水口有堵水支撑的称为闭式喷头；无堵水支撑的称为开式喷头。闭式喷头是带热敏感元件和自动密封组件的自动喷头，分为**玻璃球封闭型**和**易熔合金锁片封闭型**。常用闭式喷头见表1-4。

表1-4　常用闭式喷头

系　列	喷头类别	安装方式	适用场所
玻璃球封闭型	直立型喷头	喷头直立安装在配水管上方	上方、下方都需要保护的场所
	下垂型喷头	喷头安装在配水管下方	上方不需要保护的场所，或者管路需要隐蔽的场所
	吊顶型喷头	喷头安装在紧靠吊顶的位置	对美观要求较高的建筑
	上、下适用型喷头	喷头既可朝上安装也可朝下安装	适用于上方不需要保护或者上方、下方均需保护的场所
易熔合金锁片封闭型	直立型喷头	喷头直立安装在配水管上方	上方、下方都需要保护的场所
	下垂型喷头	喷头安装在配水管下方	顶棚不需要保护的场所，每只喷头的保护面积比直立型喷头大
	干式下垂型喷头	喷头向下安装在配水支管上	适用于干式和预作用喷水灭火系统，或者配水管处于供暖区而喷头处于冻结区的场所
	平齐装饰型喷头	喷头安装在与吊顶齐平的位置；为安装喷头，在吊顶上需要一个60 mm直径的孔洞	对美观要求很高的建筑物内
	边墙型喷头	垂直式边墙型喷头向上安装在配水管上，水平式边墙型喷头水平安装在配水管上	安装空间狭小，或层高小的走廊、房间、通道建筑

1)喷头管道安装时应有一定的坡度，充水系统应小于2‰；充气系统和分支管应不小于0.004。管道变径时，应尽量避免用内外接头(补芯)而采用异径管(大小头)。安装自动喷水管装置，为防止管道工作时产生晃动妨碍喷头喷水效果，应以支吊架进行固定。如设计无要求，可按下列要求敷设：

①吊架与喷头的距离应不小于300 mm，距末端喷头的距离不大于750 mm。

②吊架应设在相邻喷头间的管段上，相邻喷头间距不大于3.6 m，可装设一个；小于1.8 m时，允许隔段设置。

2）为发挥自动喷水管网的灭火效果，应限制管道最大负荷对喷水头的数量，在支管上最多允许设置6个喷水头。

3）水幕喷头可以向上或向下安装。

4）自动喷洒和水幕消防系统的管道连接，湿式系统应采用螺纹连接；干式或干、湿式混合系统应采用焊接。

5）各种喷淋头安装，应在管道系统完成试压、冲洗后进行。

3. 其他常用灭火系统

（1）二氧化碳灭火系统。二氧化碳灭火系统适用于扑救下列火灾：液体或可熔化的固体火灾、固体表面火灾及部分固体深位火灾、电器火灾、气体火灾。

二氧化碳灭火系统由储存装置（含储存容器、单向阀、容器阀、集流管及称重检漏装置等）、管道、管件、二氧化碳喷头及选择阀组成。

（2）蒸汽灭火系统。**蒸汽灭火系统分为固定式和半固定式两种。**

固定式蒸汽灭火系统为全淹没式灭火系统，用于扑灭整个房间、舱室的火灾；半固定式蒸汽灭火系统用于扑救局部火灾。

（3）干粉灭火系统。干粉灭火系统按其安装方式，可分为**固定式和半固定式**；按喷射方式，可分为**全淹没式和局部应用式**；按其控制启动方式，可分为**自动启动控制和手动启动控制**。

干粉灭火剂按成分可分为**钠盐干粉、钾盐干粉、氨基干粉和金属干粉**等。

（4）泡沫灭火系统。**泡沫灭火系统主要由消防泵、泡沫比例混合装置、泡沫产生装置及管道等组成。**

泡沫灭火系统按发泡倍数可分为**低倍数、中倍数**和**高倍数**灭火系统；按使用方式可分为**全淹没式、局部应用式**和**移动式**灭火系统；按泡沫的喷射方式可分为**液上喷射、液下喷射**和**喷淋喷射**。

第四节　建筑给水排水施工图

一、给水排水施工图的组成

给水排水施工图包括室内给水排水施工图、小区或庭院（厂区）给水排水施工图两部分。本节主要介绍室内给水排水施工图的识读。

室内给水排水施工图主要由图样目录、设计说明、设备材料表、平面图、系统图、详图和标准图组成。

1. 图样目录

图样目录是将全部施工图样进行分类编号，并填入图样目录表格中，一般作为施工图的首页，用于施工技术档案的管理。

2. 设计说明

设计说明用必要的文字来表明工程的概况及设计者的意图，是设计的重要组成部分。给水排水设计说明主要阐述给水排水系统采用的管材、管件及连接方法，给水设备和消防

建筑给水排水
制图标准

设备的类型及安装方式，管道的防腐、保温方法，系统的试压要求，供水方式的选用，遵照的施工验收规范及标准图集等内容。

3. 设备材料表

设备材料表是将施工过程中用到的主要材料和设备列成明细表，标明其名称、规格、数量等，以供施工备料时参考。

4. 平面图

平面图是在水平剖切后，自上而下垂直俯视的可见图形，又称俯视图。平面图阐述的主要内容有给水排水设备、卫生器具的类型和平面位置、管道附件的平面位置、给水排水系统的出入口位置和编号、地沟位置及尺寸、干管和支管的走向、坡度和位置、立管的编号及位置等。

平面图一般包括地下室或底层、标准层、顶层及水箱间给水排水平面图等。

5. 系统图

系统图用来表达管道及设备的空间位置关系，可反映整个系统的全貌。其主要内容有供水及排水系统的横管、立管、支管、干管的编号、走向、坡度、管径，管道附件的标高和空间相对位置等。系统图宜按45°正面斜轴测投影法绘制；管道的编号、布置方向与平面图一致，并按比例绘制。

6. 详图

详图是对设计施工说明和上述图样都无法表示清楚，又无标准设计图可供选用的设备、器具安装图、非标准设备制造图或设计者自己的创新，按放大比例由设计人员绘制的施工图。详图编号应与其他图样相对应。

7. 标准图

标准图分为全国统一标准图和地方标准图，是施工图的一种，具有法令性，是设计、监理、预算和施工质量检查的重要依据，设计者必须执行，设计时只需选出标准图图号即可。

二、给水排水施工图图示部分及表示方法

1. 图示部分

(1)平面图。**平面图是给水排水施工图的基本图示部分。**它反映卫生器具、给水排水管道和附件等在建筑物内的平面布置情况。在通常情况下，建筑的给水系统、排水系统不是很复杂，将给水管道、排水管道绘制在一张图上，称为给水排水平面图。

平面图所表达的主要内容如下：

1)表明建筑的平面轮廓、房间布置等情况，标注轴线及房间的主要尺寸。为了节省图纸幅面，常常只画出与给水排水管道相关部分的建筑局部平面。

2)用水设备、卫生器具的平面布置、类型和安装方式。

3)建筑物各层给水排水干管、立管、支管的位置。首层平面图需绘制出给水引入管、污水排出管的位置。标注主要管道的定位尺寸及管径等，按规定对引入管、排出管和立管编号。对于安装于下层空间而为本层使用的管道，应绘制在本层平面上。

4)水表、阀门、水龙头、清扫口、地漏等管道附件的类型和位置。

(2)系统图。**系统图也称轴测图，一般按45°正面斜轴测图绘制。**系统图表示给水排水系统空间位置及各层间、前后左右间的关系。给水系统图、排水系统图应分别绘制。

系统图所表达的主要内容如下：

1）自引入管，经室内给水管道系统至用水设备的空间走向和布置情况。

2）自卫生器具，经室内排水管道系统至排出管的空间走向和布置情况。

3）管道的管径、标高、坡度、坡向及系统编号和立管编号。

4）各种设备（包括水泵、水箱等）的接管情况、设置位置和标高、连接方式及规格。

5）管道附件的种类、位置、标高。

6）排水系统通气管设置方式、与排水立管之间的连接方式、伸顶通气管上通气帽的设置及标高等。

有些施工图纸，由于设计者习惯，对于多层或高层建筑存在标准层等情况，有若干层或若干根横支管（也可用于立管）的管路、设备布置完全相同时，系统图中只画出相同类型中的一根支管（或立管），其余省略，并应用文字、字母或符号将其一一对应表示。

（3）详图。给水排水平面图、系统图表示了卫生器具及管道的布置情况，而卫生器具的安装和管道的连接，需要有施工详图作为依据。常用的卫生设备安装详图通常套用《卫生设备安装》（09S304）中的图纸，不必另行绘制，只要在设计施工说明或图纸目录中写明所套用的图集名称及其中的详图号即可。当没有标准图时，设计人员需自行绘制。

2. 图示部分的表示方法

（1）平面图的表示方法。

1）平面图的比例。平面图是室内给水排水施工图的主要部分，一般采用与建筑平面图相同的比例，常用比例为1∶50、1∶100、1∶200，大型车间常用比例为1∶200。

2）平面图的数量。平面图的数量视卫生器具和给水排水管道布置的复杂程度而定。对于多层房屋，底层由于设有引入管和排出管且管道需与室外管道相连，宜单独画出一个完整的平面图（如能表达清楚与室外管道的连接情况，也可只画出与卫生设备和管道有关的平面图）；楼层平面图只需抄绘与卫生设备和管道布置有关的平面图，一般应分层抄绘，如楼层的卫生设备和管道布置完全相同时，只需画出相同楼层的一个平面图，称为标准层平面图；设有屋顶水箱的楼层可单独画出屋顶给水排水平面图，但当管道布置不太复杂时，也可在最高楼层给水排水平面图中用中虚线画出水箱的位置。如果管道布置复杂，同一平面（或同一标高处）上的管道画在一张平面图上表达不清楚，也可用多个平面图表示，如底层给水平面图、底层排水平面图和底层自动喷淋平面图等。

3）建筑平面图的画法。在给水排水平面图中所抄绘的建筑平面图，墙、柱和门窗等都用细实线表示。由于给水排水平面图主要反映管道系统各组成部分在建筑平面上的位置，因此，房屋的轮廓线应与建筑施工图一致，一般只需抄绘房屋的墙、柱、门窗等主要部分，至于房屋的细部尺寸、门窗代号等均可省去。为使土建施工与管道设备的安装一致，在各层给水排水平面图上均需标明定位轴线，并在平面图的定位轴线间标注尺寸；同时，还应标注出各层平面图上的相应标高。

4）平面图的剖切位置。房屋的建筑平面图是从门窗部位水平剖切的，而管道平面图的剖切位置则不限于此高度，凡是为本层设施配用的管道均应画在该层平面图中，底层还应包括埋地或地沟内的管道；如有地下层，引入管、排出管及汇集横干管可绘制在地下层内。

5）管道画法。室内给水排水各种管道，无论直径大小，一律用粗单线表示，可用汉语拼音字头为代号表示管道类别，也可用不同线型表示不同类别的管道，如给水管用粗实线，排水管用粗虚线。在平面图中，无论管道在楼面或地面的上、下，均不考虑其可见性。给水排水立管是指穿过一层及多层的竖向供水管道和排水管道。平面图上有各种立管的编号，底层给水排水平面图中还有各种管道按系统的编号，一般给水以每个引入管为一个系统；排水以每个排出管为一个系统。立管在平面图中以空心小圆圈表示，并用指引线注明管道类别代号，其标注方法是用分数的形式，分子为管道类别代号，分母为同类管道编号。当一种系统的立管数量多于1根时，还宜采用阿拉伯数字编号。

6)管径的表示。给水排水管的管径尺寸以毫米(mm)为单位，金属管道(如焊接钢管、铸铁管)以公称直径 DN 表示，如 $DN15$、$DN50$ 等；塑料管一般以公称外径 De(或 dn)表示，如 $De20$(或 $dn20$)等。管径一般标注在该管段旁，如位置不够时，也可采用引出线引出标注。由于管道长度是在安装时根据设备间的距离直接测量截割的，所以，在图中不必标注管长。

(2)系统图的表示方法。给水排水系统图上各立管和系统的编号应与平面图上一一对应，在给水排水系统图上还应画出各楼层地面的相对标高。绘制给水排水系统图的比例宜选用 1∶50、1∶100、1∶200 的比例。当采用与给水排水平面图相同的比例绘图时，按轴向量取长度较为方便。如果按一定比例绘制时，图线重叠，允许不按比例绘制，可适当将管线拉长或缩短。

《建筑给水排水制图标准》(GB/T 50106—2010)规定，给水排水系统图宜用 45°正面斜轴测的投影规则绘制。我国习惯采用 45°正面斜轴测来绘制系统图，OZ 与 OX 的轴间角为90°，OY 与 OZ、OX 的轴间角为135°。为便于绘制和阅读，立管平行于 OZ 轴方向，平面图上左右方向的水平管道，沿 OX 轴方向绘制，平面图上前后方向的水平管道，沿 OY 轴方向绘制。卫生器具、阀门等设备，用图例表示。

给水排水系统图中的管道，都用粗实线表示，不必像平面图中那样，用不同线型的粗线来区分不同类型的管道，其他图例和线宽仍按原规定绘制。在系统图中，不必画出管件的接头形式，管道的连接方式可用文字写在施工说明中。

管道系统中的给水附件，如水表、截止阀、水龙头和消火栓等，可用图例画出。相同布置的各层，可只将其中的一层画完整，其他各层只需在立管分支处用折断线表示。

在排水系统图中，可用相应图例画出卫生设备上的存水弯、地漏或检查口等。排水横管虽有坡度，但由于比例较小，故可按水平管道绘制，但宜注明坡度与坡向。由于所有卫生器具和设备已在给水排水平面图中表达清楚，故在排水管道系统图中没必要画出。

为了反映管道和房屋的联系，系统图中还要画出管道穿越的墙、地面、楼层和屋面的位置，一般用细实线画出地面和墙面，用两条靠近的水平细实线画出楼面和屋面。

对于水箱等大型设备，为了便于与各种管道连接，可用细实线画出其主要外形轮廓的轴测图。

当在同一系统中的管道因互相重叠和交叉而影响该系统图的清晰性时，可将一部分管道平移至空白位置画出，称为移置画法或引出画法。将管道从重叠处断开，用移置画法移到图面空白处，从断开处开始画，断开处应标注相同的符号，以便对照读图。

管道的管径一般标注在该管段旁边，标注位置不够时，可用引出线引出标注。室内给水排水管道标注：公称直径用 DN 表示，公称外径用 De(或 dn)表示。管道各管段的管径须逐段标出，当连续几段的管径都相同时，可以仅标注它的始段和末段，中间段可省略不注。

凡有坡度的横管(主要是排水管)，宜在管道旁边或引出线上标注坡度，如0.5%，数字下面的单边箭头表示坡向(指向下坡的方向)。当排水横管采用标准坡度(或称为通用坡度时)时，在图中可省略不注，或在施工说明中用文字说明。

管道系统图中标注的标高是相对标高，即以建筑标高的±0.000为±0.000 m。在给水系统图中，标高以管中心为准，一般标注出引入管、横管、阀门、水龙头、卫生器具的连接支管、各层楼地面及屋面等的标高。在排水系统图中，横管的标高以管内底为准，一般应标注立管上检查口、排出管的起点标高。其他排水横管的标高，一般根据卫生器具的安装高度和管件的尺寸，由施工人员决定。此外，还要标注各层楼地面及屋面等的标高。

(3)详图的表示方法。安装详图的比例较大，可按需要选用1:10、1:20、1:30，也可选用1:5、1:40、1:50等。安装详图必须按施工安装的需要表达得详尽、具体、明确，一般都用正投影的方法绘制，设备的外形可以简化画出，管道用双线表示，安装尺寸也应注写完整、清晰，主要材料表和有关说明都要表达清楚。

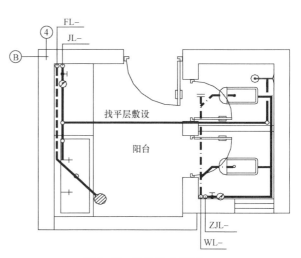

图1-48　卫生间大样图

三、给水排水施工图识读实例

现以某学校学生宿舍给水排水工程施工图为例进行识读，施工图如图1-48～图1-56所示。

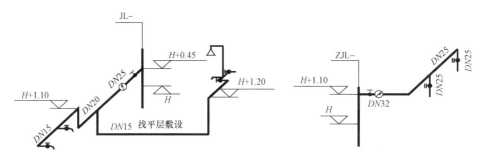

图1-49　卫生间给水系统轴测图

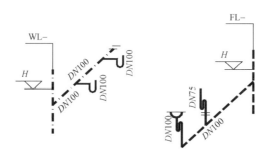

图1-50　卫生间排水系统轴测图

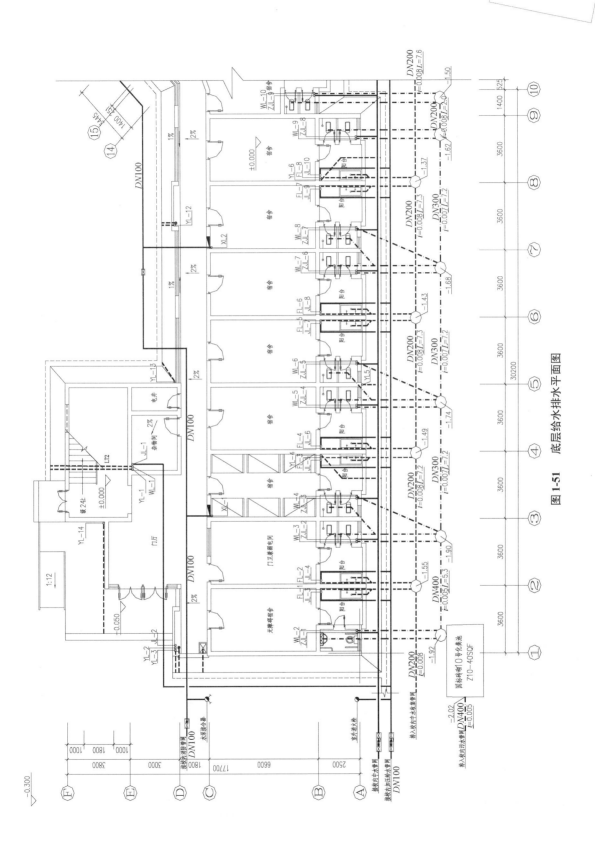

图 1-51 底层给水排水平面图

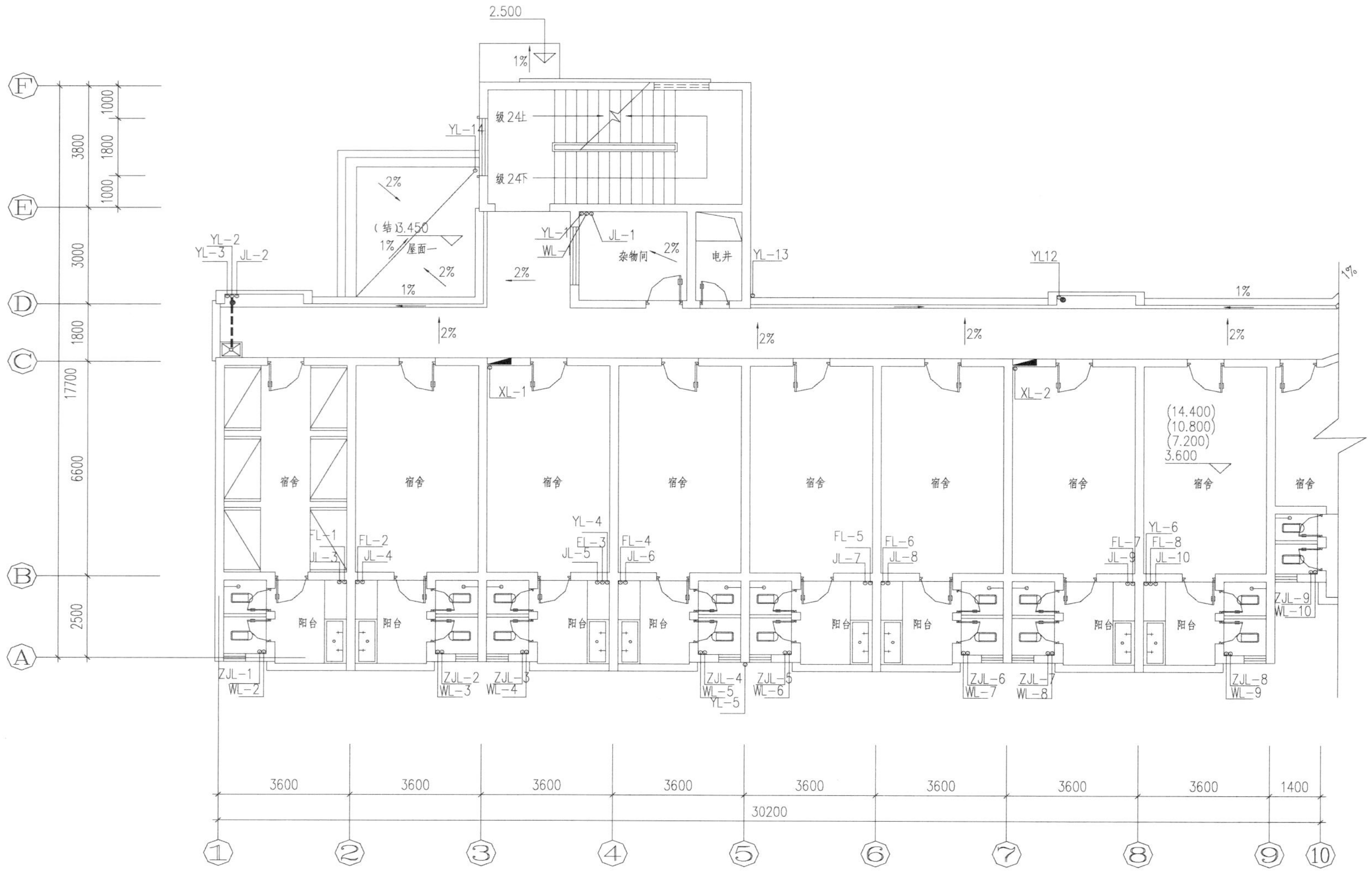

图 1-52　二~五层给水排水平面图

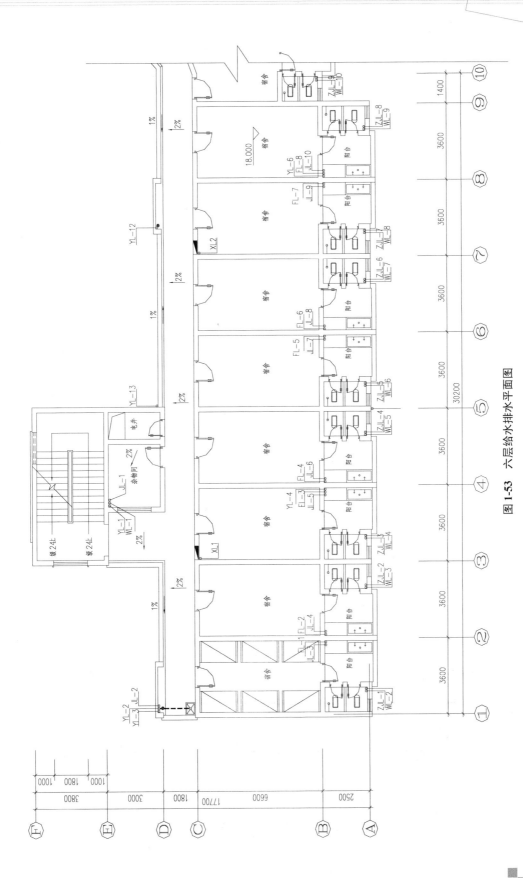

图1-53 六层给水排水平面图

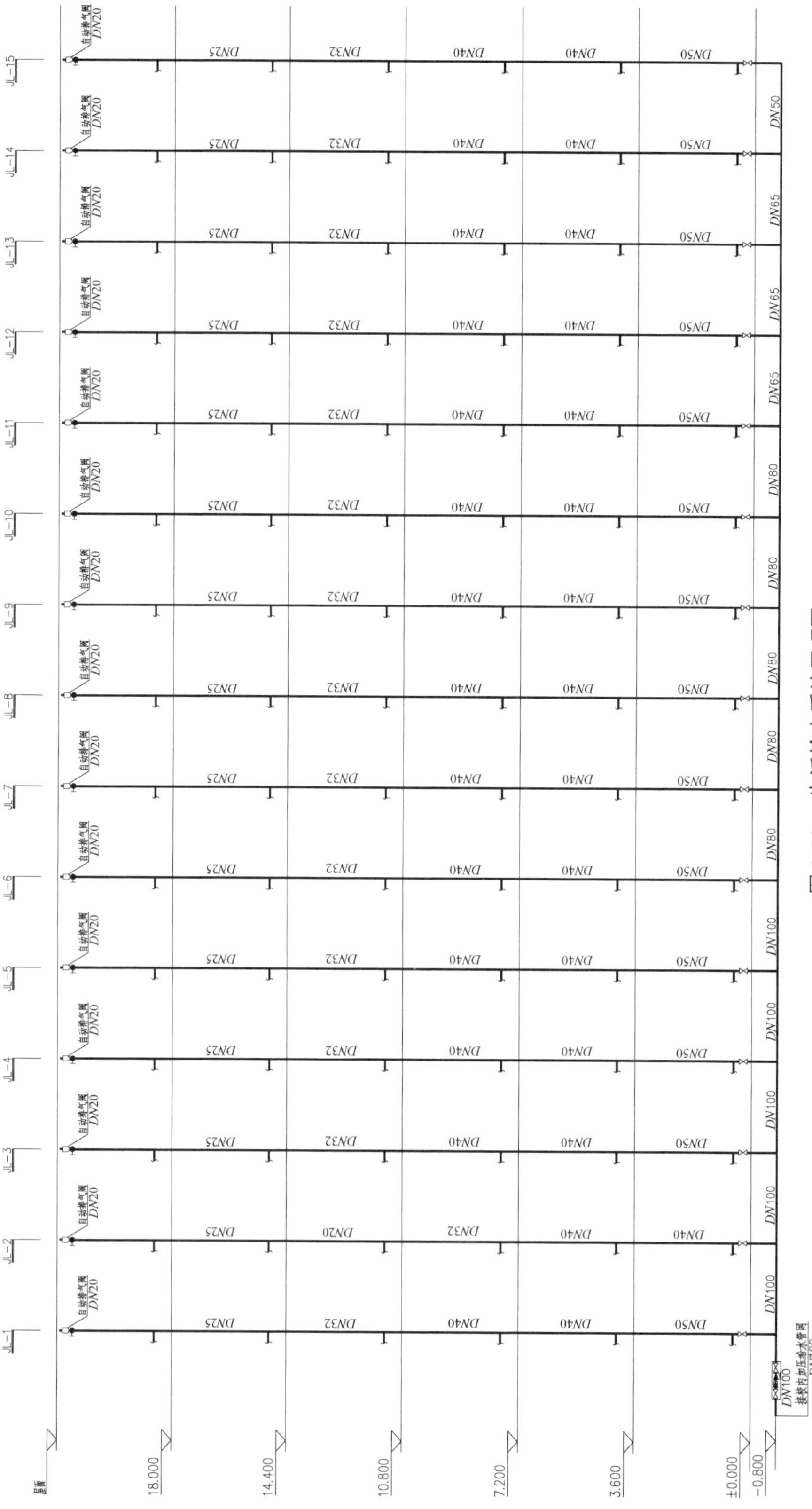

图 1-54 生活给水系统原理图

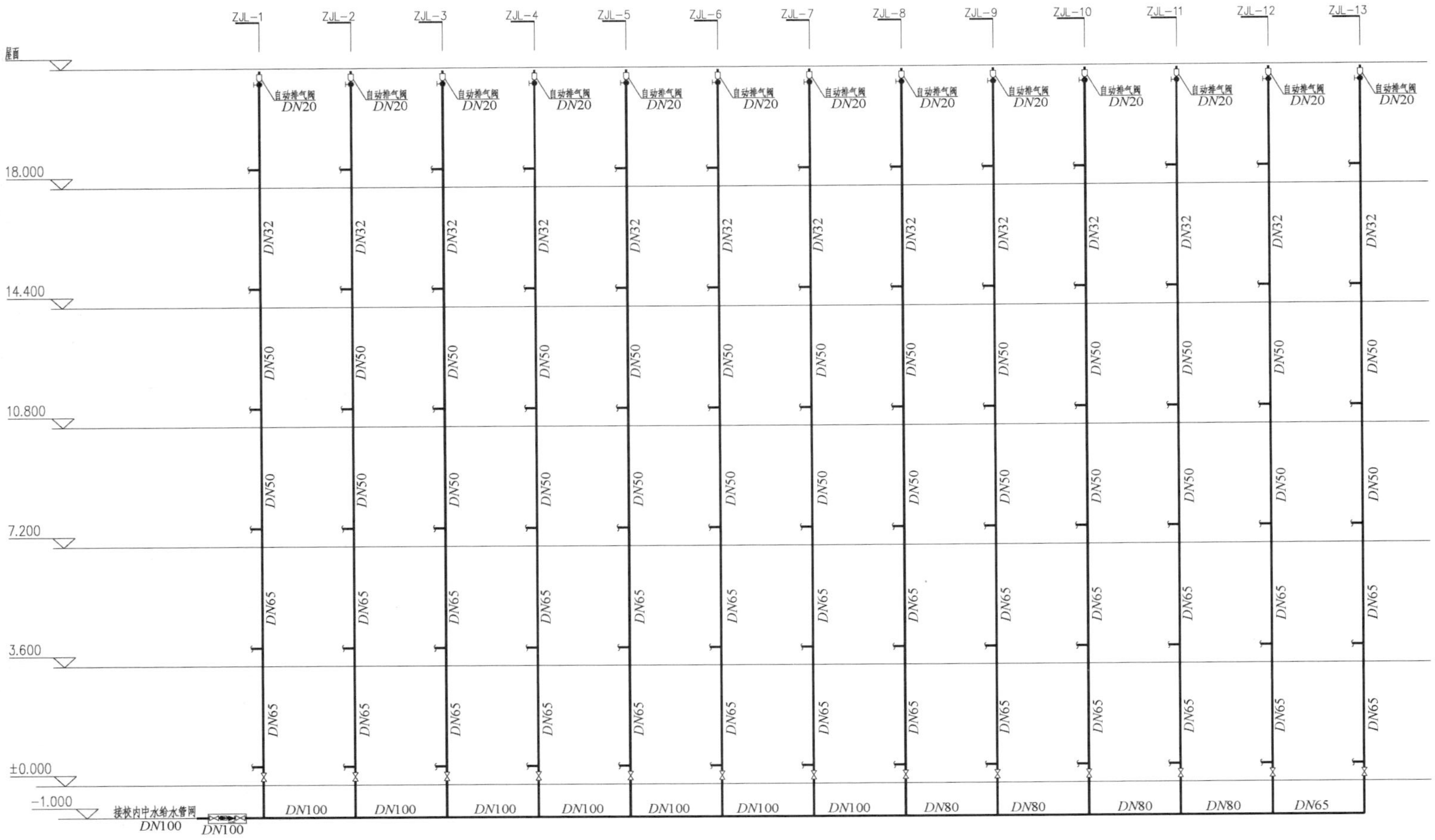

图 1-55 中水给水系统原理图

ZJL-1　ZJL-2　ZJL-3　ZJL-4　ZJL-5　ZJL-6　ZJL-7　ZJL-8　ZJL-9　ZJL-10　ZJL-11　ZJL-12　ZJL-13

自动排气阀 DN20

DN32　DN50　DN50　DN65　DN65

18.000　14.400　10.800　7.200　3.600　±0.000　-1.000

DN65　DN80　DN80　DN100

接城市中水管水管网 DN100　DN100

43

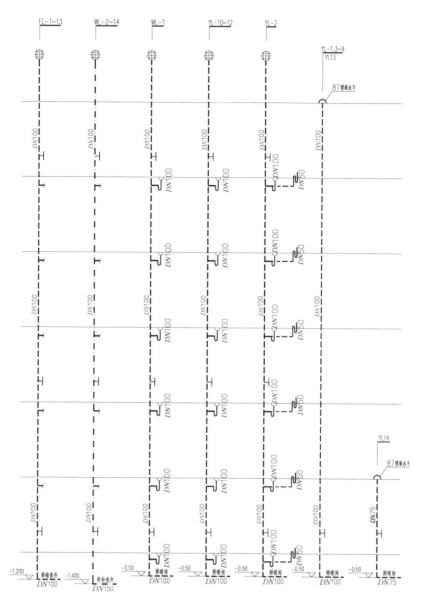

图 1-56 排水系统原理图

1. 设计施工说明

本工程设计为六层宿舍楼，内容包括生活给水系统、生活污废水排水系统和中水系统。

生活给水系统水源为校内管网加压供给，给水方式为下行上给式，厕所冲洗用水由中水系统供给。

室内排水采用污、废水分流制排水系统，污水经化粪池处理后排入城市污水管网，废水收集到校内中水系统二次使用。

室外生活给水管采用钢塑复合管，室内采用 PP-R 管，热熔连接；室内排水管材为UPVC塑料管，承插粘接连接；室外主排水管采用混凝土管，钢丝网水泥砂浆抹带接口。

施工要求：PP-R管安装时，横管应以0.3%坡度坡向卫生器具用水点，塑料排水立管每层设伸缩节，水平管超过4 m时设伸缩节。

2. 施工图解读

(1)生活给水系统：由底层平面图(图1-51)可知，宿舍楼生活用水由学校加压管网从宿舍楼Ⓐ轴处引入，管径DN100，经过总水表节点后分为两条干管，一条干管沿楼西侧至①轴交①轴、Ⓔ轴交④轴处进入室内，分别向上设供水立管JL—1和JL—2；另一干管沿楼南侧供宿舍内卫生间生活用水，引入管从此干管接入室内卫生间，再向上设立管JL—3~JL—15，供各楼层各卫生间生活用水。干管和立管管径见生活给水系统原理图(图1-54)。

(2)中水给水系统：宿舍楼的卫生间大便器冲洗水由学校中水系统供给，由中水给水系统原理图(图1-55)可知，楼内从中水给水干管引出13根立管ZJL—1~ZJL—13，各干管、立管管径见系统原理图，中水干、立管平面位置见底层给水排水平面图(图1-51)。

(3)排水系统：分为污水排水系统和废水排水系统。从排水系统原理图(图1-56)可知，宿舍楼共设立15根污水立管，其中WL—2~WL—14收集和排除大便器污水，立管中污水经底部排出管进入污水检查井，再经室外污水管排入化粪池；WL—1排除大楼北侧储物间废水，经底部排出管直接排入室外暗沟。

宿舍楼共设13根废水立管FL—1~FL—13，收集排除卫生间内盥洗废水，废水由排出管进入室外学校中水收集管。

排水系统各管道管径、埋深和坡度见底层给水排水平面图和排水系统原理图(图1-51、图1-56)。

由底层给水排水平面图可知，一层卫生间内污废水排水支管没有接入立管，而是设排出管单独排出。

(4)宿舍卫生间给水排水管道及卫生器具布置如图1-48~图1-51所示。为便于计量用水量，每个卫生间设LXS-20水表2只，一只计量生活用水量，另一只计量中水用水量。

四、建筑消防给水系统施工图识读

某学院给排水工程施工图，如图1-57~图1-61所示。图1-57为设计总说明，主要包括设计说明、选用的国家标准图集及图例等内容。图1-58为一层给水排水平面图，可以读出一层房间的功能及标高，给水排水立管的位置，进出户管的走向，灭火器的位置、型号等内容。图1-59所示为二至七层给水排水平面图，可读出二到七层房间的功能及标高，给水排水立管的位置，灭火器的位置、型号等内容。图1-60为屋顶给水排水平面图，可读出屋顶平面的功能及标高，给排水立管的位置，屋面的雨水排水等内容。图1-61为给水排水消火栓原理图，可以读出消火栓管的走向及相关原理内容。消防给水引入管在标高−0.800 m处经止回阀进入，采用的是设消防水箱的给水方式，采用竖向成环的布置形式，给水引入管的管径为DN100，消防干管管径为DN80，建筑西侧设置水泵接合器，设有XL—1、XL—2、XL—3、XL—4、XL—5、XL—6六根消防立管，各层在距地面1 m处设三通管连接消火栓。

设计总说明

一、设计依据

1. 建设单位提供的本工程有关资料和设计任务书。
2. 建设和有关工种提供的作业图和有关资料。
3.《建筑给水排水设计规范(2019年版)》(GB 50015—2003)。
4.《建筑设计防火规范(2005年版)》(GB 50140—2005)。
5.《建筑给水排水设计规范(2018年版)》(GB 50016—2014)。
6. 国家其他相关设计规范、技术标准及有关设计手册。

二、设计范围

本工程为七层住宅公寓,设计范围包括本建筑红线内的给水排水管道系统设计。

三、给水系统

1. 水源:为校园给水主管,水压为 0.35 MPa。用水量标准为 50 L/(人·日)。用水量为160 t/时,时变化系数 K=3。
2. 屋顶水箱为一个10 t水箱。

四、排水系统

1. 各卫生器具污水由室内排水横支管排入排水立管,立管污水由室外排水主管入化粪池。污水经化粪池初级处理后排入校园污水主管。
2. 雨水排水:屋面雨水采用外排水管及外墙排水沟。雨水经建筑物边建筑红线边商场地和场地商南雨水沟收集后排入市政排水沟。

五、消火栓消防系统

1. 消火栓消防水量,室内:15 L/s,室外:25 L/s。
2. 整个消防分一个分区,室外设两个室外消火栓,一个水泵接合器。
3. 消防管采用双壁热镀锌钢管(压力≥1.2MPa)比选。
4. 室内消火栓箱采用铝合金箱,消火栓口径为 DN65 离地 1.1m,水龙带长为 25 m水栓甲型口径为19 mm,消火栓箱为嵌入式或半嵌入式入式,系统图以系统图示为准。
5. 天火器配置要求:按严重危险级配置,每个配置点设置 3A 磷酸盐干粉天火器。
6. 消防栓与附件及器具

六、管材与附件及器具

1. 室内外生活上下水管为PP-R给水管及相对应件,室外 DN150 给水管为块墨给水铸铁管,压力≥0.8MPa。
2. 室内生活排水管采用内螺消声塑料排水管,室外排水管为 UPVC 埋地外壁波纹排水管。

七、管道敷设

1. 所有卫生洁具和配件应采用节水型产品,地漏下存水弯水封深不能小于 50 mm。
   De50 i=0.035;De110 i=0.02;
   Dn75 i=0.025;Dn160 i=0.015。
2. 立管与横管连接,横管与横管连接,应采用 45°斜三通、90°顺水三通,90°顺水三通,45°斜四通、90°顺水四通,立管拐弯、立管出户连接处须设两个 45°弯头。

八、保温和设备保温

1) 屋面外露给水管采用橡塑管壳保温;
2) 保温材料采用橡塑保温壳,保温厚度 10 mm;保护层采用玻璃钢缠绕层,外刷两道调和漆。

4. 禁止在柱子上开孔数设管。

八、管道支架

1. 管道支架应固定在承重的板墙及结构上。
2. 管道支架安装支架卡一管一卡,按02SS105—1~4(给水塑料管安装)之规定施工。
3. 塑料管支管层,安装高度为距地面 1.5 m。
4. 排水管上的弯头或卡箍应固定在承重结构上,固定件间距:横管不得大于 2 m,立管不得大于 3 m,层高小于等于 4 m时固定中部可安一个固定件。

九、阀门

1. 给水管≤DN50 时,阀门为截止阀,给水管>DN50 时,阀门为软密封闸阀。
2. 消防采用软密封闸阀(压力≥1.6MPa)。

十、室外工程

室外消防管理埋深 0.80 m,压力≥1.2MPa。室外给水管理埋深 0.65 m,压力≥1.2MPa,室外给水检查井为 φ700~φ1000。

图中采用标准图

序号	图集号	图名、规格、型号	页次
1	05S502	圆形阀门井	P1-17
2	05S502	矩形阀门井	P18-26
3	99S202	室内消火栓安装	P16
4	02SS15	圆形污水检查井 φ700	
5	95S222	排水管道基础及接口	
6	03S304	卫生器具安装	
7	03SS402	管道支架及吊架	P55-109

塑料管管道内外径对应表

管道外径 De(dn)	De20	De25	De32	De40	De50	De63	De75	De90	De110	De160
公称直径(内径)DN	DN15	DN20	DN25	DN32	DN40	DN50	DN65	DN80	DN100	DN150

十一、管道留洞

1. 管道设于墙角和墙边时如右图:管道沿沿洞中心数设。

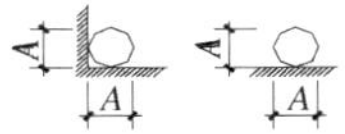

管径/留孔尺寸	<DN50	DN50~DN100	DN150
A	φ150	φ200	φ200

2. 卫生器具排水管楼板留洞尺寸:

卫生器具名称	
大便器	φ200
洗脸盆	φ150
小便头	φ150
污水盆、洗涤盆	φ150
地漏	φ200

图 1-57 设计总说明

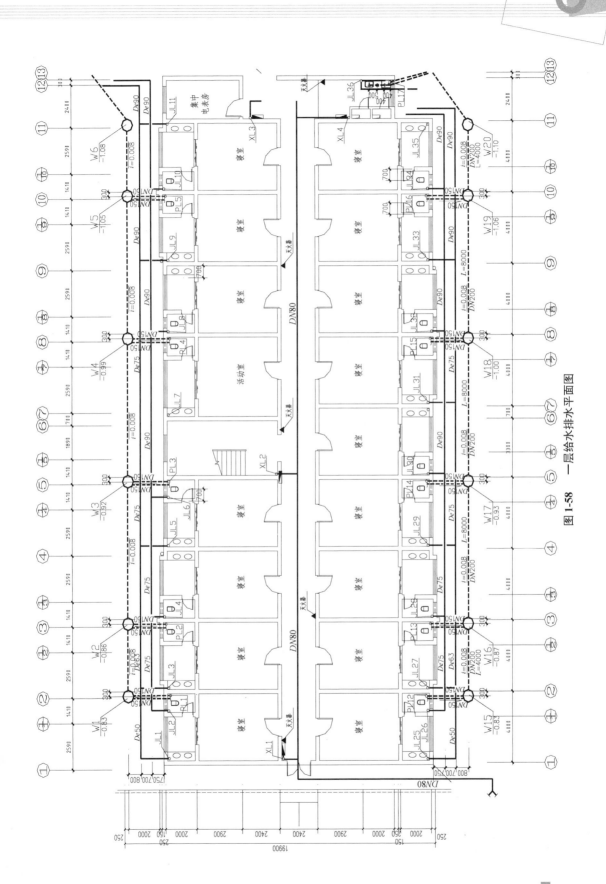

图 1-58 一层给水排水平面图

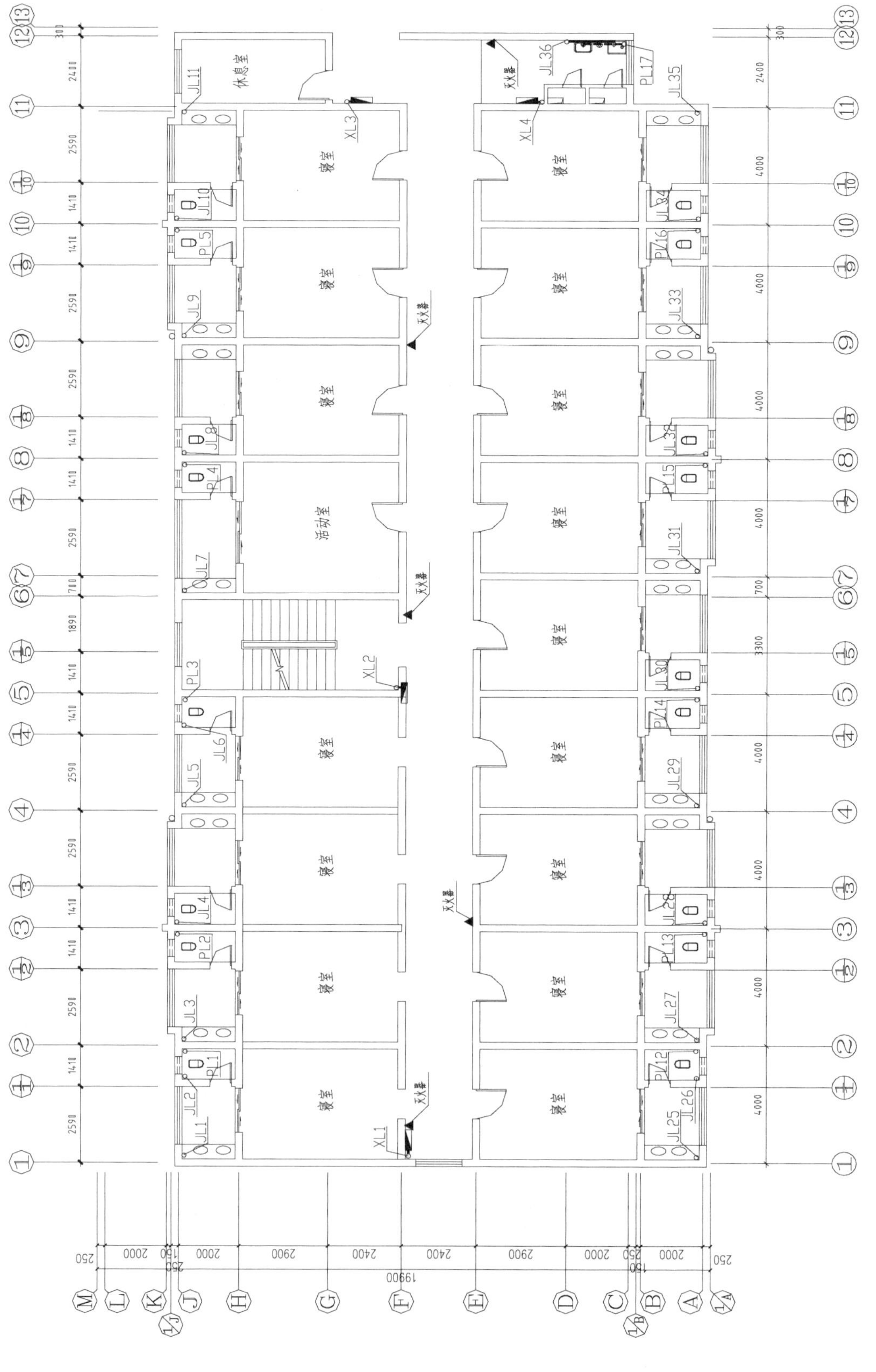

图 1-59 二至七层给水排水平面图

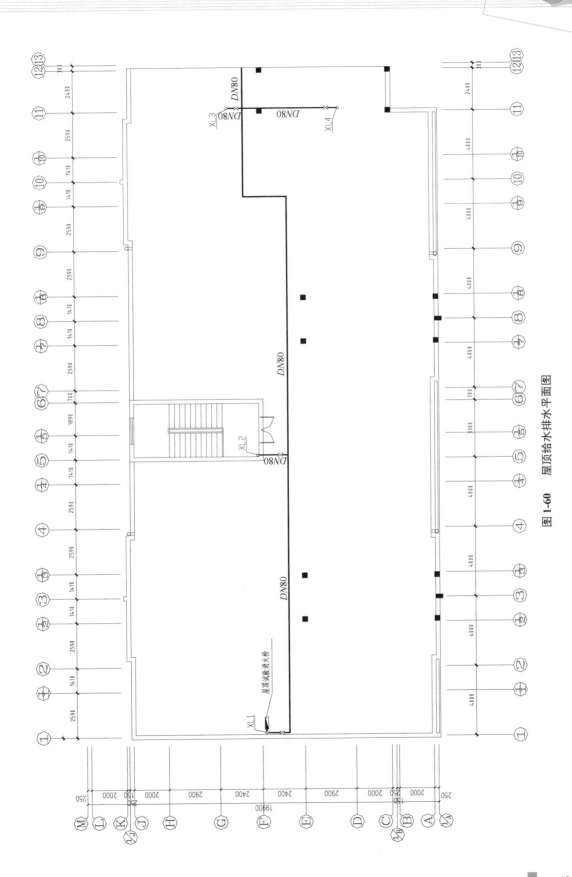

图 1-60　屋顶给水排水平面图

图 1-61　给水排水消火栓原理图

第五节　建筑给水排水系统施工工艺

一、建筑给水系统的管路布置、敷设

(一)建筑给水系统的管路布置

建筑给水管道的布置应保证供水安全、不易损坏；力求管线简短，并使管线便于施工、便于维修；同时应与其他管线、建筑、结构协调解决可能产生的矛盾。

1. 建筑给水管道的布置形式

给水管道按供水可靠性不同分为枝状管网和环状管网两种形式；按水平干管位置不同可以分为上行下给、下行上给和中分式三种形式。

枝状管网单向供水，可靠性差，但管路简单、节省管材、造价低；环状管网虽然是双向甚至多向供水，可靠性高，但管线长，造价高，如图1-62所示。

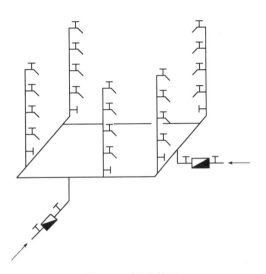

图1-62　环状管网

(1)上行下给供水方式。 干管设在顶层天花板下、吊顶内或技术夹层中，由上向下供水，适用于设置高位水箱的建筑。

(2)下行上给供水方式。 干管采用埋地敷设，设在底层或地下室中，由下向上供水，适用于利用市政管网直接供水或增压设备位于底层但不设高位水箱的建筑。

(3)中分式供水方式。 干管设在中间技术夹层或某中间层的吊顶内，由中间向上、下两个方向供水，适用于屋顶用作露天茶座、舞厅并设有中间技术夹层的建筑。

给水管道布置是否合理，关系到给水系统的工程投资、运行费用、供水可靠性、安装维护、操作使用，甚至会影响到生产和建筑物的使用。因此，在管道布置时，需要与其他专业管线的布置相互协调，满足经济合理、供水安全可靠的要求。

2. 引入管的布置

建筑物的给水引入管，从配水平衡和供水可靠角度考虑，当建筑物内卫生器具布置不均匀时，应当从建筑物用水量最大处和不允许断水处引入；当建筑物内卫生用具布置比较均匀时，应当在建筑物中央部分引入，以缩短管网向不利点的输水长度，减少管网的阻力损失。

(1)引入管应设置两条或两条以上，并要从市政管网的不同侧引入，在室内将管道连成环状或贯通状双向供水。如受到条件限制，也可从同侧引入，但两根引入管的间距不得小于15 m，并应当在两根引入管之间设置阀门。如条件不能满足，可采取设置贮水池或增设第二水源等安全供水措施。

(2)生活给水引入管与污水排出管外壁的水平距离不得小于1.0 m。引入管穿过承重墙或基础时，管上部预留净空不得小于建筑物的沉降量，一般不小于0.1 m，并做好防水的技术处理。引入管进入建筑内有两种情况，一种是从浅基础下面通过［图1-63(a)］；另一种是穿过建筑物基础或地下室墙壁［图1-63(b)］。当引入管穿过建筑物基础或地下室墙壁时，要在穿过处的管道上设置止水环等措施，做好防水的技术处理。

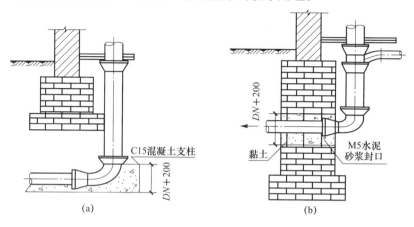

图1-63 引入管进入建筑物

(a)从浅基础下通过；(b)穿过建筑物基础或地下墙壁

3. 室内给水管道的布置

室内给水管道的布置与建筑物性质、建筑物外形、结构状况、卫生器具和生产设备布置情况以及所采用的给水方式等有关，并应充分利用室外给水管网的压力。

(1)管道布置时应力求长度最短，尽可能呈直线走向，与墙、梁、柱平行敷设，照顾美观需求，并要考虑施工检修方便。给水干管应尽量靠近用水量最大设备处或不允许间断供水的用水处，以保证供水可靠，并减少管道转输流量，使大口径管道的长度最短。立管应贴近用水设备，使支管简短，直接到达用水设备。支管不宜过长，过长会产生穿越门窗、梁、柱的问题，还会增加与其他管线的矛盾。当出现多数楼层支管过长时，可适当增加立管来减短支管。

(2)工厂车间内的给水管道架空布置时，应当不妨碍生产操作及车间内的交通运输，不允许把管道布置在遇水能引起爆炸、燃烧或损坏原料、产品和设备的上面，应尽量不在设备上面通过。

(3)建筑给水管道不允许布置在排水沟、烟道和风道内，不允许穿过大小便槽、橱窗、壁柜，应尽量避免穿过建筑物的沉降缝，如果必须穿过时要采取相应的保护措施。

(4)布置给水管道时，其周围要留有一定的空间，以满足安装、维修的要求。

(二)建筑给水管路的敷设

建筑给水管道的敷设，根据建筑对卫生、美观方面的要求，分为明装和暗装两种。

1. 明装

将建筑给水管道沿墙、梁、柱、天花板下、地板旁暴露敷设。其优点是造价低，施工安装、维护修理方便；其缺点是管道表面易积灰、产生凝结水等影响环境卫生，不美观。一般只适用于一般民用建筑和大部分生产厂房。

2. 暗装

将给水管道敷设在地下室天花板下或吊顶中，或敷设在管井、管槽和管沟中。其优点是卫生条件好、房间美观。其缺点是造价高，施工安装和维护修理不方便。

(1)给水管道除单独敷设外，也可与其他管道一同敷设。考虑到供水安全、施工维护方便等要求，当平行或交叉设置时，对管道间的相互位置、距离、固定方法等应综合有关要求统一处理。建筑物内给水管和排水管之间的最小间距，平行埋设时为 0.5 m；交叉埋设时为 0.15 m，且给水管应在排水管的上方。

(2)当管道埋地敷设时，应当避免被重物压坏。管道不得穿越生产设备基础，在特殊情况下必须穿越时，应采取有效的保护措施；生活给水管道不宜与输送易燃、可燃、有害液体或气体的管道同沟敷设。

(3)在给水管道穿越屋面、地下室或地下构筑物的外墙、钢筋混凝土水池的壁板或底板处，应设置防水套管。明装的给水立管穿越楼板时，应采取防水措施。管道在空间敷设时，必须采取固定措施，以保证施工方便和供水安全。固定管道可用管卡、吊环、托架等，如图 1-64 所示。

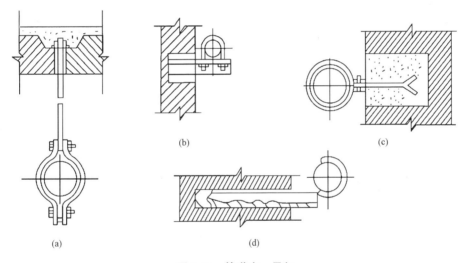

图 1-64　管道支、吊架

(a)吊环；(b)托架；(c)管卡；(d)钩钉

管道在穿过建筑物内墙、基础及楼板时均应预留孔洞口，暗装管道在墙中敷设时，也应预留墙槽，避免临时打洞、刨槽影响建筑结构的强度。管道预留孔洞和墙槽的尺寸见表 1-5。横管穿过预留洞时，管顶上部净空不得小于建筑物的沉降量，以保护管道不致因建筑物沉降而损坏，一般不小于 0.1 m。

表 1-5　给水管预留孔洞、墙壁尺寸　　　　　　　　　　　　　　　　mm

管道名称	管径	明装管道		暗管墙槽尺寸
		预留尺寸长(高)×宽	管外皮距墙面距离	宽×深
立管	≤25	100×100	25～35	130×130
	32～50	150×150	30～50	150×130
	75～100	200×200	50	200×200
两根立管	≤32	150×100	—	200×130

管道名称	管径	明装管道		暗管墙槽尺寸
		预留尺寸长(高)×宽	管外皮距墙面距离	宽×深
横支管	≤25	100×100	—	60×60
	32~40	150×130	—	150×100
引入管	≤100	300×300	—	—

二、建筑给水管道的安装

(一)金属给水管道安装

1. 管道安装顺序

管道安装应结合具体条件,合理安排顺序,一般为先地下、后地上;先大管、后小管;先主管、后支管。当管道交叉中发生矛盾时,应按下列原则避让:

管道安装工艺流程

(1)小管让大管。

(2)无压力管道让有压力管道,低压管让高压管。

(3)一般管道让高温管道或低温管道。

(4)辅助管道让物料管道,一般管道让易结晶、易沉淀管道。

(5)支管道让主管道。

2. 干管安装要点

(1)地下干管在上管前,应将各分支口堵好,防止泥沙进入管内;在上主管时,要将各管口清理干净,保证管路的畅通。

(2)预制好的管子要小心保护好螺纹,上管时不得碰撞。可用加装临时管件方法加以保护。

(3)安装完的干管,不得有塌腰、拱起的波浪现象及左右扭曲的蛇弯现象。管道安装应横平竖直。水平管道纵横方向弯曲的允许偏差:管径小于 100 mm 时为 5 mm;管径大于 100 mm 时为 10 mm;横向弯曲全长 25 m 以上时为 25 mm。

(4)高空上管时,要注意防止管钳打滑而发生安全事故。

(5)支架应根据图纸要求或管径正确选用,其承重能力必须达到设计要求。

3. 立管安装要点

(1)调直后的管道上的零件如有松动,必须重新上紧。

(2)立管上的阀门要考虑便于开启和检修。下供式立管上的阀门,当设计未标明高度时,应安装在地坪面上 300 mm 处,且阀柄应朝向操作者的右侧并与墙面形成 45°夹角处,阀门后侧必须安装可拆装的连接件(油任)。

(3)当使用膨胀螺栓时,应首先在安装支架的位置用冲击电钻钻孔(孔的直径与套管外径相等,深度与螺栓长度相等);然后将套管套在螺栓上,带上螺母一起打入孔内;到螺母接触孔口时,用扳手拧紧螺母,使螺栓的锥形尾部将开口的套管尾部张开,螺栓便和套管一起固定在孔内。这样就可在螺栓上固定支架或管卡。

(4)上管要注意安全,且应保护好末端的螺纹,不得碰坏。

(5)多层及高层建筑,每隔一层在立管上要安装一个活接头(油任)。

4. 支管安装要点

安装支管前，先按立管上预留的管口在墙面上画出（或弹出）水平支管安装位置的横线，并在横线上按图纸要求画出各分支线或给水配件的位置中心线，再根据横线中心线测出各支管的实际尺寸并进行编号记录，根据记录尺寸进行预制和组装（组装长度以方便上管为宜），检查调直后进行安装。

5. 支架、吊架安装要点

为了固定室内管道的位置，避免管道在自重、温度和外力影响下产生位移，水平管道和垂直管道都应每隔一定距离装设支架、吊架。常用的支架、吊架有立管管卡、托架和吊环等，管卡和托架固定在墙梁柱上，吊环吊于楼板下，如图 1-65、图 1-66 所示。托架、吊架栽入墙体或顶棚后，在混凝土未达到强度要求前严禁受外力，更不准登、踏、摇动，不准安装管道。各类支架安装前应完成防腐工序。

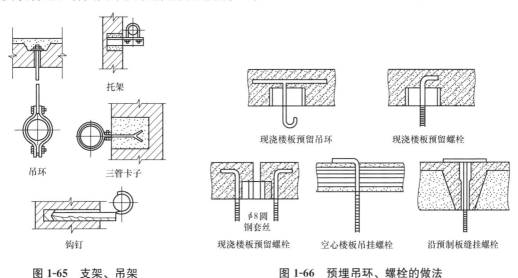

图 1-65　支架、吊架　　　　　　　　图 1-66　预埋吊环、螺栓的做法

(二)硬塑料管道安装

1. 管道连接

(1)硬聚氯乙烯管承插连接。 直径小于 200 mm 的挤压管多采用承插连接，如图 1-67 所示。

(2)对焊连接。 对焊连接适用于直径较大（>200 mm）的管子连接，采用的方法是将管子两端对起来焊成一体。焊口的连接强度虽然比承插连接差，但施工简便，严密性好，也是一种常用的不可拆卸的连接方式。

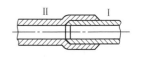

图 1-67　硬聚氯乙烯管承插连接

(3)带套管对焊连接。

1)管子对焊连接后，将焊缝铲平，铲去主管外表面上对接焊缝的高出部分，使其与主管外壁面齐平。

2)制作套管。套管可用板材加热卷制，长度应为主管公称直径的 2.2 倍。

3)加装套管。先用酒精或丙酮将主管外壁和套管内壁擦洗干净，并涂上 PVC 塑料胶，再将套管套在主管对接缝处，使套管两端与焊缝保持等距，套管与主管间隙不大于 0.3 mm。

4)封口。封口应采用热空气熔化焊接，先焊接套管的纵缝，再完成套管两端主管的封口焊。

(4)焊环活套法兰连接。焊环活套法兰连接即在管端焊上一挡环，用钢法兰连接。这种方法施工方便，可以拆卸，适用于较大的管径。其缺点是焊缝处易拉断。小直径管子宜用翻边活套法兰连接，法兰垫片采用软聚氯乙烯塑料垫片。

(5)扩口活套法兰连接。扩口方法与承插连接的承口加工方法相同。这种接口强度高，能承受一定压力，可用于直径在 20 mm 以下的管道连接。法兰为钢制，尺寸同一般管道。由于塑料管强度低，因此，可将法兰厚度适当减薄。

(6)平焊塑料法兰连接。这种连接方法是用硬聚氯乙烯塑料板制作法兰，直接焊在管端上，连接简单，拆卸方便，适用于压力较低的管道。法兰尺寸和平焊钢法兰一致，但法兰厚度大些。垫片选用布满密封面的轻质宽垫片，否则拧紧螺栓时易损坏法兰。连接螺栓两端部应加钢垫圈，螺栓拧紧均匀适度，不得过紧。

(7)螺纹连接。对硬聚氯乙烯来说，一般只能用于连接阀件、仪表或设备。密封填料宜采用聚四氟乙烯密封带，拧紧螺纹用力应适度，不可拧得过紧。螺纹加工应由制品生产厂完成，不得在现场加工。

2. 支架安装

硬聚氯乙烯管道不得直接与金属支架、吊架相接触，而应在管道与支吊架间垫以软塑料垫。由于硬聚氯乙烯强度低、刚度小，支承管子的支架、吊架间距要小。管径小、工作温度或大气温度较高时，应在管子全长上用角钢支托，以防止管子向下挠曲，并要注意防振。

支吊架安装工艺流程

3. 热补偿

硬聚氯乙烯管的膨胀系数比钢大很多，因此要设热补偿装置。当管子不长时，可用自然弯代替补偿器；当管子较长时，每隔一定距离应装一个补偿器。直径在 100 mm 以下的管子，可以管子本身直接弯成"Ω"形补偿器。大直径管子，有时每隔一定距离焊一小段软聚氯乙烯管当作补偿器用，或翻边粘结；也可以把管子压成波形补偿器，波数可以是一个或几个，根据最大温度差和支承架的间距来确定；还可采用"Ω"形补偿器。此外，硬聚氯乙烯管道不能靠近输送高温介质的管道敷设，也不能安装在其他大于 60 ℃的热源附近。

(三)管道防护

明装和暗装的金属管道都要采取防腐措施，以延长管道的使用寿命。管道在安装刷油前，先将表面的铁锈、污物、毛刺和内部的砂粒、铁屑等除净。暗设不保温管道、管件、支架除锈后刷樟丹两遍；明设不保温管道、管件、支架除锈后刷樟丹一遍、银粉两遍；保温管道除锈后刷樟丹两遍再做保温处理。

1. 表面清理

对未刷过底漆的，应先做表面清理。

金属管道表面常有泥灰、浮锈、氧化物、油脂等杂物，影响防腐层同金属表面的结合，因此，在刷油前必须去掉这些污物。除 7108 稳化型带锈底漆允许有 80 μm 以下的锈层外，一般都要露出金属本色。

表面清理方法一般是除油、除锈。

（1）除油。管道表面粘有较多的油污时，可先用汽油或浓度为 5% 的热氢氧化钠溶液洗刷，然后用清水冲洗，干燥后再进行除锈。

（2）除锈。除锈方法有喷砂、酸洗（化学）等方法。

2. 涂漆

涂漆一般采用刷漆、喷漆、浸漆、浇漆等方法。管道工程大多采用刷漆和喷漆方法。人工涂漆要求涂刷均匀，用力往复涂刷，不应有"花脸"和局部堆积现象。机械喷涂时，漆流要与喷漆面垂直，喷嘴与喷漆面距离为 400 mm 左右，喷嘴的移动应当均匀平稳，速度为 10～18 m/min，压缩空气压力为 0.2～0.4 MPa。涂漆时的环境温度不得低于 5 ℃，否则应采取适当的防冻措施；遇雨、雾、露、霜及大风天气时，不宜在室外涂漆施工。涂漆的结构和层数按设计规定，涂漆层数在两层或两层以上时，要待前一层干燥后再涂下一层，每层厚度应均匀。

有些管道在出厂时已按设计要求做过防腐处理，当安装施工完并试压后，要对连接部位进行补涂，防止遗漏。

3. 管道着色

管道涂漆除为了防腐外，还有装饰和辨认作用，特别是厂区和车间内，各类工业管道很多，为了便于操作者管理和辨认，可在不同介质的管道表面或保温层表面涂上不同颜色的油漆和色环。

管道支架涂漆除图纸有标注者外，一律用灰色。管道本身着色各行业的规定大同小异，机械工业系统一般按表 1-6、表 1-7 的规定进行。设计有特殊要求时，可按图施工。

表 1-6　常用管道面漆和色环的颜色

序号	管道名称（按输送介质划分）	油漆颜色		序号	管道名称（按输送介质划分）	油漆颜色	
		基本色	色环			基本色	色环
1	饱和蒸汽管	红	—	11	消防用水管	绿	红、蓝
2	过热蒸汽管	红	黄	12	煤气管	黄	—
3	废气管	红	绿	13	天然气管	黄	黑
4	工业用水管	黑	—	14	液化石油管	黄	绿
5	工业用水与消防用水合用管	黑	橙、黄	15	燃料油管	褐	—
6	雨水管	黑	绿	16	压缩空气管	浅蓝	—
7	生活饮水管	绿	—	17	氧气管	深蓝	—
8	热力网供水管	绿	黄	18	乙炔管	白	—
9	热力网回水管	绿	褐	19	氢气管	白	红
10	凝结水管	绿	红	20	氨气管	棕	—

表 1-7　色环的宽度和间距

管道保温层外径/mm	色环宽度/mm	色环间距/m
<150	50	1.5～2.0
150～300	70	2.0～2.5
>300	100	2.5～3.0

提示：管道上还要用箭头标出介质流动的方向。介质有两个流动方向的可能性时，应标出两个箭头，箭头一般用白色或黄色。

三、建筑室内排水管道安装

1. 立管安装

（1）按设计要求设置固定支架或支承件后，再进行立管吊装。

（2）一般先将管段吊正，如果是塑料管再安装伸缩节；将管端插口平直插入承口中（塑料管插入伸缩节承口橡胶圈中），用力应均匀，不可摇动挤入。安装完成后，随即将立管固定。

排水管安装
标准工艺步骤

（3）塑料立管承口外侧与饰面的距离应控制在 20～50 mm。

（4）立管安装完毕后，应由土建单位支模浇筑不低于楼板强度等级的细石混凝土堵洞。

（5）立管安装注意事项：

1）在立管上应按图纸要求设置检查口，如设计无要求，则应每两层设置一个检查口，但在最底层和卫生器具的最高层必须设置。

2）安装立管时，一定要注意将三通口的方向对准横托管方向，以免在安装横托管时由于三通口的偏斜而影响安装质量。

3）透气管是为了使下水管网中有害气体排至大气中，并保证管网中不产生负压破坏卫生设备的水封而设置的。

2. 支立管安装

（1）要保证支立管坡度和垂直度，不得有反坡或"扭头"现象。

（2）支立管露出地坪的长度一定要根据卫生器具和排水设备附件的种类决定，严禁地漏高出地坪和小便池落水高出池底。

（3）排水管道装妥并充分牢固后，应拆除一切临时支架（如吊管用的钢丝或打在墙上做临时固定件用的凿子等）并仔细检查，以防止凿子等开洞工具遗留在横托管上落下伤人。

（4）应将所有管口堵好，特别是准备做水磨石地坪的卫生间时要严防土建人员将水泥浆流入管内。暂不装卫生器具的管口，可用适当大小的砖头堵在管口，然后用石灰砂浆堵塞，但在装卫生器具时一定要清理干净。

（5）排水管道的刷油着色，应根据设计说明或建设单位要求进行。刷油前，应认真清除残留在管子表面的污物，要求漆面光泽，且不可污染建筑物的饰面和其他器具等。

3. 横管安装

（1）铸铁排水管安装。先将安装横管尺寸测量记录好，按正确尺寸和安装的难易程度在地面进行预制（横管过长或吊装有困难时，可分段预制和吊装），然后将吊卡装在楼板上，并按横管的长度和规范要求的坡度调整好吊卡高度，再开始吊管。吊横托管时，要在横管上的三通口或弯头的方向及坡度调好后，再将吊卡收紧，然后打麻和捻口，将其固定于立管上，并应随手将所有管口堵好。横管与立管的连接和横管与横管的连接，应采用 45°三通或四通和 90°斜三通或斜四通，不得采用 90°正三通或四通连接。吊卡的间距不得大于 2 m，且必须装在承口部位。

（2）塑料排水管安装。

1）一般做法是先将预制好的管段用钢丝临时吊挂，查看无误后再进行打口或黏结。

2）打口或黏结后，应迅速摆正位置，按规定校正坡度。铸铁管紧固好承件，塑料管用木楔卡牢接口，绑紧钢丝，临时予以固定；待粘结固化后再紧固支承件，但不宜卡箍过紧。

3）拆除临时绑固用钢丝，将接口临时封严。

4）支模，浇筑细石混凝土，封堵支架洞口。

四、室外给水排水系统安装

(一)室外给水管网安装

1. 铸铁管安装

(1)安装前，应对管材的外观进行检查，查看有无裂纹、毛刺等，不合格的不能使用。

(2)插口装入承口前，应将承口内部和插口外部清理干净，用气焊烤掉承口内及承口外的沥青。如采用橡胶圈接口，应先将橡胶圈套在管子的插口上，插口插入承口后，调整好管子的中心位置。

(3)铸铁管全部放稳后，暂时在接口间隙内填塞干净的麻绳等，防止泥土及杂物进入。

(4)接口前挖好操作坑。

(5)如口内填麻丝，应将堵塞物拿掉，填麻的深度为承口总深的1/3，填麻应密实、均匀，应保证接口环形间隙均匀。

(6)打麻时，应先打油麻后打干麻。应把每圈麻拧成麻辫，麻辫直径等于承插口环形间隙的1.5倍，长度为周长的1.3倍左右为宜。打锤要用力，凿凿相压，一直到铁锤打击时发出金属声为止。

采用胶圈接口时，填打胶圈应逐渐滚入承口内，防止出现"闷鼻"现象。

(7)将配置好的石棉水泥填入口内，应分几次填入，每填一次应用力打实，凿凿相压；第一遍贴里口打，第二遍贴外口打，第三遍朝中间打，打至呈油黑色为止，最后轻打找平，如图1-68所示。采用膨胀水泥接口时，也应分层填入并捣实，最后捣实至表层面返浆，且比承口边缘凹进1～2 mm为宜。

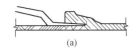 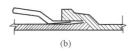 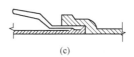 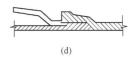

(a)　　　　　　　(b)　　　　　　　(c)　　　　　　　(d)

图 1-68　铸铁承插管打口基本操作法

(a)贴里口打；(b)贴外口打；(c)朝中间打；(d)挑打(挑里、挑外)

(8)接口完毕，应速用湿泥或用湿草袋将接口处周围覆盖好，并用虚土埋好进行养护。天气炎热时，还应铺上湿麻袋等物进行保护，防止热胀冷缩损坏管口。在太阳暴晒时，应随时洒水养护。

2. 镀锌钢管安装

(1)镀锌钢管安装要全部采用镀锌配件变径和变向，不能用加热的方法制成管件(加热会使镀锌层破坏而影响防腐能力)，也不能以黑铁管零件代替。

(2)铸铁管承口与镀锌钢管连接时，镀锌钢管插入的一端要翻边，防止水压试验或运行时脱出，另一端要将螺纹套好。简单的翻边方法为：将管端等分锯几个口，用钳子逐个将它翻成相同的角度即可。

(3)管道接口法兰应安装在检查井和地区内，不得埋在土中；如必须将法兰埋在土中，应采取防腐蚀措施。

给水检查井内的管道安装，如设计无要求，井壁距法兰或承口的距离为：

管径 $DN \leqslant 450$ mm，应不小于 250 mm；

管径 $DN > 450$ mm，应不小于 350 mm。

3. 钢筋混凝土管安装

(1)预应力钢筋混凝土管安装。当地基处理好后，为了使胶圈达到预定的工作位置，必须有产生推力和拉力的安装工具，一般采用拉杆千斤顶，即预先于横跨在已安装好的 1~2 节管子的管沟两侧安装一截横木，作为锚点，横木上拴一个钢丝绳扣，钢丝绳扣套入一根钢筋拉杆，每根拉杆长度等于一节管长，安装一根管，加接一根拉杆，拉杆与拉杆间用 S 形扣连接(这样一个固定点，可以安装数十根管后再移动到新的横木固定点)，然后用一根钢丝绳兜扣住千斤顶头连接到钢筋拉杆上。为了使两边钢丝绳在顶装过程中拉力保持平衡，中间应连接一个滑轮，如图 1-69 所示。

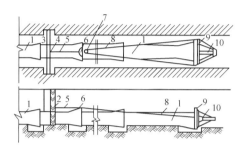

图 1-69 拉杆千斤顶法安装钢筋混凝土管

1—承插式预应力钢筋混凝土管；2—方木；

3—背圆木；4—钢丝绳扣；

5—钢筋拉杆；6—S 形扣；7—滑轮；

8—钢丝绳；9—方木；10—千斤顶

(2)拉杆千斤顶法的安装步骤。

1)套橡胶圈。在清理干净管端承插口后，即可将胶圈从管端两侧同时由管下部向上套，套好后的胶圈应平直，不允许有扭曲现象。

2)初步对口。利用斜挂在跨沟架子横杆上的倒链把承口吊起，并使管段慢慢移到承口，然后用撬棍进行调整。若管位很低，可用倒链把管提起，下面填砂捣实；若管位很高，可沿管轴线左右晃动管子，使管下沉。为了使插口和胶圈能够均匀顺利地进入承口，达到预定位置，初步对口后，承插间的承插间隙和距离务必均匀一致。否则，橡胶圈受压不均，进入速度不一致，将使橡胶圈扭曲而大幅度回弹。

3)顶装。初步对口正确后，即可安装千斤顶进行顶装。顶装过程中，要随时沿管四周观察橡胶圈和插口进入情况。当管下部进入较少时，可用倒链把承口端稍稍抬起；当管左部进入较少或较慢时，可用撬棍在承口右侧将管向左侧拨动。进行矫正时则应停止顶进。

4)找正找平。把管子顶到设计位置时，经找正找平后方可松放千斤顶。相邻两管的高度偏差不超过 ±2 cm，中心线左右偏差一般在 3 cm 以内。

4. 消防水泵结合器及消火栓安装

(1)消防用水宜采用城市给水管直接供水。当城市给水管等的水源不能确保消防用水要求时，在工程进口以外应设室外消火栓(或消防水池)、水泵接合器；当工程内已设置消防水泵和消防水池时，可不设室外消火栓和水泵接合器。

(2)消防水池的容量，按 1 h 消防用水总量计算。消防水池的补水时间不应超过 48 h。消防用水宜与其他用水合用一个水池，但消防用水应有平时不被他用的技术措施。

(3)室外消火栓和水泵接合器的数量应按工程内消防用水总量确定(每个室外消火栓、水泵接合器的流量应按 10～15 L/s 计算)。室外消火栓应设在距工程进口不大于 40 m 的范围内。室外消火栓给水管直径不应小于 100 mm。在距水泵接合器 40 m 的范围内应设有室外消火栓(或消防水池)。消火栓和水泵接合器应各有明显的标志。

(4)严格检查消火栓的各处开关是否灵活、严密、吻合,所配带的附属设备配件是否齐全。

(5)室外地下消火栓应砌筑消火栓井,室外地上消火栓应砌筑消火栓闸门井。在高级和一般路面上,井盖上表面同路面相平,允许偏差为±5 mm。无正规路时,井盖高出室外设计标高 50 mm,并应在井口周围以 0.02 的坡度向外做护坡。

(6)室外地下消火栓与主管连接的三通或弯头下部带座和无座的,均应先稳固在混凝土支墩上,管下皮距井底不应小于 0.2 m,消火栓顶部距离井盖底面不应大于 0.4 m;如果超过 0.4 m,应增加短管。

(7)按有关工艺要求进行法兰闸阀、双法兰短管及水龙带接扣安装,接出的直管高于 1 m 时,应加固定卡子一道,井盖上铸有明显的"消火栓"字样。

(8)室外消火栓地上安装时,一般距离地面高度为 640 mm,首先应将消火栓下部的弯头带底座安装在混凝土支墩上,安装应稳固。

(9)安装消火栓开闭闸门,两者距离不应超过 2.5 m。

(10)地下消火栓安装时,如设置闸门井,必须将消火栓自身的放水口堵死,在井内另设放水门。

(11)按有关工艺要求进行消火栓闸门短管、消火栓法兰短管、带法兰闸门的安装。

(12)使用的闸门井井盖上应有"消火栓"字样。

(13)管道穿过井壁处应严密、不漏水。

5. 管沟及井室设置

(1)管沟。

1)沟槽的断面形式要符合设计要求,施工中常采用的沟槽断面形式有直槽、梯形槽、混合槽等。通常根据土的种类、地下水情况、现场条件及施工方法决定沟槽的断面形式,并按照设计规定的基础、管道的断面尺寸、长度和埋设深度选择断面形式。

2)沟槽开挖深度按管道设计纵断面图确定,应满足最小埋设深度的要求,避免将管道布置在可能受重物压坏处。

3)沟槽底部工作宽度应根据管径大小、管道连接方式和施工工艺确定。

4)为便于管段下沟,挖沟槽的土应堆放在沟的一侧,且土堆底边与沟边应保持一定距离。

5)机械挖槽应确保槽底上层结构不被扰动或破坏,用机械挖槽或开挖沟槽后,当天不能下管时,沟底应留出约 0.2 m 一层不挖,待铺管前用人工清挖。

6)沟槽开挖时,如遇有管道、电缆、建筑物、构筑物或文物古迹,应予保护,并及时与有关单位和设计部门联系,严防事故发生而造成损失。

7)沟底要求是坚实的自然土层,如果是松散的回填土或沟底有不易清除的块石,都要进行处理,防止管子产生不均匀下沉而造成质量事故。松土层应夯实,加固密实。若为块石,应将其上部铲除,然后铺上厚度一层大于 150 mm 的回填土,整平夯实或用黄砂铺平。管道的支撑和支墩不得直接铺设在冻土和未经处理的松土上。

（2）井室。

1）井室的尺寸应符合设计要求，允许偏差为±20 mm（圆形井指其直径；矩形井指内边长）。

2）安装混凝土预制井圈时，应将井圈端部洗干净并用水泥砂浆将接缝抹光。

3）砖砌井室。地下水水位较低时，内壁可用水泥砂浆勾缝；水位较高时，井室的外壁应用防水砂浆抹面，其高度应高出最高水位 200～300 mm。含酸性污水检查井，内壁应用耐酸水泥砂浆抹面。

4）排水检查井内需做流槽的，应用混凝土浇筑或用砖砌筑，并用水泥砂浆抹光。流槽的高度等于引入管中的最大管径，允许偏差为±100 mm。流槽下部断面为半圆形，其直径与引入管管径相等。流槽上部应做垂直墙，其顶面应有 0.05 的坡度。当排出管与引入管直径不相等时，流槽应按两个不同直径做成渐扩形。弯曲流槽同管口连接处应有 0.5 倍直径的直线部分，弯曲部分为圆弧形，管端应同井壁内表面齐平。当管径大于 500 mm 时，弯曲流槽与管口的连接形式应由设计确定。

5）在高级和一般路面上，井盖上表面应同路面相平，允许偏差为±5 mm。无路面时，井盖应高出室外设计标高 500 mm，并应在井口周围以 0.02 的坡度向外做护坡。如采用混凝土井盖，标高应以井口计算。

6）安装在室外的地下消火栓、给水表井和排水检查井等的铸铁井盖，应有明显区别，重型与轻型井盖不得混用。

7）管道穿过井壁处应严密、不漏水。

（3）管沟回填。

1）沟槽在管道敷设完毕应尽快回填，一般分为两个步骤：

①管道两侧及管顶以上不小于 0.5 m 的土方，安装完毕即行回填，接口处可留出，但其底部管基必须填实；与此同时，要办理"隐蔽工程记录"签证。

②沟槽其余部分在管道试压合格后及时回填。如沟内有积水，必须先全部排尽，再行回填。

2）管道两侧及管顶以上 0.5 m 部分的回填，应同时从管道两侧填土分层夯实，不得损坏管子及防腐层。沟槽其余部分的回填，也应分层夯实。分层夯实时，如设计无规定，其虚铺厚度应按下列规定执行：使用动力打夯机，厚度≤0.3 m；人工打夯，厚度≤0.2 m。

3）位于道路下的管段，沟槽内管顶以上部分的回填应用砂土或分层充分夯实。

4）用机械回填管沟时，机械不得在管道上方行走。距管顶 0.5 m 范围内，回填土不允许含有直径大于 100 mm 的块石或冻结的大土块。

5）地下水水位以下若是砂土，可采用水撼砂进行回填。

6）沟槽如有支撑，随同填土逐步拆下，对没有横撑板的沟槽，先拆撑后填土，自下而上拆除支撑。若用支撑板或板桩，可在填土过半以后再拔出，拔出后立即灌砂充实。若拆除支撑不安全，则可保留。

7）雨后填土要测定土壤含水量，如超过规定不可回填。槽内若有水，则须先排除，符合规定方可回填。

8）雨期填土，应随填随夯，防止夯实前遇雨。填土高度不能高于检查井。

9）冬期填土时，混凝土强度达到设计强度 50％后准许填土，当年或次年修建的高级路面及管道胸腔部分不能回填冻土。填土应高出地面 200～300 mm，作为预留沉降量。

(二)室外排水管网安装

1. 排水管道安装

(1)下管前要从两个检查井的一端开始,若为承插管,铺设时以承口在前。

(2)稳管前将管口内外全刷洗干净,管径在 600 mm 以上的平口或承插管道接口,应留有 10 mm 缝隙;管径在 600 mm 以下者,留出不小于 3 mm 的对口缝隙。

(3)下管后找正拨直,在撬杆下垫一木板,不可直插在混凝土基础上。待两窨井间全部管子下完,检查坡度无误后即可接口。

(4)使用套环接口时,稳好一根管子,再安装一个套环。铺设小口径承插管时,稳好第一节管后,在承口下垫满灰浆,再将第二节管插入,挤入管内的灰浆应从里口抹平。

(5)管道接口。排水管道的接口形式有承插口、平口管子接口及套环接口三种。

(6)排水管道闭水试验。

1)将被试验的管段起点及终点检查井(又称为上游井及下游井)的管子两端用钢制堵板堵好。

2)在上游井的管沟边设置一个试验水箱,如管道设在干燥型土层内,试验水位高度应当高出上游井管顶 4 m。

3)将进水管接至堵板的下侧,下游井内管子的堵板下侧应设泄水管,并挖好排水沟。管道应严密,并从水箱向管内充水,管道充满水后,一般应浸泡 1～2 昼夜再进行试验。

4)量好水位,观察管口接头处是否严密、不漏。如发现漏水,应及时返修,做闭水试验,观察时间不应少于 30 min,水渗入量和渗出量应不大于表 1-8 的规定。

表 1-8　1 000 m 长的管道在一昼夜内允许的渗出或渗入水量

管径 DN/mm	<150	200	250	300	350	400	450	500	600
钢筋混凝土管、混凝土管、石棉水泥管/t	7.0	20	24	28	30	32	34	36	40
陶土管(缸瓦管)/t	7.0	12	15	18	20	21	22	23	23

测量渗水量时,可根据表 1-8 计算出 30 min 的渗水量是多少,然后求出试验段下降水位的数值(事先已标记出的水位为起点),该值即为渗水量。

5)闭水试验完毕,应及时将水排出。

6)污水管道排出有腐蚀性水的,管道不允许有渗漏。

7)雨水管和与其性质相似的管道,除湿陷性黄土及水源地区外,可不做渗水量试验。

2. 排水管沟及井池设置

(1)挖沟时沟底的自然土层被扰动,必须换以碎石或砂垫层。被扰动土为砂性或砂砾土时,铺设垫层前先夯实;黏性土则需换土后再铺碎石砂垫层。事先须将积水或泥浆清除出去。

(2)基础在施工前清除浮土层、碎石铺填后夯实至设计标高。

(3)铺垫层后浇灌混凝土,可以窨井开始,完成后可进行管沟的基础浇灌。

(4)有下列任一种情况,都应采用混凝土整体基础:雨水或污水管道在地下水水位以下;管径在 1.35 m 以上的管道;每根管长在 1.2 m 以内的管道;雨水或污水管道在地下水水位以上,覆土深度大于 2.5 m 或 4 m。

(5)检查井。在排水管与室内排出管连接处，管道交汇、转弯、管道管径或坡度改变、跌水处和直线管段上每隔一定距离，均应设置检查井，检查井最大间距见表1-9。不同管径的排水管在检查井中宜采用管顶平接。

表1-9 检查井最大间距

管径/mm	最大间距/m	
	污水管道	雨水管和合流管道
150	20	—
200~300	30	30
400	30	40
≥500	—	50

(6)化粪池的施工要点。

1)砖砌体材料宜采用烧结普通砖。

2)砖砌体的转角处和交接处应同时砌筑。不能同时砌筑而又必须留置的临时间断处，应砌成斜槎，斜槎水平投影的长度不应小于高度的2/3。

3)竖向灰缝不得出现透明缝、瞎缝和假缝。

4)混凝土应采用普通混凝土或防水混凝土。

5)施工缝的位置应在混凝土浇筑前按设计要求和施工技术方案确定。施工缝的处理应按施工技术方案执行。

6)混凝土中掺用外加剂的质量及应用技术应符合《混凝土外加剂》(GB 8076—2008)、《混凝土外加剂应用技术规范》(GB 50119—2013)等现行国家标准以及有关环境保护的规定。

7)当地下水水位高于基坑底面时，应采用地面截水、坑内抽水、井点降水等有效措施来降低地下水水位。同时，及时观察坑内、坑外降水的标高，以明确对周围环境的影响程度，并及时采取措施，防止降水产生的影响，如坑内降水、坑外回灌等。

8)冬期、雨期施工措施按相关方案执行。

(7)管沟回填。在完成闭水试验并办理"隐蔽工程验收记录"后，即可进行回填工作。

1)管顶上部500 mm以内不得回填直径大于100 mm的块石和冻土块；500 mm以上部分回填块石或冻土不得集中；用机械回填时，机械不得在管沟上行驶。

2)回填土应分层夯实。虚铺厚度如设计无要求，应符合下列规定：

①机械夯实，不大于300 mm；

②人工夯实，不大于200 mm；

③管子接口坑土的回填必须仔细夯实。

五、室内消防给水管道安装

1. 室内消防给水管道的设置要求

(1)室内消火栓超过10个且室内消防用水量大于15 L/s时，室内消防给水管道至少应有两条进水管与室外环状管网连接，并应将室内管道连成环状或将进水管与室外管道连成环状。若环状管网的一条进水管发生事故，其余的进水管应仍能供应全部用水量。

（2）超过六层的塔式（采用双出口消火栓者除外）和通廊式住宅、超过五层或体积超过 10 000 m³ 的其他民用建筑、超过四层的厂房和库房，如室内消防竖管为两条或两条以上，应至少令每两根竖管相连组成环状管道，每条竖管直径应按最不利点消火栓出水量计算。

（3）高层工业建筑室内消防竖管应成环状，且管道的直径不应小于 100 mm。

（4）超过四层的厂房和库房、高层工业建筑、设有消防管网的住宅及超过五层的其他民用建筑，其室内消防管网应设消防水泵接合器。距接合器 15～40 m 内，应设室外消火栓或消防水池。接合器的数量应按室内消防用水量计算确定，每个接合器的流量按 10～15 L/s 计算。

（5）室内消防给水管道应用阀门分成若干独立段，当某段损坏时，停止使用的消火栓在一层中不应超过 5 个。高层工业建筑室内消防给水管道上阀门的布置，应保证检修管道时关闭的竖管不超过一条。阀门应经常开启，并应有明显的启闭标志。

（6）消防用水与其他用水合并的室内管道，当其他用水达到最大秒流量时，应仍能供应全部消防用水量。

（7）当生产、生活用水量达到最大且市政给水管道仍能满足室、内外消防用水量时，室内消防泵进水管宜直接从市政管道取水。

（8）室内消火栓给水管网与自动喷水灭火设备的管网，宜分开设置；如有困难，应在报警阀前分开设置。

（9）严寒地区非供暖的厂房、库房的室内消火栓，可采用干式系统，但在进水管上应设快速启闭装置，管道最高处应设排气阀。

2. 高层建筑设置自动喷水灭火系统的要求

（1）采用临时高压给水系统的自动喷水灭火系统，应设依靠重力供水的消防水箱，向系统供给火灾初期用水量，并能满足供水不利楼层和部位的喷水强度。消防水箱的出水管应设单向阀，并应在报警阀前接入系统管道。对于轻、中危险级建筑，出水管管径不应小于 80 mm；对于严重危险级和仓库级建筑不应小于 100 mm。

（2）自动喷水灭火系统与室内消火栓系统宜分别设置供水泵。每组水泵的吸水管不应小于 2 根，每台工作泵应设独立的吸水管，水泵的吸水管应设控制阀，出水管应设控制阀、单向阀、压力表和直径 65 mm 的试水阀，必要时应设泄压阀。

（3）报警阀后的配水管道不应设置其他用水设施，且工作压力不应大于 1.2 MPa。

（4）报警阀后的管道应采用内外镀锌钢管，或内外壁经防腐处理的钢管，否则其末端应设过滤器。

（5）报警阀后管道应采用丝扣、卡箍或法兰连接，报警阀前可采用焊接。系统中管径大于等于 100 mm 的管道，应分段采用法兰和管箍连接。水平管道上法兰间的管道长度不应大于 20 m；高层建筑中立管上法兰的距离，不应跨越三个及以上楼层。净空高度大于 8 m 的场所，立管上应设法兰。

（6）短管及末端试水装置的连接管，其管径应为 25 mm。

（7）干式、预作用、雨淋系统及水幕系统，其报警阀后配水管道的容积，不应大于 3 000 L。

（8）干式、预作用系统的供气管道，采用钢管时，管径不宜小于 15 mm；采用铜管时，管径不宜小于 10 mm。

(9)自动喷水灭火系统的水平管道宜有坡度，充水管道不宜小于 2‰，准工作状态不充水的管道不宜小于 2‰，管道的坡度应坡向泄水阀。

3. 消防给水管道的安装

室内消防管道安装工艺流程为：安装准备→预制加工→干管安装→立管安装→支管安装→管道试压→管道防腐→管道冲洗。

消火栓系统安装

（1）安装准备。认真熟悉图样，参看有关专业设备图和装修建筑图，核对各种管道的坐标、标高是否有交叉，管道排列所用空间是否合理。有问题及时与设计和有关人员研究解决，做好变更洽商记录。根据施工方案确定的施工方法和技术交底的具体措施做好准备工作。

（2）预制加工。按设计图样画出管道分路、管径、变径、预留管口、阀门位置等施工草图，在实际安装的结构位置做标记，按标记分段量出实际安装的准确尺寸，记录在施工草图上，然后按草图测得的尺寸预制加工（断管、套丝、上零件、调直、校对），按管段分组编号。

（3）干管安装。在干管安装前清扫管腔，将承口内侧插口外侧端头的沥青除掉，承口朝来水方向顺序排列，连接的对口间隙不应小于 3 mm。找平找直后，将管道固定。管道拐弯和始端处应支撑顶牢，以防止捻口时轴向移动，所有管口应随时封堵好。

（4）支管安装。支管明装：将预制好的支管从立管甩口依次逐段进行安装，有截门的，应将截门盖卸下再安装，根据管道长度适当加好临时固定卡，上好临时丝堵。支管暗装：确定支管高度后画线定位，别出管槽，将预制好的支管敷在槽内，找平找正定位后用勾钉固定，加好丝堵。

（5）管道试压。铺设、暗装的给水管道隐蔽前做好单项水压试验。管道系统安装完成后进行综合水压试验。水压试验时放净空气，充满水后进行加压，当压力升到规定要求时停止加压，进行检查。

（6）管道防腐。给水管道铺设与安装均按设计要求及国家验收规范施工，所有型钢支架及管道镀锌层破损处和外露丝扣要补刷防锈漆。

（7）管道冲洗。管道在试压完成后即可进行冲洗，冲洗应用自来水连续进行，应保证有充足的流量。冲洗洁净后办理验收手续。

注意： 高层建筑自动喷水灭火系统安装时除满足以上工艺外，还应注意以下问题：

（1）螺纹连接管道变径时，宜采用异径接头，在转弯处不得考虑采用补芯；如果必须采用补芯，三通上只能用一个。

（2）管道穿过建筑物的变形缝时，应设置柔性短管；穿墙或楼板时应加套管，套管长度不得小于墙厚，或应高出楼面或地面 50 mm，焊接环缝不得置于套管内，套管与管道之间的缝隙应用不燃材料填塞。

（3）管道安装位置应符合设计要求，管道中心与梁、柱、顶棚等的最小距离应符合表 1-10 的规定。

表 1-10　管道中心与梁、柱、顶棚的最小距离

公称直径/mm	25	32	40	50	65	80	100	125	150	200
距离/mm	40	40	50	60	70	80	100	125	150	200

建筑给水系统是指经济合理地将水从室外给水管网送到室内的各种水龙头、生产和生活用水设备或消防设备，满足用户对水质、水量和水压等方面的要求，保证用水安全可靠的系统。建筑排水系统是将建筑内部人们日常生活和工业生产中使用过的污水及屋面的雨水收集起来及时排到室外的系统的系统。本章重点介绍了建筑给水系统、建筑排水系统和消防给水系统施工图的识图和施工工艺。

思考与练习

一、填空题

1. 焊接钢管按其表面是否镀锌可分为_____和_____。

2. 我国生产的铸铁给水管按其材质不同可分为_____和_____。

3. 常用给水附件可分为_____和_____两类。

4. 建筑给水系统的供水设备包括_____、_____、_____、_____等。

5. 在建筑内部排水系统中，为疏通排水管道，需设置_____、_____、_____等清通设备。

6. 硬聚氯乙烯塑料管的连接方法主要采用_____粘接。

7. 按屋面有无天沟，外排水系统又分为_____和_____两种方式。

8. 雨水内排水系统按雨水斗的连接方式可分为_____和_____雨水排水系统。

9. 平面图是室内给水排水施工图的主要部分，一般采用与建筑平面图相同的比例，常用_____、_____、_____，大型车间常用_____。

10. 建筑给水管道的敷设，根据建筑对卫生、美观方面的要求，分为_____和_____两种。

二、选择题

1. 室内给水系统按照供水对象划分，不包括(　　　)。

　　A. 生产给水系统　　B. 消防给水系统　　C. 生活给水系统　　D. 设备给水系统

2. 管道安装应结合具体条件，合理安排顺序，一般为(　　　)。

　　A. 先地下，后地上　B. 先大管，后小管　C. 先主管，后支管　D. 先一般，后高温

3. 水箱设置时，水箱间的净高不得小于(　　　)m，采光、通风良好，保证不冻结，有冻结危险时，要采取保温措施。

　　A.1.1　　　　　　　B.2.2　　　　　　　C.1.5　　　　　　　D.2.5

4. 关于检查井的设置错误的表述有(　　　)。

　　A. 生活污水排水管道，在建筑物内宜设检查井

　　B. 对于不散发有害气体或大量蒸汽的工业废水的排水管道，可在建筑物内排水管上设检查井

C. 检查井直径不得小于 0.7 m

D. 检查井中心至建筑物外墙的距离不宜小于 3.0 m

5.《建筑给水排水制图标准》(GB/T 50106—2010)规定,给水排水系统图宜用( )正面斜轴测投影法绘制。

A. 15°   B. 30°   C. 45°   D. 60°

6. 给水管道按供水可靠性不同分为枝状管网和环状管网两种形式;按水平干管位置不同的分类不包括( )。

A. 上行下给   B. 下行上给   C. 中分式   D. 环状管网

7. 生活给水引入管与污水排出管外壁的水平距离不得小于( )m。

A. 1.0   B. 2.0   C. 3.0   D. 4.0

三、简答题

1. 建筑室内给水系统的给水方式有哪些?

2. 根据所接纳排除的污废水性质,建筑排水系统可分为哪三类?

3. 建筑排水系统的排水体制一般分为哪两类?

4. 消防系统有哪些组成?

5. 室内给水排水施工图主要由哪几部分组成?

6. 简述建筑内排水管道支立管安装要点。

7. 简述室外排水下系统管沟设置要点。

8. 简述消防给水管道的安装工艺流程。

第二章　建筑供暖与燃气供应工程施工图识读与安装

第一节　建筑供暖系统

一、建筑供暖系统的组成及分类

1. 供暖系统的组成

供暖系统由热源、管道系统和散热设备三部分组成，如图 2-1 所示。

(1)热源。在热能工程中，热源泛指能从中吸取热量的任何物质、装置或天然能源。而供暖系统的热源，是指供热热媒的来源，目前最广泛应用的是区域锅炉房和热电厂。在此热源内，利用燃料燃烧产生的热能将热水或蒸汽加热。另外，也可以利用核能、地热、电能、工业余热作为集中供热系统的热源。

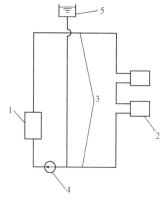

图 2-1 集中式热水供暖系统示意

1—热水锅炉；2—散热器；
3—热水管道；4—循环水泵；
5—膨胀水箱

（2）管道系统。 由热源向热用户输送和分配供热介质的管线系统称为热网。热源到热用户散热设备之间的连接管道称为供热管；经散热设备散热后返回热源的管道称为回水管。

（3）散热设备。 散热设备是指供暖房间的各式散热器。

2. 供暖系统的分类

（1）按作用范围的大小分类。

1）局部供暖系统。 局部供暖系统是指热源、供暖管道和散热设备都在供暖房间内。

2）集中供暖系统。 集中供暖系统是由一个或多个热源通过供暖管道向城市（城镇）或其中某一地区的多个用户供暖。

3）区域供暖系统。 区域供暖系统是指对数群建筑物（一个区）的集中供暖。这种供暖作用范围大、节能、对环境污染小，是城镇供暖的发展方向。

（2）按使用热介质的种类分类。

1）热水供暖系统，供暖的热介质是低温水或高温水。

2）蒸汽供暖系统，供暖的热介质是水蒸气。

3）热风供暖系统，供暖的热介质是热空气。

（3）按散热器连接的供回水立管分类。

1）单管系统，热介质顺序流过各组散热器并在散热器里面冷却的布置称为单管系统。

2）双管系统，热介质平等地分配到全部散热器，并从每组散热器冷却后，直接流回供暖系统的回水（或凝结水）立管中，这样的布置称为双管系统。

二、热水供暖系统的形式

（1）双管式。 双管式系统各层散热器都有单独的供水管和回水管，热水平行地分配给所有散热器，从散热器流出的回水均直接回到锅炉，并且每组散热器可进行单独调节。

双管式可分为双管上供下回式和双管下供下回式两种形式。

1）双管上供下回式的供水干管敷设在顶层散热器上面；回水干管敷设在底层散热器下面。供、回热水立管和连接散热器的供、回水支管均分开设置，如图 2-2 所示。

2）双管下供下回式的供水干管、回水干管均设在底层散热器下面。供暖水立管、回水立管和连接散热器的供暖水支管、回水支管均分开设置，如图 2-3 所示。

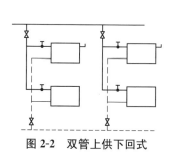

图 2-2 双管上供下回式

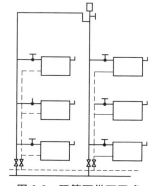

图 2-3 双管下供下回式

(2)单管上供下回式。单管上供下回式系统各层散热器串联于立管上，和散热器相连的立管只有一根，而各立管并联于干管之间，热水按顺序逐次进入各层散热器，然后返回锅炉中。

单管上供下回式系统有垂直单管顺流式和垂直单管跨越式两种，如图2-4所示。

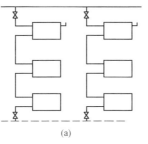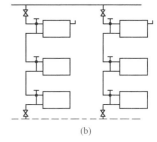

图2-4　单管上供下回式

(a)垂直单管顺流式；(b)垂直单管跨越式

(3)水平串联式。水平串联式系统可分为顺流式和跨越式两种，如图2-5所示。该系统具有简单、节省管材、造价低、穿越楼板的管道少、施工方便等优点，但排气困难，无法调节个别散热器放热量，必须在每组散热器上装放风门，一般适用于单层工业厂房、大厅等建筑。

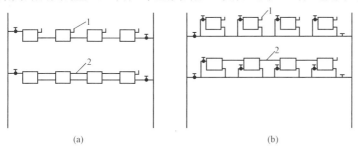

图2-5　水平串联式

(a)顺流式；(b)跨越式

1—放气阀；2—空气管

水平式系统

(4)同程式与异程式。热水在环路所走的路程相等的系统称为同程式系统，在环路所走的路程不相等的系统称为异程式系统。

1)同程式系统的供暖效果较好，但工程的初投资较大，如图2-6所示。

2)异程式系统造价低、投资少，但易出现近热远冷水平失调现象，如图2-7所示。

异程式和同程式系统

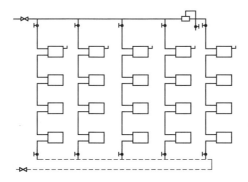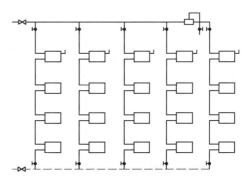

图2-6　同程式系统　　　　　图2-7　异程式系统

三、蒸汽供暖系统的形式

蒸汽供暖系统按管路布置的形式不同，可分为上供下回、下供下回和中供式三种形式。

蒸汽供暖系统

(1)上供下回式双管蒸汽供暖系统。上供下回式双管蒸汽供暖系统的供汽干管敷设在顶层散热器上面；凝结水干管敷设在底层散热器下面。供汽、凝结水立管和连接散热器的供汽、凝结水支管均分开设置。在每根凝结水立管的下端和供汽主立管的低点各设疏水器一个，如图2-8所示。

(2)下供下回式双管蒸汽供暖系统。下供下回式双管蒸汽供暖系统的供汽干管、凝结水干管均敷设在底层散热器下面；供汽、凝结水立管和连接散热器的供汽、凝结水支管均分开设置。在每根凝结水立管的下端和供汽主立管的低点各设疏水器一个，如图2-9所示。

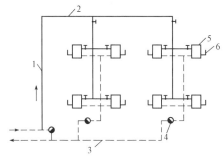

图2-8　上供下回式双管蒸汽供暖系统

1—供汽主立管；2—供汽干管；3—凝结水干管；
4—疏水器；5—散热器；6—放空气阀

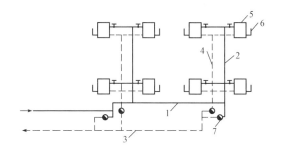

图2-9　下供下回式双管蒸汽供暖系统

1—供汽干管；2—供汽立管；3—凝结水干管；
4—凝结水立管；5—散热器；6—放空气阀；7—疏水器

(3)中供式双管蒸汽供暖系统。中供式双管蒸汽供暖系统的供汽干管敷设在建筑物中间某一层顶棚下，凝结水干管敷设在底层散热器下面。供汽、凝结水立管和连接散热器的供汽、凝结水支管均分开设置。在每组散热器的凝结水支管上设一个疏水器（或在每根凝结水立管下端设一个疏水器），如图2-10所示。

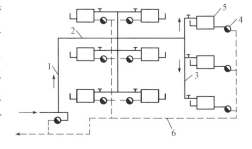

图2-10　中供式双管蒸汽供暖系统

1—供汽主立管；2—供汽干管；3—供汽立管；
4—疏水器；5—散热器；6—凝结水干管

四、供暖设备与附件

1. 散热器

散热器是采暖系统的主要散热设备，是通过热媒把热源的热量传递给室内的一种散热设备。通过散热器的散热，使室内的得失热量达到平衡，从而维持房间所需要的空气温度，达到采暖的目的。

散热器按材质可分为铸铁、钢制、铝制、铜质散热器；按结构形式可分为柱型、翼型、管型、板式、排管式散热器等；按其对流方式可分为对流型和辐射型散热器。

(1)铸铁散热器。铸铁散热器具有结构简单、防腐性好、使用寿命长、适用于各种水质、造价低、热稳定性好等优点。长期以来，广泛使用于低压蒸汽和热水采暖系统中。

铸铁散热器有柱型、翼型和柱翼型三种。

1)柱型铸铁散热器。柱型铸铁散热器是呈柱状的中空立柱单片散热器。其外表面光滑，每片各有几个中空的立柱相互连通，如图 2-11 所示。根据散热面积的需要，柱型铸铁散热器可以进行组装。

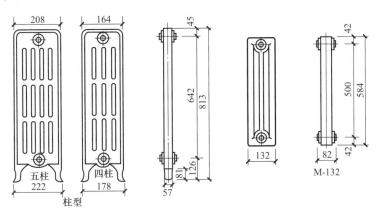

图 2-11 柱型铸铁散热器

2)翼型铸铁散热器。翼型铸铁散热器分为圆翼型和长翼型两类。圆翼型散热器是一根内径为 75 mm 的管子，其外表面带有许多圆形肋片，管子两端配置法兰。长翼型散热器的外表面带有许多竖向肋片，如图 2-12 所示。

3)柱翼型铸铁散热器(复合翼型散热器)。柱翼型铸铁散热器介于柱型散热器和翼型散热器之间，如图 2-13 所示。

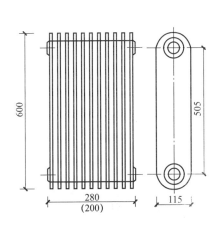

图 2-12 长翼型铸铁散热器

图 2-13 柱翼型铸铁散热器

(2)钢制散热器。钢制散热器由冲压成型的薄钢板经焊接制作而成。钢制散热器金属耗量少，使用寿命短。钢制散热器有柱型、板型、串片型等几种类型。

1)钢制柱型散热器。钢制柱型散热器是呈柱状的单片散热器，外表光滑、无肋片，每片各有几个中空的立柱相互连通。在散热片顶部和底部各有一对带丝扣的穿孔供热媒进出，并可借正螺丝、反螺丝把若干单片组合在一起形成一组，如图 2-14 所示。

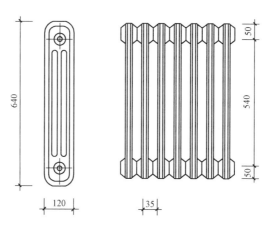

图 2-14　钢制柱型散热器

2)**钢制板型散热器。**钢制板型散热器是近年来新出现的散热器，它的种类较多，共同的特点是靠钢板表面向外散热，热媒在前后两块焊在一起的钢板中间流动。钢制板型散热器由面板，背板，进出水口接头，放水门，固定套和上、下支架组成，如图2-15所示。

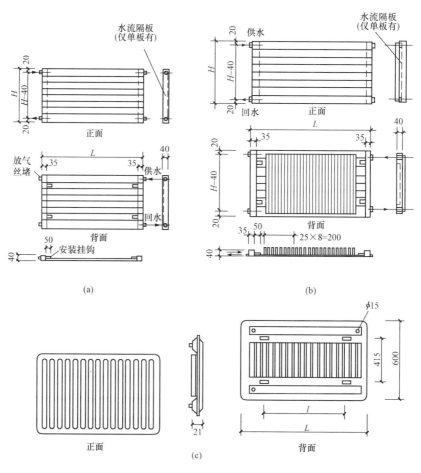

图 2-15　钢制板型散热器

(a)板式散热器；(b)扁管单板散热器；(c)单板带双流片扁管散热器

3）钢制串片型散热器。钢制串片（闭式）型散热器由钢管、带折边的钢片和联箱等组成。这种散热器的串片间形成许多个竖直空气通道，产生了烟囱效应，增强了对流热能力，如图 2-16 所示。

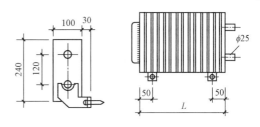

图 2-16　钢制串片型散热器

4）钢制扁管型散热器。钢制扁管型散热器是由数根扁形管叠加焊制成排管，两端与联箱连接，形成水流通路，如图 2-17 所示。扁管型散热器有单板、双板、单板带对流片和双板带对流片四种结构形式。

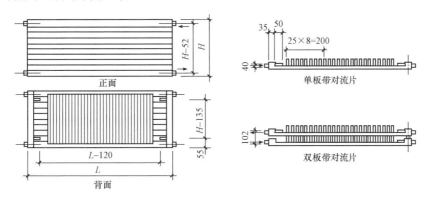

图 2-17　钢制扁管型散热器

（3）铝制散热器。铝制散热器的材质为耐腐蚀的铝合金，经过特殊的内防腐处理，采用焊接方法加工而成。铝制散热器质量轻、热工性能好、使用寿命长，可根据用户要求任意改变宽度和长度，其外形美观大方、造型多变，可做到采暖、装饰合二为一，如图 2-18 所示。

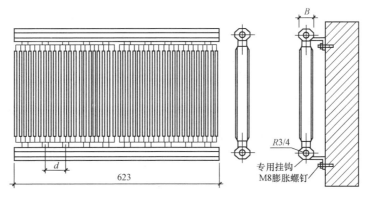

图 2-18　铝制多联式柱翼型散热器

2. 膨胀水箱

膨胀水箱的作用是储存热水采暖系统加热时的膨胀水量。在自然循环上供下回式系统中，膨胀水箱连接在供水总立管的最高处，并起着排水作用；在机械循环热水采暖系统中，膨胀水箱连接在回水干管循环水泵入口前，可以使循环水泵的压力恒定。膨胀水箱一般用钢板制成，通常是圆形或矩形。膨胀水箱上接有膨胀管、循环管、信号管（检查管）、溢流管和排水管，图 2-19 是膨胀水箱的接管示意图。

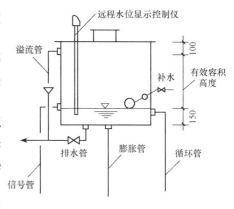

图 2-19　膨胀水箱接管示意

(1)膨胀管。 膨胀水箱设在系统的最高处，系统的膨胀水通过膨胀管进入膨胀水箱。自然循环热水采暖系统的膨胀管接在供水总立管的上部；机械循环热水采暖系统的膨胀管接在回水干管循环水泵入口前。

膨胀管上不允许接阀门，以免偶然关闭而使系统内压力增高，导致事故发生。

(2)循环管。 循环管是为了防止水箱冻结而设置的。它的作用是与膨胀管相配合，使膨胀水箱中的水在两管内产生微弱的循环，不致冻结。在系统中，一般是把它连接在距离膨胀管连接点 1.5～3.0 m 处，循环管上也不允许设置阀门。

(3)溢流管。 溢流管用来控制系统的最高水位。当水的膨胀体积超过溢流管口时，水溢出就近排入排水设施中。溢流管上也不允许设置阀门，以免偶然关闭时，水从入孔处溢出。另外，溢流管还可以用来排空气。

膨胀水箱

(4)信号管（检查管）。 信号管用于检查膨胀水箱水位，决定系统是否需要补水。信号管末端应设置阀门。

(5)排水管。 排水管用于清洗、检修时放空水箱，排出的水可与溢流管中溢出的水一起就近排入排水设施中，其上应安装阀门。

3. 排气装置

热水采暖系统中如内存大量空气，将会导致散热量减少、室温下降、系统内部受到腐蚀、使用寿命缩短、形成气塞破坏水循环、系统不热等问题。为保证系统的正常运行，必须及时排出空气。因此，供暖系统应安装排气装置。

(1)集气罐。 集气罐是采用无缝钢管焊制而成的，或是采用钢板卷材焊接而成，分为立式和卧式两种。集气罐的有效容积应为膨胀水箱有效容积的 1%，直径应大于或等于干管直径的 1.5～2 倍。

(2)自动排气阀。 自动排气阀大多是依靠水对浮体的浮力，通过自动阻气和排水机构，使排气孔自动打开或关闭，达到排气的目的。自动排气阀的种类有很多，图 2-20 所示是一种立式自动排气阀。当阀内无空气时，阀体中的水将浮体浮起，通过杠杆机构将排气孔关闭，阻止水流通过。当系统内的空气经管道汇集到阀体上部空间时，空气将水面压下去，浮体随之下落，排气孔打开，自动排除系统内的空气。待空气排除后，水又将浮体浮起，排气孔重新关闭。自动排气阀与系统连接处应设阀门，以便于检修和更换排气阀。

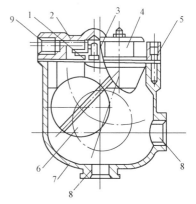

图 2-20　立式自动排气阀

1—杠杆机构；2—垫片；3—阀堵；
4—阀盖；5—垫片；6—浮体；
7—阀体；8—接管；9—排气孔

（3）手动排气阀。手动排气阀适用在公称压力$PN \leqslant 600$ kPa，工作温度$t \leqslant 100\ ^\circ\text{C}$的热水或蒸汽供暖系统的散热器上，如图2-21所示。

4. 疏水器

疏水器的作用是自动阻止蒸汽逸漏，并能迅速排出用热设备及管道中的凝结水，同时排除系统中积留的空气和其他不凝性气体。疏水器根据其工作原理不同，可以分为浮桶式疏水器、热动力式疏水器和恒温式疏水器。

5. 补偿器

由于输送介质温度的高低或周围环境的影响，管

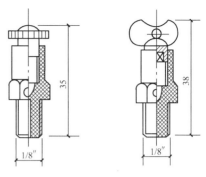

图2-21　手动排气阀

道在安装与工作时温度相差很大，必将引起管道长度和直径相应的变化。如果管道的伸缩受到约束，就会在管壁内产生由温度引起的热应力，这种热应力有时会使管道或支架受到破坏。因此，必须在管路上安装一定的装置来使管子有伸缩的余地，这就是管子热胀或冷缩用的补偿器。

补偿器的类型很多，主要有管道的自然补偿器、方形补偿器、波纹补偿器、套筒补偿器和球形补偿器等。

6. 减压阀

当热源的蒸汽压力高于供暖系统的蒸汽压力时，就需要在供暖系统入口设置减压阀。减压阀是通过调节阀孔大小，对蒸汽进行节流以达到减压的目的，并能自动地将阀后压力维持在一定的范围内。减压阀主要有活塞式、波纹管式和薄膜式。

（1）活塞式减压阀（图2-22）。活塞式减压阀是在阀前、阀后气体压力的共同作用下，改变主阀的开启度，使阀后压力在设定压力的某一范围内波动。调整螺栓可改变阀后压力。

（2）波纹管式减压阀（图2-23）。波纹管式减压阀的工作原理是阀后蒸汽经压力通道作用于波纹管外侧，在该压力、调整弹簧及顶紧弹簧的共同作用下，维持主阀平衡，使阀后压力在设定压力的一定范围内波动。

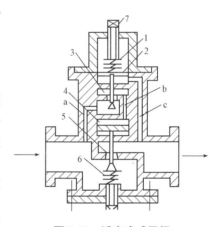

图2-22　活塞式减压阀

1—调节弹簧；2—膜片；3—辅阀；
4—活塞；5—主阀；6—主阀弹簧；
7—调整螺栓；a、b、c—通道

（3）薄膜式减压阀。由于阀内采用了橡胶薄膜（或酚醛树脂薄膜），耐温、耐压性能下降，一般只用于温度和压力参数较低的管路。

7. 散热器温控阀

散热器温控阀由恒温控制器、流量调节阀以及一对连接件组成，如图2-24所示。

（1）恒温控制器。恒温控制器的核心部件是传感器单元，即温包。恒温控制器的温度设定装置有内式和远程式两种，均可以按照窗口显示值来设定所要求的控制温度，并加以自动控制。

（2）流量调节阀。散热器温控阀的流量调节阀具有较佳的流量调节性能，调节阀阀杆采用密封活塞形式，在恒温控制器的作用下直线运动，带动阀芯运动，以改变阀门开度。流量调节阀具有良好的调节性能和密封性能，长期使用可靠性高。

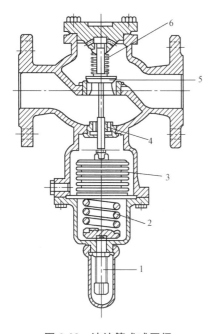

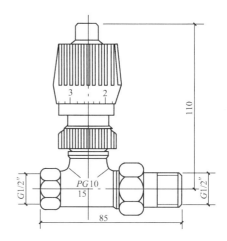

图 2-23　波纹管式减压阀

1—调整螺栓；2—调节弹簧；3—波纹管；

4—压力通道；5—主阀；6—顶紧弹簧

图 2-24　散热器温控阀

第二节　建筑燃气供应工程

一、燃气的分类及燃气设备

1. 燃气的分类

气体燃料比液体燃料和固体燃料具有更高的热能利用率，燃烧温度高，火力调节容易，使用方便，易于实现燃烧过程自动化。其燃烧时没有灰渣，清洁卫生，而且可以利用管道和瓶装供应。

燃气的种类很多，根据来源的不同可分为天然气、人工燃气和液化石油气三种。

(1) 天然气。天然气是指从钻井中开采出来的可燃气体。有气井气(纯天然气)、石油伴生气和凝析气田气。天然气的主要成分是甲烷，低发热量为 33 494～41 672 kJ/m³。天然气通常没有气味，故在使用时需混入某种无害而有臭味的气体(如乙硫醇 C_2H_5SH)，以便于发现漏气，避免发生中毒或爆炸事故。

(2) 人工燃气。人工燃气是将矿物燃料(如煤、重油等)通过热加工(分解、裂变)而得到的。通常使用的有干馏煤气(如焦炉煤气)和重油裂解气。

人工燃气具有强烈的气味及毒性，含有硫化氢、萘、苯、氨、焦油等杂质，容易腐蚀及堵塞管道，因此，人工燃气需加以净化才能使用。

供应城市的工业燃气要求低发热量在 14 654 kJ/m^3 以上，一般焦炉煤气的低发热量为 17 916 kJ/m^3 左右，重油裂解气的低发热量为 16 747～20 815 kJ/m^3。

(3)液化石油气。 液化石油气是在对石油进行加工处理过程中(如减压蒸馏、催化裂化、铂重整等)所获得的一种可燃气体。它的主要组分是丙烷、丙烯、正(异)丁烷、正(异)丁烯、反(顺)丁烯等。这种可燃气体在标准状态下呈气态，而当温度低于临界值时或压力升高到某一数值时呈液态。它的低发热量通常为 83 736～113 044 kJ/m^3。

2. 燃气设备

(1)燃气表。 燃气表是计量燃气用量的仪表。常用的燃气表是皮膜式燃气流量表。燃气进入燃气表时，表中两个皮膜袋轮换纳燃气气流，皮膜的进气带动机械传动机构计数。

居民住宅燃气表一般安装在厨房内。近年来，为了便于管理，很多地区已采用在表内增加 IC 卡辅助装置的燃气表，可读卡交费供气。

燃气表的安装位置应符合以下要求：

1)燃气表宜安装在非燃烧结构及通风良好的房间内。

2)严禁安装在浴室、卧室、危险品和易燃品堆放处，以及与上述情况类似的场所。

3)公共建筑和工业企业生产用气的燃气表，宜设置在单独房间内。

4)安装隔膜表的环境温度，当使用人工煤气及天然气时，应高于 0 ℃。

5)燃气表的安装应满足方便抄表、检修、保养和安全使用的要求。当燃气表装在灶具上方时，燃气表与燃气灶的水平净距不得小于 300 mm。

(2)燃气灶具。 燃气灶具是使用最广泛的民用燃气设备。灶具中燃气燃烧器一般采用的是引射式燃烧器，其工作原理是：有压力的燃气流从喷嘴喷出，在燃烧器引射管入口形成负压，引入一次空气，燃气与空气混合，在燃烧器头部已混合的燃气空气流出火孔燃烧，在二次空气加入的情况下完全燃烧放热。

普通型燃气双眼灶放置后的灶具面高度应控制在距离地面 800 mm 处，这是操作时适宜的高度。双眼灶的燃气进口和表后管相接可采用耐油橡胶软管。为了防止软管脱落，软管和灶具的接口处应用管卡固定。此外，双眼灶和表后管连接处还应设置切断阀门，常用球阀或旋塞阀，以满足快速切断的要求。

(3)燃气热水器。 燃气热水器是另一类常见的民用燃气设备。燃气热水器分为直流式和容积式两类。图 2-25 所示为一种直流式燃气自动热水器，其外壳为白色搪瓷薄钢板，内部装有安全自动装置、燃烧器、盘管、传热片等。目前，国产家用燃气热水器一般为快速直流式。

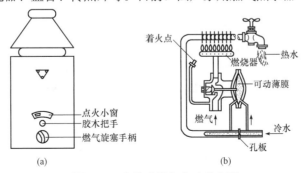

图 2-25　直流式燃气自动热水器

(a)直流式燃气自动热水器的外形；(b)直流式燃气自动热水器的内部构造

容积式燃气热水器是一种能储存一定容积热水的自动加热器，其工作原理是借调温器、电磁阀和热电偶联合工作，使燃气点燃和熄灭。

二、燃气的供应方式

城市燃气的供应目前有两种方式：一种是瓶装供应，它用于液化石油气，且距离气源地近，运输方便的城市；另一种是管道输送，它可以输送液化石油气，也可以输送人工煤气和天然气。

1. 瓶装供应

液化石油气可以用管道输送，但我国当前供应液化石油气都采用钢瓶。这种供应方式，应用方便，适应性强。一般的运装工艺过程是：炼油厂生产的液化气用火车或汽车槽车(也可直接用管道输送，在靠近海岸和内河的地方还可用船舶)运到使用城市的灌瓶站(也称储配站)，卸入球形储罐。卸车一般用油泵，也可使用升压器或靠位差的静压自流，由于静压自流的速度慢，一般不采用。由储罐向钢瓶充装液化气和液化气卸车的方式相似，也是将液体通过管道和油泵，由一个容器注入另一个容器的过程。

无论是钢瓶、槽车式储罐，其盛装液化气的充满度最高不允许超过容积的 85%。由于液化气的体积是随温度变化的，其膨胀率约为温度升高 $10\,℃$，体积增大 $3\%\sim4\%$。以装量 $10\,kg$ 的钢瓶为例，如超量充装 $12\,kg$，则充装时($-15\,℃$)的液化气体积为 $21\,L$，占钢瓶容积的 89.3%；若钢瓶外气温升至 $30\,℃$，则液化气体积就增大为 $23.4\,L$，几乎充满了钢瓶，可能使钢瓶胀裂并发生爆炸。另外，钢瓶充气前瓶内如有残液，应按规定到指定地点认真清除，不可随意倾倒，以免发生意外事故。

单户的瓶装液化石油气供应有单瓶供应和双瓶供应。目前，对我国民用用户的瓶装液化石油气供应有单瓶供应主要为单瓶供应。

单瓶供应设备如图 2-26 所示，是由钢瓶、调压器、燃气用具和连接管组成。一般钢瓶置于厨房内，使用时打开钢瓶角阀，液化石油气借本身压力进入调压器，降压后进入煤气用具燃烧。

钢瓶内液化石油气的饱和蒸气压一般为 $70\sim800\,kPa$，靠室内温度可自然气化。在供燃气燃具及燃烧设备使用时，要经过钢瓶上调压器(又称减压阀)减压到(2.8 ± 0.5)kPa。

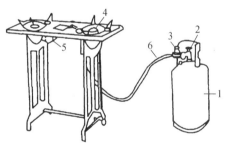

图 2-26　液化石油气单瓶供应

1—钢瓶；2—钢角阀；3—调压器；
4—燃具；5—开关；6—耐油胶管

钢瓶的放置地点要考虑到便于换瓶和检查，但不得装于卧室及没有通风设备的走廊、地下室、半地下室等。为了防止钢瓶过热和压力过高，钢瓶与燃气用具以及采暖炉、散热器等至少应距离 $1\,m$。钢瓶与燃气用具之间用耐油耐压软管连接，软管长度不得大于 $2\,m$。

钢瓶要定期进行安全检验。在运送过程中，无论人工装卸还是机械装卸，都应严格遵守消防安全法规和有关操作规程，严禁乱扔乱甩。

2. 管道输送燃气

根据输气压力的不同，城市燃气管网可分为以下几种：

(1)低压管网，输气压力等于或低于 5 kPa(表压力，以下同)。

(2)中压管网，输气压力为 5~150 kPa。

(3)次高压管网，输气压力为 150~300 kPa。

(4)高压管网，输气压力为 300~800 kPa。

大城市的输配系统一般由低、中(或次高压)和高压三级管网组成；中等城市可由低、中压或低、次高压两级管网组成；小城镇可采用低压管网。

城市燃气管网通常包括街道燃气管网和庭院燃气管网两部分。燃气产生并经过净化后，由街道高压管网或次高压管网，经过燃气调压站，进入街道低压管网，再经庭院管网而接入用户。

街道燃气管网一般都布置成环状，以保证供气的可靠性，但投资较大；只有边缘地区才布置成枝状，它投资少，但可靠性差。庭院燃气管网常采用枝状。庭院燃气管网是指从燃气总阀门井以后，至各建筑物前的用户外管路，如图 2-27 所示。

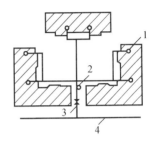

图 2-27　庭院燃气管网

1—燃气立管；2—凝水器；

3—燃气阀门井；4—街道燃气管

燃气在输送过程中要不断排除凝结水，因而管道应有不小于 3‰ 的坡度坡向凝水器。凝水器内的水定期用手摇泵排除。凝水器设在庭院燃气管道的入口处。

燃气管网一般为埋地敷设，也可以架空敷设。一般情况不设管沟，更不准与其他管道同沟敷设，以防燃气泄漏时积聚在管沟内，引起火灾、爆炸或中毒事故。埋地燃气管道不得穿过其他管沟，如因特殊需要必须穿越时，燃气管道必须装在套管内。埋地燃气管道穿越城市道路、铁路等障碍物时，燃气管应设在套管或管沟内，但套管或管沟要用砂填实。埋地燃气管道要做加强防腐处理，在穿越铁路等杂散电流较强的地方必须做加强防腐，以抵抗电化锈蚀。

当燃气管埋设在一般土质的地下时，可采用铸铁管，用青铅接口或水泥接口；也可采用涂有沥青防腐层的钢管，用焊接接头。如埋设在土质松软及容易受震的地段，应采用无缝钢管，使用焊接接头。阀门应设在阀门井内。

庭院燃气管道直接敷设在当地土壤冰冻线以下 0.1~0.2 m 的土层内，但不得在堆积易燃易爆材料和具有腐蚀性液体的土壤层下面及房屋等建筑物下面通过。在布置管路时，其走向应尽量与建筑物轴线平行，距离建筑物不应小于 2 m，与其他地下管道水平净距为 1 m。

当由城市中压管网直接引入庭院管网；或直接接入大型公共建筑物内时，需设置专用调压室。调压室内设有调压器、过滤器、安全水封及阀门等，因此，调压室宜为地上独立的建筑物。要求其净高不小于 3 m，屋顶应有泄压措施。与一般房屋的水平净距不小于 6 m，与重要的公共建筑物不应小于 25 m。

三、燃气管道

室内燃气管道系统主要由用户引入管、干管、立管、用户支管、燃气计量表、用具连接管和燃气用具组成，如图 2-28 所示。

1. 引入管

用户引入管与城市或庭院低压分配管道连接，在分支管处设阀门。输送湿燃气的引入管一般由地下引入室内，当采取防冻措施时也可以由地上引入。输送湿燃气的引入管应有不小于 0.01 的坡度，坡向室外管道。在非采暖地区输送干燃气，且管径不大于 75 mm 时，可由地上引入室内。

引入管应直接引入用气房间（如厨房）内，不得敷设在卧室、浴室、厕所、易燃与易爆物仓库、有腐蚀性介质的房间、变配电间、电缆沟及烟（风）道内。

住宅燃气引入管宜设在厨房、外走廊、与厨房相连的阳台等便于检修的非居住房间内，当确有困难时，可从楼梯间引入（高层建筑除外），但应采用金属管道且引入管上阀门宜设在室外。

当引入管穿越房屋基础或管沟时，应预留孔洞，并加套管，间隙用油麻、沥青或环氧树脂堵塞。管顶间隙应不小于建筑物最大沉降量，具体做法如图 2-29 所示。当引入管沿外墙翻墙引入时，其室外部分应采取适当的防腐、保温和保护措施，具体做法如图 2-30 所示。

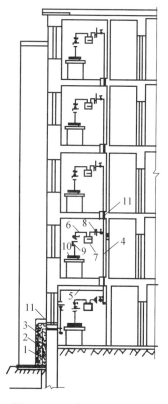

图 2-28 室内燃气管道系统

1—用户引入管；2—保温层；
3—砖台；4—立管；5—水平干管；
6—用户支管；7—燃气表；
8—旋塞及活接头；9—用具连接管；
10—燃气用具；11—套管

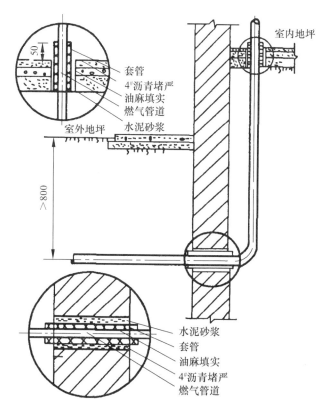

图 2-29 引入管穿越基础或管沟

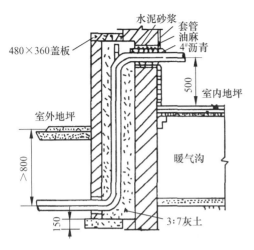

水泥砂浆
套管
油麻
4#沥青
480×360盖板
室内地坪
500
室外地坪
暖气沟
>800
150
3:7灰土

图 2-30　引入管沿外墙翻墙引入

当建筑物设计沉降量大于 50 mm 时，对引入管可以采取补偿措施：加大穿墙处的预留孔洞尺寸；穿墙前水平或垂直弯曲 2 次以上，设置金属柔性管或波纹补偿器。

2. 水平干管

当引入管连接多根立管时，应设水平干管。室内水平干管的安装高度不得低于 1.8 m，距离顶棚不得小于 150 mm。输送干燃气管道可不设坡度，湿燃气的管道其敷设坡度应不小于 0.002，特殊情况下不得小于 0.001 5。

室内燃气干管不得穿过易燃易爆仓库、变电室、卧室、浴室、厕所、空调机房、防烟楼梯间、电梯间及其前室等房间，也不得穿越烟道、风道及垃圾道等处；必须穿过时，要设于套管内。室内水平干管严禁穿过防火墙。

3. 立管

立管是将燃气由水平干管(或引入管)分送到各层的管道。立管宜明装，一般敷设在厨房、走廊或楼梯间内，不得设置在卧室、浴室、厕所、电梯井、排烟道及垃圾道内；当燃气立管由地下引入室内时，立管在第一层处设阀门，阀门一般设在室内，对重要用户应在室外另设阀门。

立管通过各层楼板处应设套管，套管高出地面至少 50 mm，底部与楼板平齐，套管内不得有接头；室内燃气管道穿过陌生墙或楼板时应加设钢套管，套管的内径应比管道外径大 25 mm。空墙套管的两边应与墙的饰面平齐，管内不得有接头。套管与管道之间的间隙应用沥青和油麻堵塞。

燃气立管支架间距，当管道 $DN \leqslant 25$ mm 时，每层中间高一个；$DN > 25$ mm 时，按需要设置。

由立管引向各单独用户计量表及燃气用具的管道为用户支管。室内燃气应明装，敷设于过道的管段不得装设阀门和活接头；支管穿墙时也应有套管保护。

用户支管在厨房内的高度应不低于 1.7 m，敷设坡度应不小于 0.002，并由燃气计量表处分别坡向立管和燃气用具。

4. 器具连接管

连接支管和燃气用具的垂直管段称为器具连接管，用具连接管可采用钢管连接，也可采用软管连接，采用软管连接时应符合下列要求：

(1)软管的长度不得超过 2 m，且中间不得有接口；

(2)软管宜采用耐油架强橡胶管或塑料管，其耐压能力大于 4 倍工作压力；

(3)软管两端连接处应采用压紧帽或管卡夹紧以防脱落；

(4)软管不得穿墙、门和窗。

第三节 建筑供暖与燃气工程施工图

一、建筑供暖施工图

(一)供暖系统施工图的组成

供暖系统施工图包括设计与施工说明、平面图、系统图、详图和设备及主要材料明细表。

1. 设计与施工说明

供暖设计说明书一般写在图纸的首页上，内容较多时也可单独使用一张图，主要内容有：热媒及其参数；建筑物总热负荷；热媒总流量；系统形式；管材和散热器的类型；管子标高是指管中心还是指管底；系统的试验压力；保温和防腐的规定以及施工中应注意的问题等。

2. 平面图

平面图是用正投影原理，采用水平全剖的方法，连同房屋平面图一起画出的。

(1)楼层平面图。楼层平面图指中间层(标准层)平面图，应标明散热设备的安装位置、规格、片数(尺寸)及安装方式(明设、暗设、半暗设)，立管的位置及数量。

(2)顶层平面图。除有与楼层平面图相同的内容外，对于上分式系统，要标明总立管、水平干管的位置；干管管径大小、管道坡度以及干管上的阀门、管道固定支架及其他构件的安装位置；热水供暖要标明膨胀水箱、集气罐等设备的位置、规格及管道连接情况。

(3)底层平面图。除有与楼层平面图相同的有关内容外，还应标明供暖引入口的位置、管径、坡度及采用标准图号(或详图号)。下分式系统标明干管的位置、管径和坡度；上分式系统标明回水干管(蒸汽系统为凝水干管)的位置、管径和坡度。管道地沟敷设时，平面图中还要标明地沟位置和尺寸。

3. 系统图

系统图是指表示供暖系统空间布置情况和散热器连接形式的立体轴测图，反映系统的空间形式。系统采用前实后虚的画法，表达前后的遮挡关系。系统图上标注各管段管径的大小，水平管的标高、坡度、散热器及支管的连接情况，对照平面图可反映系统的全貌。

4. 详图

供暖平面图和系统图难以表达清楚而又无法用文字加以说明的问题，可以用详图表示。**详图包括有关标准图和绘制的节点详图。**

(1)标准图。在设计中，有的设备、器具的制作和安装，某些节点的结构做法和施工要求是通用的、标准的，因此，设计时直接选用国家和地区的标准图集和设计院的重复使用图集，不再绘制这些详细图样，只在设计图纸上注出选用的图号，即通常使用的标准图。有些图是施工中通用的，但非标准图集中使用的，所以，习惯上人们把这些图与标准图集中的图一并称为重复使用图。

（2）节点详图。节点详图是用放大的比例尺画出复杂节点的详细结构，一般包括用户入口、设备安装、分支管大样、过门地沟等。

5. 设备及主要材料明细表

在设计供暖施工图时，应把工程所需的散热器的规格和分组片数、阀门的规格型号、疏水器的规格型号以及设计数量和质量列在设备表中；把管材、管件、配件以及安装所需的辅助材料列在主要材料表中，以便做好工程开工前的准备。

（二）供暖系统施工图的识读

供暖系统施工图识读程序与其他施工图识读基本一致，这里主要介绍供暖系统平面图与系统图的识读方法。

1. 平面图的识读

识读平面图时，要按底层、顶层、中间楼层平面图的识读顺序分层识读，重点搞清以下环节：

（1）供暖进口平面位置及预留孔洞尺寸、标高情况。

（2）入口装置的平面安装位置，对照设备材料明细表查清选用设备的型号、规格、性能及数量；对照节点图、标准图，弄清各入口装置的安装方法及安装要求。

（3）明确各层供暖干管的定位走向、管径及管材、敷设方式及连接方式。明确干管补偿器及固定支架的设置位置及结构尺寸。对照施工说明，明确干管的防腐、保温要求，明确管道穿越墙体的安装要求。

（4）明确各层供暖立管的形式、编号、数量及其平面安装位置。

（5）明确各层散热器的组数、每组片数及其平面安装位置，对照图例及施工说明，查明其型号、规格、防腐及表面涂色要求。当采用标准层设计时，因各中间层散热器布置位置相同而只绘制一层，而将各层散热器的片数标注于一个平面图中，识读时应按不同楼层读得相应片数。散热器的安装形式，除四、五柱型有足片可落地安装外，其余各型散热器均为挂装。散热器有明装、明装加罩、半暗装、全暗装加罩等多种安装方式，应对照建筑图纸、施工说明予以明确。

（6）明确供暖支管与散热器的连接方式（单侧连、双侧连、水平串联、水平跨越等）。

（7）明确各供暖系统辅助设备（膨胀水箱、集气罐、自动排气阀等）的平面安装位置，并对照设备材料明细表查明其型号、规格与数量，对照标准图明确其安装方法及安装要求。

2. 系统图的识读

系统图应按平面图规划的系统分别识读。为避免图形重叠，系统图常分开绘制，使前、后部投影绘成两个或多个图形，因此还需分片识读。无论何种识读，均应自入口总管开始，沿供水总管、干管、立管、支管、散热设备、回水支管、立管、干管、回水总管的识读路线循环一周。

室内供暖系统图识读时应重点注意以下技术环节：

（1）总管（供水、回水）及其入口装置的安装标高。

（2）各类管道的走向、标高、坡度、支承与固定方法、相互连接方式、管材及管径，与供暖设备的连接方法等。

（3）明确各类管道附件的类型、型号、规格及其安装位置与标高；明确管道转弯、分支、变径等采用管件的类型、规格。

（4）对照标准图，重点明确管道与设备、管道与附件的具体连接方法及安装要求。

（5）在通过分片识读已经搞清分片系统情况的基础上，将各分片系统衔接成整体。务必掌握各独立供暖系统的全貌，清楚设备与管道连接的整体情况，明确全系统的安装细部要求。

（三）供暖系统施工图识读实例

现以某学校实训楼采暖工程施工图（图 2-31～图 2-35）为例介绍采暖施工图的识读方法和步骤。

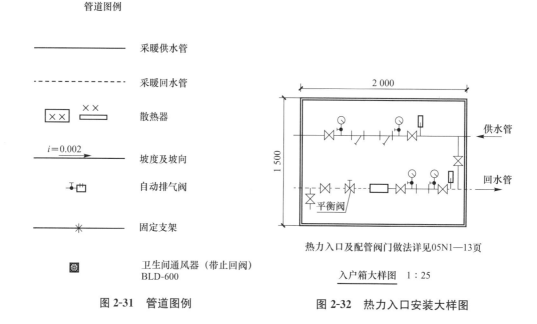

图 2-31　管道图例　　　　　图 2-32　热力入口安装大样图

1. 平面图的识读

从图 2-33 首层采暖平面图和 2-34 二层采暖平面图中可以看出，采暖总管热力入口布置在建筑物西北角楼梯间内，供水干管从西侧外墙进入建筑物，向上出地面接入热力入口，通过热力入口后向东，沿楼梯间梁下穿墙进入专用卫生间，穿楼板至二楼杂物间，向北至北外墙拐向东沿北外墙分别引出 L1～L10 共 10 根立管，到二楼女卫生间东侧内墙向南穿墙进入走廊，向东至东外墙向南穿内墙进入暖通实训室，向南至南外墙沿南外墙屋顶下敷设分别引出 L11～L22 共 12 根立管，系统总共引出立管 22 根。从平面图中可以看出，室内散热器除办公室、储藏室因采用落地窗无法在窗下布置而沿内墙布置外，其他房间内的散热器均安装在窗台下。本工程采用铜铝复合散热器，每组散热器的柱（片）数均标注在窗口墙外或其附近处。采暖干管沿顶层；回水干管沿首层顶棚下敷设，呈矩形同程式布置，汇集采暖立管 L1～L22 回水于总回水管。在首层和二层采暖平面图中，分别标注有回水干管、供水干管的管径尺寸及管道安装坡度。供、回水干管末端最高点处设自动排气阀。

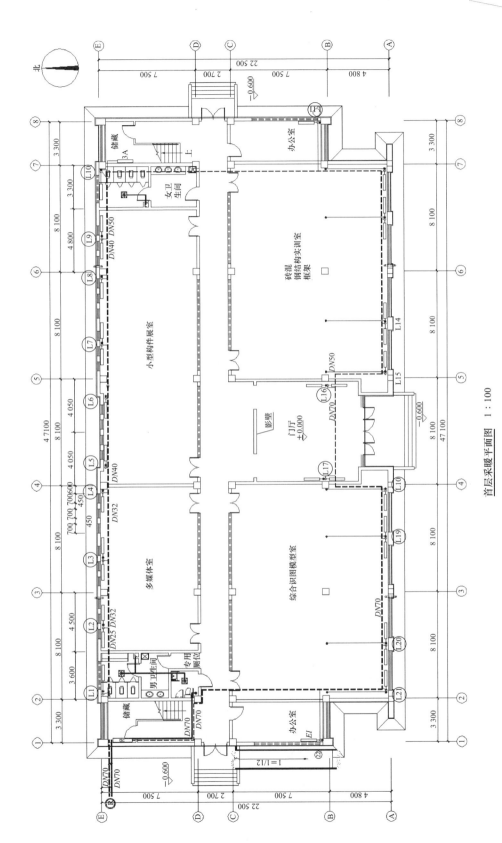

首层采暖平面图 1:100

图2-33 首层采暖平面图

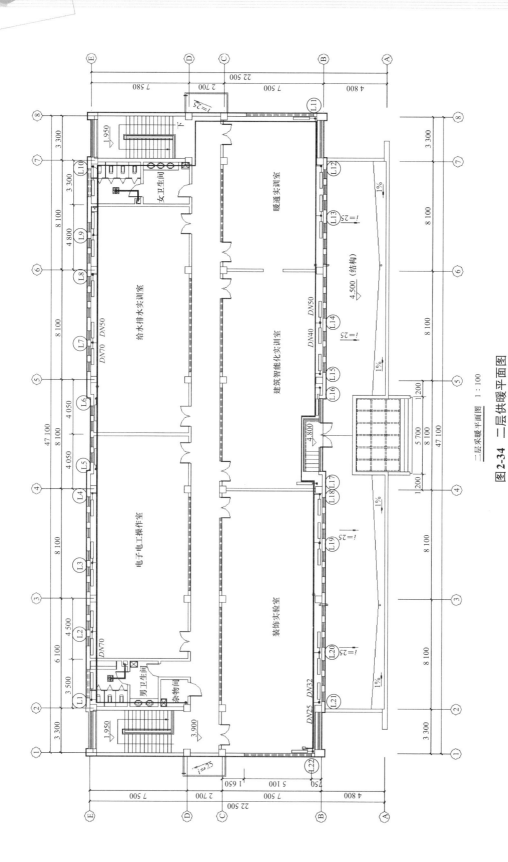

二层采暖平面图 1 : 100

图 2-34 二层供暖平面图

2. 系统图的识读

图 2-35 所示为本工程的采暖系统图。将该图与平面图对照，可以清楚地看出该采暖系统整个管道系统组成、管道走向及其与设备部件连接的空间位置。采暖总管从楼房南面正中地下标高−1.400 m 处穿过基础，进入建筑，然后向上出地面于 1.350 m 标高处进入热力入口，通过热力入口后向上到一楼屋面下，沿一楼楼梯间梁下 2.800 m 标高处穿墙进入专用卫生间抬头向上，穿过楼板至二楼杂物间，在二楼顶棚下向北至北外墙内侧拐向东分别向下引出 L1~L10 共 10 根立管，至二楼女卫生间东侧内墙向南穿墙进入走廊，向东至东外墙再向南穿内墙进入暖通实训室，至南外墙沿南外墙屋顶自东向西敷设分别向下引出 L11~L22 共 12 根立管，供水干管自末端向热力入口方向保持 0.002 坡度，末端标高为 6.950 m。回水干管的起点在一楼男卫生间 L1 立管处，末端设自动排气阀，标高为 2.850 m。沿一层顶棚呈顺时针围绕建筑外墙敷设，分别接收北侧 L1~L10 和南侧 L11~L22 立管的回水，按 0.002 下降坡度引回一楼西侧楼梯间，降低高度至标高 0.800 m 接入热力入口。通过热力入口后埋入地下与室外热力管网连接。系统中散热器立管采用单管串联式连接。系统中每根立管供回水流程长度大致相等构成同程式系统，有利于系统的水力平衡。由于系统采用上供中回式干管布置形式，首层散热器位置低于回水干管，故每组散热器立管的最低点均设有泄水阀。图中标注了各管段管径大小、散热器数量、管道坡度，水平干管起末端标高，以及在立管上标注的楼层地面标高。

3. 详图的识读

图 2-35 所示为热力入口安装大样图，比例为 1∶25。该热力入口及配管阀门安装详细尺寸和做法可查阅 05N1 标准图集，由图中可看出，热力入口主要设备包括闸阀，粗、精过滤器，平衡阀，压力表，温度计及旁通管、泄水阀等。

(四)工程实例

设计施工说明

(1)本工程为某学校实训楼采暖设计。

(2)室内设计参数。

(3)采暖热媒采用 80 ℃/60 ℃热水，由外网集中供应，系统定压由外网解决。系统最大热负荷及入口处所需最低值压力见系统图入口处标注。本工程采用上供下回单管顺序式采暖系统。

(4)管材采用热镀锌钢管，丝扣连接。散热器选用铜铝复合散热器，同侧进、出口中心距 700 mm 挂装。散热量不小于 172 W/柱($\Delta T=64.5$ ℃)。单柱长为 80 mm，宽为 75 mm。立、支管管径均为 DN20。

(5)管道穿楼板，墙、梁处配合土建预埋大号钢套管，楼板内套管顶部高出地面 2 cm，底部相平，墙内套管两端与饰面平齐。穿厕所的管道与套管间填实油麻。管道穿沉降缝处设橡胶挠性接管连接。

(6)供水干管、回水干管最高处设 E121 型自动排气阀。

(7)楼梯间、走道及不采暖房间内管道均采用 3 cm 超细玻璃棉管壳保温，外包铝箔，做法见国家标准 87R411。

(8)管道上必须配置必要的支架、吊架、托架，具体形式由施工及监理单位根据现场实际情况确定，做法参见国家标准 88R420。

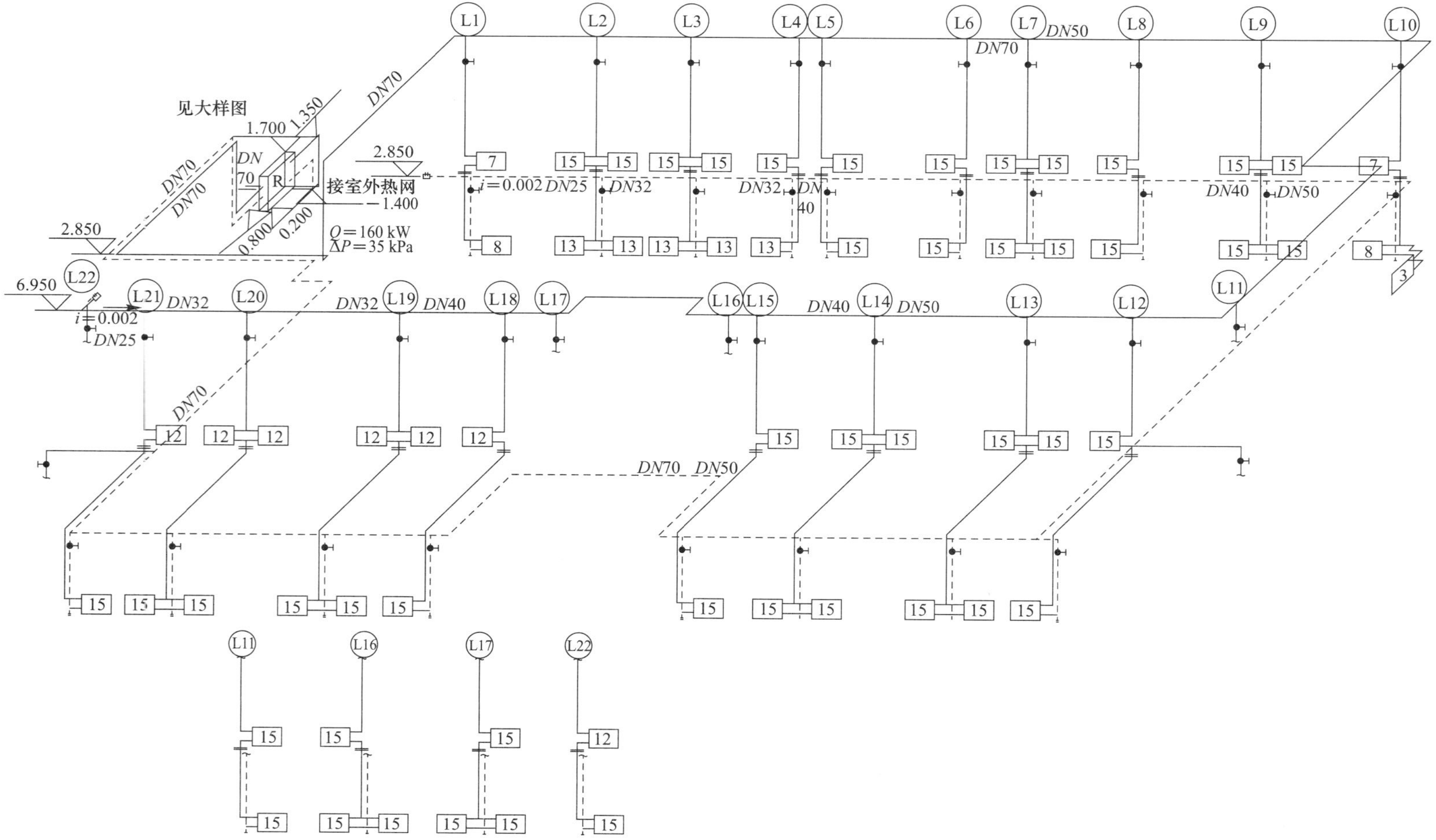

采暖系统图 1 : 100

图 2-35 采暖系统图

（9）管道系统安装完毕并经试压合格后应对系统进行反复冲洗，直至排出水中无杂质且水色不浑浊，方为合格。

（10）地埋部分供、回水干管采用氰聚塑直埋保温管，直埋管出地坪后应高于地面10 cm。

（11）图中标高以米计（管中标高），尺寸以毫米计。

（12）未尽施工事项应遵守现行施工及验收规范。

二、燃气系统施工图

（一）燃气系统施工图的组成

燃气系统施工图一般由设计说明、平面图、系统图和详图等几部分组成。

1. 平面图

平面图主要反映燃气进户管、立管、支管、燃气表和燃气灶的平面位置及相互关系。

2. 系统图

系统图主要反映燃气设施、管道、阀门、附件的空间相互关系，管道的标高、坡度及管径等。

（二）燃气系统施工图的识读

燃气系统施工图的识图方法是以系统为单位，应按燃气的流向先找系统的入口，按总管及入口装置、干管、立管、支管、用户软管到燃气用具的进气接口顺序识读。

识读室内燃气工程施工图，应首先熟悉施工图样，对照图样目录，核对整套图样是否完整，确认无误后再正式识读。识读图样的方法没有统一规定，识读时应注意以下几点：

（1）认真阅读施工图设计与施工说明：读图之前应先仔细阅读设计与施工说明，通过文字说明能够了解燃气工程总体概况，了解图样中用图形无法表达的设计意图和施工要求，如燃气介质种类，燃气气源，总用气量，燃气管压力级制，管道材质及其连接方法，防腐保温的做法，管道附件及附属设备类型，系统吹扫和试压要求，施工中应执行和采用的规范、标准图号等。

（2）以系统为单位进行识读：识读时以系统为单位，可按燃气介质的输送流向识读，按用户引入管、水平干管、立管、用户支管、下垂管、燃气用具的顺序识读。

（3）平面图与系统图对照识读：识读时应将平面图与系统图对照起来看，以便相互补充和说明，以全面、完整地掌握设计意图。在平面图和系统图中进行编号的设备、材料图形符号应对照查看主要设备及材料明细表，以正确理解设计意图。

（4）仔细阅读安装大样图：安装大样图多选用全国通用燃气标准安装图集，也可单独绘制，用来详细表示工程中某一关键部位的安装施工，或平面及系统图中无法清楚表达的部位，以便指导正确安装施工。

（三）燃气系统施工图识读实例

识读燃气系统图时，应将平面图和系统图结合对照，以弄清空间布置关系。图2-36所示为某楼某单元室内燃气管道系统图，识读系统图时应掌握的内容如下：

（1）室内、室外地坪标高基准。以室内地坪为基准，室内外差是0.6 m。

（2）建筑物的层高，为2.9 m。

（3）明确室外燃气管道的埋设深度、坡度。埋设深度是0.8 m，天然气不需要考虑管道坡度，而人工燃气需要考虑各个管段的坡向和坡度。

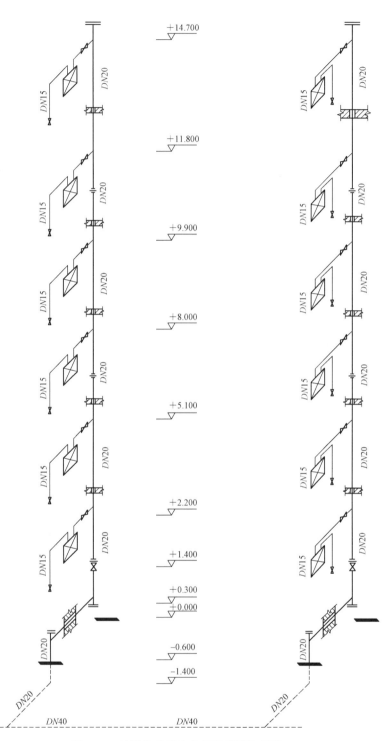

图 2-36　某楼某单元室内燃气管道系统图

（4）引入管与庭院管道连接结构，图 2-36 所示是直接焊接在室外庭院管上。

（5）引入管的安装方式，如地上引入[图 2-37（a）]或地下引入[图 2-37（b）]。图 2-36 所示为地下引入。

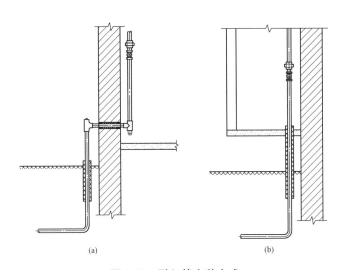

图 2-37　引入管安装方式

(a)地上引入；(b)地下引入

(6)立管管径、立管阀位置。立管管径为 $DN20$，采用镀锌钢管。立管阀位于一层，距离地面 1.4 m。

(7)燃气表的连接形式，如左进右出或右进左出。图 2-36 所示为左立管是右进左出，而右立管为左进右出。常规燃气表安装详图如图 2-38 所示。

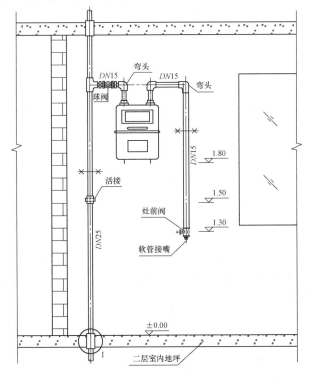

图 2-38　常规燃气表安装详图

(8)灶前阀安装高度为 1.4 m。

第四节　建筑供暖系统施工工艺

一、室内供暖管道安装施工

(一)室内供暖系统管道安装

1. 热力入口

室内供暖系统入口也称为热力入口。**系统热力入口宜设在建筑物热负荷对称分配的位置，一般在建筑物中部，敷设在用户的地下室或地沟内。**入口处一般装有必要的仪表和设备，进行调节、检测和统计供应热量，一般有温度计、压力表、过滤器或除污器等，必要时应设调节阀和流量计，但系统较小时不必全设。图 2-39 所示为热水供暖系统入口示例。

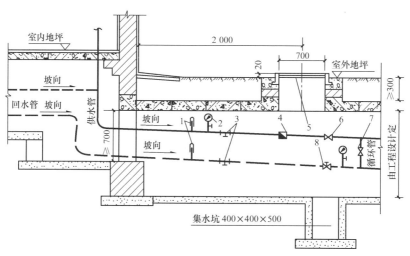

图 2-39　热水供暖系统入口示例

1—温度计；2—压力表；3—泄水丝堵；4—热水流量计；
5—井盖；6—阀门；7—闸板阀；8—平衡阀(或调节阀)

2. 管道支架的安装方法和安装要求

(1)管道支架的安装方法。

1)在钢筋混凝土构件上安装支架的方法是：浇筑钢筋混凝土构件时，在构件内埋设钢板，支架安装时将支架焊在埋设的钢板上。

2)在砖墙上埋设支架，有以下两种方法：

①在墙上预留凿洞，将支架埋入墙内，支架在埋墙的一端劈成燕尾。在埋设前清除洞内的碎砖和灰尘，再用水清洗墙洞。支架的埋入深度应该符合设计图纸规定，一般不小于100 mm。埋入时，用 1∶3 水泥砂浆填塞，填塞时要求砂浆饱满、密实。

②支架的埋入部分事先浇筑在混凝土预制块中，在砌墙时，按规定位置和标高一起砌在墙体上。这个方法需与土建施工密切配合，在砌墙时找准、找正支架的位置和标高。

3）用射钉法安装支架（图2-40）。在没有预留孔洞和没有预埋钢板的砖墙、混凝土构件上安装支架时，可用射钉法安装支架：使用射钉枪将射钉射入砖墙或混凝土构件中，然后用螺母将支架固定在射钉上。安装支架一般选用带外螺纹射钉，以便于安装螺母。

4）用膨胀螺栓法安装支架（图2-41）。支架安装时，先挂线确定支架横梁的安装位置及标高，用已加工好的角形横梁比量并在墙上画出膨胀螺栓的钻孔位置。经打钻孔，轻轻打入膨胀螺栓，套入横梁底部孔眼，将横梁用膨胀螺栓的螺母紧固。

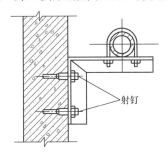
图 2-40　射钉法安装支架

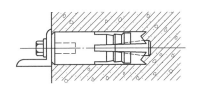
图 2-41　膨胀螺栓法安装支架

（2）管道支架的安装要求。管道支架、吊架、托架的安装，应符合下列规定：

1）位置应正确，埋设应平整、牢固。

2）与管道接触应紧密，固定应牢固。

3）滑动支架应灵活，滑托与滑槽两侧间应留有 3～5 mm 的间隙，并留有一定的偏移量。

4）无热伸长管道的吊架，吊杆应垂直安装；有热伸长管道的吊架，吊杆应向热膨胀的反方向偏移。

5）固定在建筑结构上的管道支架、吊架，不得影响结构的安全。

3. 干管安装

（1）按施工草图进行管段的加工预制，包括断管、套丝、上零件、调直、核对好尺寸，按环路分组编号，码放整齐。

（2）安装卡架时应按设计要求或规定间距安装。吊卡安装时，先把吊棍按坡向、顺序依次穿在型钢上，将吊环按间距位置套在管上，再把管抬起，穿上螺栓，拧上螺母，将管固定。安装托架上的管道时，应先把管就位在托架上，把第一节管装好 U 形卡，然后安装第二节管，以后各节管均照此进行，紧固好螺栓。

（3）干管安装应从进户或分支路点开始，装管前要检查管腔并清理干净。在丝头处涂好铅油缠好麻，一人在末端扶平管道，一人在接口处把管相对固定对准丝扣，慢慢转动入扣，用一把管钳咬住前节管件，用另一把管钳转动管至松紧适度，对准调直时的标记，要求丝扣外露 2～3 扣，并清掉麻头，依此方法装完为止（管道穿过伸缩缝或过沟处，必须先穿好钢套管）。管道地上明设时，可在底层地面上沿墙敷设，过门时设过门地沟或绕行，如图2-42所示。

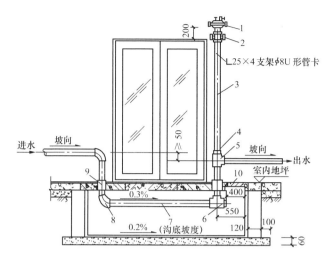

图 2-42 供暖管道过门示意

1—排气阀；2—闸板阀；3—空气管；4—补芯；5—三通；
6—丝堵；7—回水管；8—弯头；9—套管；10—盖板

（4）制作羊角弯时，应煨两个75°左右的弯头，在连接处锯出坡口，主管锯成鸭嘴形，拼好后即应点焊、找平、找正、找直，然后再进行施焊。羊角弯接合部位的口径必须与主管口径相等，其弯曲半径应为管径的 2.5 倍左右。

（5）干管过墙安装分路做法，如图 2-43 所示。分路阀门离分路点不宜过远。如分路处是系统的最低点，必须在分路阀门前加泄水丝堵。集气罐的进出水口应开在偏下约为罐高的 1/3 处。丝接应与管道连接调直后安装。其放风管应稳固，如不稳，可装两个卡子；集气罐位于系统末端时，应装托、吊卡。

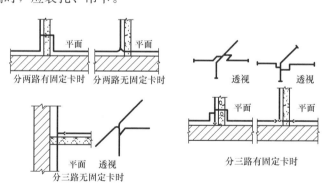

图 2-43 干管过墙安装分路做法图

（6）采用焊接钢管，先把管子选好调直，清理好管腔，将管运到安装地点，安装程序从第一节开始；把管就位找正，对准管口使预留口方向准确，找直后用气焊点焊固定，然后施焊，焊完后应保证管道正直。

（7）遇有伸缩器，应在预制时按规范要求做好预拉伸，并做好记录。按位置固定，与管道连接好。波纹伸缩器应按要求位置安装好导向支架和固定支架，并分别安装阀门、集气罐等附属设备。

(8)管道安装完后，检查坐标、标高、预留口位置和管道变径等是否正确，然后找直，用水平尺校对复核坡度，调整合格后，再调整吊卡螺栓、U形卡，使其松紧适度，平正一致，最后焊牢固定卡处的止动板。

(9)摆正或安装好管道穿结构处的套管，填堵管洞口，预留口处应加好临时管堵。

4. 立管安装

(1)核对各层预留孔洞位置是否垂直，吊线、剔眼、栽卡子。将预制好的管道按编号顺序运到安装地点。

(2)安装前先卸下阀门盖，有钢套管的先穿到管上，按编号从第一节开始安装。涂铅油缠麻将立管对准接口转动入扣，用一把管钳咬住管件，用另一把管钳拧管，拧到松紧适度，对准调直时的标记要求，丝扣外露 2～3 扣，直到预留口平正为止，并清掉麻头。

(3)检查立管的每个预留口标高、方向、半圆弯等是否准确、平正。将事先栽好的管卡子松开，把管放入卡内拧紧螺栓，用吊杆、吊线坠从第一节管开始找好垂直度，扶正钢套管，最后填堵孔洞，预留口必须加好临时丝堵。

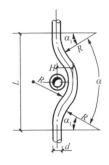

图 2-44　让弯加工图

(4)立管与支管垂直交叉时，立管应该设半圆形让弯绕过支管，如图 2-44 所示，让弯的尺寸见表 2-1。

表 2-1　让弯尺寸表

DN	$\alpha/°$	$\alpha_1/°$	L/mm	H/mm
15	94	47	146	32
20	82	41	170	35
25	72	36	198	38
32	72	36	244	42

(5)主立管用管卡或托架安装在墙壁上，其间距为 3～4 m，主立管的下端要支撑在坚固的支架上。管卡和支架不能妨碍主立管的胀缩。

(6)当立管与预制楼板的主要承重部位相碰时，应将钢管弯制绕过，或在安装楼板时，把立管弯成乙字弯(也称来回弯)，如图 2-45 所示。也可以把立管缩入墙内，如图 2-46 所示。

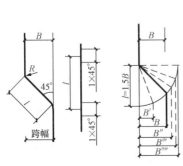

图 2-45　乙字弯图

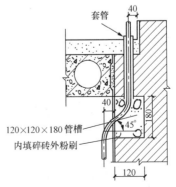

图 2-46　立管缩入墙内大样图

5. 支管安装

(1)检查散热器安装位置及立管预留口是否准确。量出支管尺寸和灯叉弯的大小(散热器中心距墙与立管预留口中心距墙之差)。

(2)配支管,按量出支管的尺寸,减去灯叉弯的尺寸,然后断管、套丝、煨灯叉弯和调直。将灯叉弯两头抹铅油缠麻,装好油任,连接散热器,把麻头清洗干净。

(3)暗装或半暗装的散热器灯叉弯必须与炉片槽墙角相适应,达到美观。

(4)用钢尺、水平尺、吊线坠校对支管的坡度和平行距墙尺寸,并复查立管及散热器有无移动。按设计或规定的压力进行系统试压及冲洗,合格后办理验收手续,并将水泄净。

(5)立支管变径,不宜使用铸铁补芯,应使用变径管箍或焊接法。

6. 室内供暖管道的连接形式

(1)顶棚内立管与干管的连接形式,如图 2-47 所示。

(2)室内干管与立管的连接形式,如图 2-48 所示。

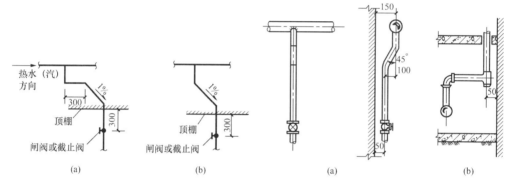

图 2-47　顶棚内立管与干管的连接形式
(a)蒸汽供暖(四层以下)、热水供暖(五层以上);
(b)蒸汽供暖(三层以下)、热水供暖(四层以下)

图 2-48　室内干管与立管的连接形式
(a)与热水(汽)管连接;(b)与回水干管连接

(3)主干管与分支干管的连接形式,如图 2-49 所示。

(4)地沟内干管与立管的连接形式,如图 2-50 所示。

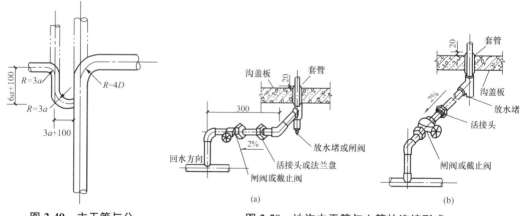

图 2-49　主干管与分支干管的连接形式

图 2-50　地沟内干管与立管的连接形式
(a)地沟内干管与立管连接;
(b)在 400×400 管沟内干立管连接

(二)散热器安装

1. 散热器的布置

散热器布置的基本原则是力求使室温均匀，使室外渗入的冷空气能被较迅速地加热，工作区(或呼吸区)温度适宜，尽量少占用有效空间和使用面积。散热器一般布置在房间外墙一侧，为防止散热器冻裂，在两道外门之间、门斗及紧靠开启频繁的外门处，不宜设置散热器。

在建筑物内，一般是将散热器布置在房间外窗的窗台下，如图 2-51(a)所示。如此，可使从窗缝渗入的室外冷空气迅速加热后沿外窗上升，形成室内冷、暖气流自然对流，令人感到舒适。如果房间进深小于 4 m，且外窗台下无法装置散热器，散热器可靠内墙放置，如图 2-51(b)所示。这样布置有利于室内空气形成环流，改善散热器对流换热，但工作区的气温较低，给人以不舒适的感觉。

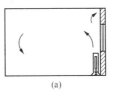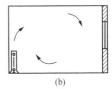

图 2-51　散热器的布置

散热器一般应明装，即敞开装置或装于深度不大于 130 mm 的墙槽内。当房间装修和卫生要求较高或因热媒温度高容易烫伤人时(如宾馆、幼儿园等)，要隐蔽装置，并采用在散热器外加网罩，设置格栅、挡板等措施。为保证散热器的散热效果和安装要求，散热器底部距地面高度通常为 150 mm，但不得小于 60 mm；顶部不小于 50 mm，与墙面净距不得小于 25 mm。

楼梯间的散热器应尽量布置在底层，被散热器加热的空气流能够自由上升，补偿楼梯间上部空间的耗热量。底层楼梯间的空间不具备安装散热器的条件时，应把散热器尽可能地布置在楼梯间下部的其他层。

2. 散热器的计算

选定了供暖系统形式及散热器类型后，即可根据传热学基本公式计算所需散热面积和片数，为简化计算，可直接用下式求出散热器所需片数：

$$n=\frac{Q}{q}\beta_1\beta_2\beta_3$$

式中　n——散热器所需片数(片)；

　　　Q——散热器设计热负荷(W)；

　　　q——散热器在一定条件下的散热量(W/片)，见表 2-2；

　　　β_1——安装形式修正系数，明装时取 $\beta_1=1.0$，见表 2-3；

　　　β_2——散热器进回水方式修正系数，见表 2-4；

　　　β_3——散热器片数修正系数，见表 2-5。

【例 2-1】 某热水供暖系统为双管上行下回式，供水温度为 95 ℃，回水温度为 70 ℃，供暖房间面积为 20 m²，所需热负荷为 1 400 W，冬季室内供暖计算温度为 18 ℃。试确定采用 M-132 型散热器明装进回水方式为上进下回的片数。

已知 $Q=1\ 400$ W，$t_n=18$ ℃，$t_g=95$ ℃，$t_h=70$ ℃。查表得 $q=133$ W/片，明装时 $\beta_1=1.0$，$\beta_2=1.0$，β_3 暂按 1.0 计算，则

$$n=\frac{Q}{q}\beta_1\beta_2\beta_3=\frac{1\ 400}{133}\times1\times1\times1=10.5(片)$$

查表 2-5，$\beta_3=1.0$ 时，片数应为 6～10，取 $m=10$ 片。

表 2-2　散热器的散热量 q

散热器类型	散热面积 /m²	传热系数 $K=A\Delta t^B$		$\Delta t=64.5$ ℃时的散热量 (70 ℃~95 ℃湿水, $t_n=18$ ℃)		$\Delta t=82$ ℃时的散热量(低压蒸汽, $t_n=18$ ℃)	
		A	B	W/片	kcal[①]/(片·h)	W/片	kcal[①]/(片·h)
圆柱 813	0.28	1.76	0.35	158	136	220	189
M—132	0.24	1.60	0.37	133	114	185	159
大 60	1.17	1.52	0.31	486	418	666	573
小 60	0.80	1.52	0.31	333	286	455	391
①1 cal=4.2J。							

表 2-3　散热器安装形式修正系数 β_1

安 装 形 式	β_1
装在墙的凹槽内(半暗装),散热器上部距墙 100 mm	1.06
明装但散热器上部有窗台板覆盖,散热器距窗台板高度为 150 mm	1.02
装在罩内,上部敞开,下部距地 150 mm	0.95
装在罩内,上部、下部开口,开口高度均为 150 mm	1.04

表 2-4　散热器进回水方式的修正系数 β_2

进回水方式	⤒▯⤓	→▯→	→▯→	→▯→	→▯→
β_2	1.0	1.0	1.10	1.15	1.2

表 2-5　柱形散热器组装片数修正系数 β_3

每组片数	<6	6~10	11~20	>20
β_3	0.95	1.00	1.05	1.10

3. 托钩与固定卡安装

(1)柱形带腿散热器固定卡安装。从地面到散热器总高的 3/4 处画水平线,与散热器中心线交点画印记,此为 15 片以下的双数片散热器的固定卡位置。单数片向一侧错过半片。16 片以上者应栽两个固定卡,高度仍在散热器 3/4 高度的水平线上,从散热器两端各距离 4~6 片的地方栽入。

(2)挂装柱形散热器安装。托钩高度应按设计要求,并从散热器距地高度上翻 45 mm 画水平线。托钩水平位置采用画线尺来确定,画线尺横担上刻有散热片的刻度。画线时应根据片数及托钩数量分布的相应位置,画出托钩安装位置的中心线,挂装散热器的固定卡高度从托钩中心上翻散热器总高的 3/4 处画水平线,其位置与安装数量同带腿片安装。

(3)用錾子或冲击钻等在墙上按画出的位置打孔洞。固定卡孔洞的深度不小于 80 mm,托钩孔洞的深度不小于 120 mm,现浇混凝土墙的深度为 100 mm(使用膨胀螺栓应按膨胀螺栓的要求深度)。

(4)用水冲净洞内杂物,填入 M20 水泥砂浆到洞深的一半时,将固定卡、托钩插入洞内,塞紧,用画线尺或 $\phi70$ 管放在托钩上,用水平尺找平找正,填满砂浆抹平。

(5)柱形散热器的固定卡及托钩按图 2-52 加工。托钩及固定卡的数量和位置按图 2-53 安装(方格代表炉片)。

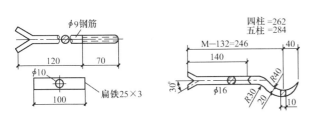

图 2-52 柱形散热器固定卡及托钩

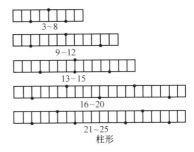

图 2-53 托钩及固定卡的数量和位置

(6)柱形散热器卡子托钩安装,如图 2-54 所示。

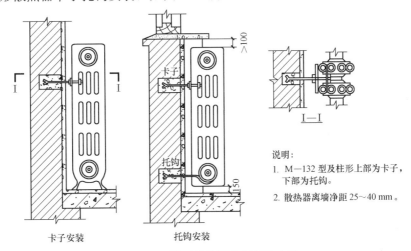

说明:
1. M—132 型及柱形上部为卡子,下部为托钩。
2. 散热器离墙净距 25~40 mm。

图 2-54 柱形散热器卡子托钩安装

(7)用上述同样方法将各组散热器全部卡子托钩栽好;成排托钩卡子需将两端钩、卡栽好,定点拉线,然后再将中间钩、卡按线依次栽好。

4. 散热器支管安装

连接散热器支管的坡度:当支管全长小于等于 500 mm 时,为 5 mm;当支管全长大于 500 mm 时,为 10 mm;当一根立管在同一节点上接有两根支管,任意一根长度超过 500 mm 时,两根均按 10 mm 进行安装。

散热器支管长度超过 1.5 m 时,该支管中间应设托钩。墙间距应和立管一致,直管段不许有弯,接头要严密,不漏水。散热器支管过墙时,除应该加设套管外,还应注意支管不准在墙内有接头。支管上安装阀门时,在靠近散热器一侧应该与可拆卸件连接。散热器支管安装,应在散热器与立管安装完毕后进行,也可与立管同时进行安装。安装时一定要把钢管调整合适后再进行碰头,以免弄歪支管、立管。

5. 散热器冷风门安装

(1)按设计要求,将需要打冷风门眼的炉堵放在台钻上打 ϕ8.4 的孔,在台虎钳上用 1/8″丝锥攻丝。

（2）将炉堵抹好铅油，加好石棉橡胶垫，在散热器上用管钳子上紧。在冷风门丝扣上抹铅油，缠少许麻丝，拧在炉堵上，用扳子上到松紧适度，放风孔向外斜45°（宜在综合试压前安装）。

（3）钢制串片式散热器、扁管板式散热器按设计要求统计需打冷风门的散热器数量，在加工订货时提出要求，由厂家负责做好。

（4）钢板板式散热器的放风门采用专用放风门水口堵头，订货时提出要求。

（5）圆翼形散热器放风门安装，按设计要求在法兰上打冷风门眼，做法同炉堵上装冷风门。

（三）附属设备安装

1. 调压板安装

热水系统的调压板用铝合金或不锈钢制成，用来调整供水压力，起减压作用，如图2-55所示。

一般应考虑在部分建筑物供暖入口装置处送水管上加装调压板，选取不同调压板孔径来调节压力。当然，也可以在低层建筑系统入口处装设自动泄压装置。

2. 除污器安装

除污器安装在供暖系统的入口供水总管上，位于调压板之前，垂直安装，如图2-56所示，介质流向以箭头标示。除污器的作用是过滤管路内水中的泥沙等，确保系统内水质的洁净，防止堵塞管路及附件。安装时，除污器应有单独支架（支座）支承。除污器的进、出口管道上应装压力表，旁通管上应安装旁通阀。

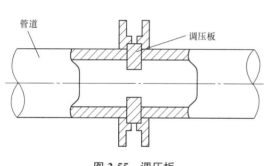

图 2-55　调压板

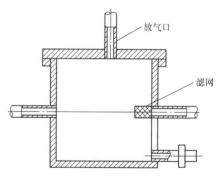

图 2-56　除污器

3. 汽水分离器安装

汽水分离器安装时圆筒应垂直，其放空气管引至室外，一般距离地面2.5 m；将泄水管引至室外明沟（或排水沟），如图2-57所示。

汽水分离器必须安装于水平管线上，排水口垂直向下，所有口径的汽水分离器均带安装支架，以减小管道承载。为确保被分离的液体迅速排放，应在汽水分离器底部的排水口连接一套合适的疏水器组合。

4. 疏水器安装

疏水器也称疏水阀、回水盒、隔汽具，设在蒸汽系统中。其作用是自动排除蒸汽管道、设备和散

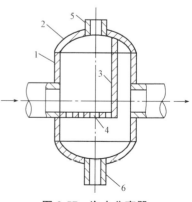

图 2-57　汽水分离器

1—圆筒体；2—封头；3—挡板；
4—滤板；5—排气口；6—排水口

热器内的凝结水，而阻止蒸汽通过。其种类较多，有浮球式、浮筒式、吊筒式、脉冲式、热动力式等。脉冲式疏水器如图2-58所示。

在螺纹连接的管道系统中安装疏水器时，组装的疏水器两端应装有活接头，进口端应装有过滤器，以定期清除寄存污物，保证疏水阀孔不被堵塞；当凝结水不需回收而直接排放时，疏水器后可不设截止阀；疏水器前应设放气管，排放空气或不凝性气体，以减少系统内气体堵塞现象；当疏水器管道水平敷设时，管道应坡向疏水器，以防出现水击现象。

5. 减压阀安装

减压阀是用来将外网的压力减到室内用热设备(或散热器)所需要的压力。减压阀主要分为活塞式减压阀、波纹管式减压阀和弹簧膜片式减压阀三种形式。活塞式减压阀如图2-22所示。为了便于操作、调整和维修，减压阀一般应安装在水平管道上。

6. 膨胀水箱安装

在热水供暖系统中，膨胀水箱有调节水量、稳定压力及排除空气三个作用。其形状分为圆形和方形两种，用厚3 mm的钢板制作，如图2-59所示。

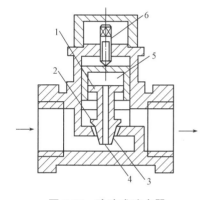

图2-58　脉冲式疏水器

1—活塞；2—阀瓣；3—主泄孔；

4—副泄孔；5—控制室；6—调节杆

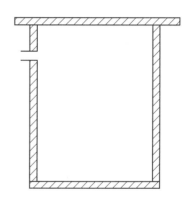

图2-59　膨胀水箱

安装膨胀水箱时应考虑防止水箱内水的冻结，若水箱安装在非供暖房间内，应考虑保温。

膨胀管在重力循环系统时接在供水总立管的顶端；在机械循环系统时接至系统定压点，一般接至水泵吸入口前，循环管接至系统定压点前的水平回水干管上，该点与定压点之间应保持1.5～3 m的距离。这样可让少量热水缓慢通过循环管和膨胀管流出水箱，以防水箱里的水冻结。在重力循环中，循环管也接到供水干管上，它应与膨胀管保持一定的距离。

膨胀管、溢水管和循环管上严禁安装阀门，而排水管和信号管上应设置阀门。设在非供暖房间内的膨胀管、循环管、信号管均应保温。

7. 集气罐安装

集气罐设置于管道系统的最高处，用于排除空气，上供下回式系统集气罐设置在供水干管末端。集气罐分为立式和卧式两种。一般用厚度为4～5 mm的钢板卷成或用钢管焊成，如图2-60所示。

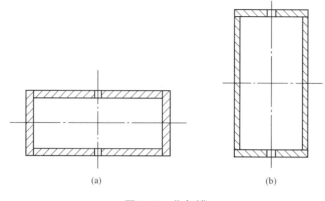

图 2-60　集气罐

(a)卧式集气罐；(b)立式集气罐

安装集气罐时应注意：集气罐应设在系统末端最高处，并使供水干管逆坡，以利于排气。

二、室外供暖系统安装

(一)供暖管道架空敷设

(1)按设计规定的安装位置、坐标，量出支架上的支座位置，安装支座。架空敷设的供暖管道安装高度，如设计无要求，应符合下列规定：

1)人行地区，不应低于 2.5 m。

2)通行车辆地区，不应低于 4.5 m。

3)跨越铁路距离轨顶不应低于 6 m。

4)安装高度以保温层外表面计算。

(2)支架安装牢固后，进行架设管道安装，管道和管件应在地面组装，长度以便于吊装为宜。

(3)按预定的施工方案进行管道吊装。架空管道的吊装使用机械或桅杆(图 2-61)。绳索绑扎管子的位置要尽可能使管子不受弯曲或少弯曲。架空敷设要按照安全操作规程施工。吊上去还没有焊接的管段，要用绳索把它牢固地绑在支架上，避免管子从支架上滚下来发生事故。

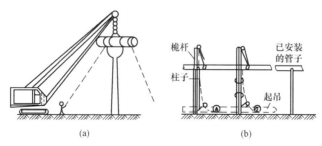

图 2-61　架空管道吊装

(a)机械吊装；(b)桅杆吊装

(二)供暖管道地沟敷设

(1)将钢管放到沟内,逐段码成直线进行对口焊接(敷设不通行地沟内,除安装阀类采用法兰连接外,其他接口均采用焊接),连接好的管道找好坡度(以 0.003 坡向排水阀)。泄水阀安装在阀门井内。

(2)找正钢管,使管子与管沟壁之间的距离以及两管之间的距离,能保证管子可以横向移动。在同一条管道,两个固定支架间的中心线应成直线,每 10 m 偏差不应超过 5 mm。整个管段在水平方向的偏差不应超过 50 mm;垂直方向的偏差不应超过 10 mm。管道位置调整好后,立即将各固定支架焊死,管道与支架间不应有空隙,焊口也不准放在支架上。

(3)供暖管道的热水、蒸汽管,如设计无要求,应敷设在载热介质前进方向的右侧。

(4)地沟内的管道(包括保温层)安装位置,其净距宜符合下列规定:

1)管道自保温层外壁到沟壁面:100~150 mm;

2)管道自保温层外壁到沟底面:100~200 mm;

3)管道自保温层外壁到沟顶:

①不通行地沟:50~100 mm;

②半通行地沟和通行地沟:200~300 mm。

(5)焊接活动支架:不同管径的活动支架间距按相关要求确定。

(6)安装阀门,并分段进行水压试验,试验压力为工作压力的 1.5 倍,但不得少于 0.6 MPa,同时检查各接口有无渗漏水现象,在 10 min 内压力降小于 0.05 MPa,然后降至工作压力,做外观检查,以不漏为合格。

(三)室外供暖管道安装

1. 直埋供暖管道

直埋敷设是将供暖管道直接铺设在管沟的砂垫层上,经砂子或细土埋管后,回填土即可完成供暖管道的安装,如图 2-62 所示。

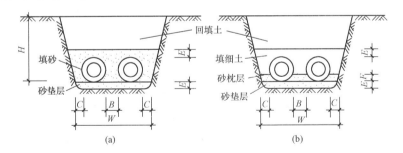

图 2-62　管道的直埋敷设

(a)砂子埋管;(b)细土埋管

图 2-62 中,$B \geqslant 200$ mm;$C \geqslant 150$ mm;$E = 100$ mm;$F = 75$ mm。

在管沟开挖并经沟底找坡后,即可铺上细砂进行铺管工作。铺管时按设计标高和坡度,在铺设管道的两端挂两条管道安装中心线(同时也是安装坡度线),使每根整体保温管中心都就位于挂线上,管子对接时留有对口间隙(用夹锯条或石棉板片控制),随后经点焊、全线安装位置的校正后对各个接口进行焊接,最后回填土分层夯实。

2. 地沟供暖管道

（1）不通行地沟供暖管道。不通行地沟供暖管道的安装一般有两种安装形式，一种是采用混凝土预制滑托通过高支座支承管道，这种方式称为滑托安装（图 2-63）；另一种是吊架安装，即用型钢横梁、吊杆和吊环支承管道（图 2-64）。

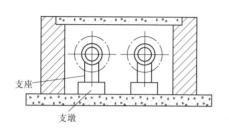

图 2-63　不通行地沟供暖滑托安装

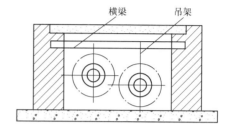

图 2-64　不通行地沟供暖吊架安装

室外供暖管采用滑托安装，宜在地沟底混凝土施工完毕、沟墙砌筑前进行安装。

室外供暖管采用吊架安装顺序为：下管→吊架横梁及升降螺栓的安装→拉线找正→管子穿入吊环及吊杆→抬管上架，使吊杆弯钩挂入升降螺栓的环孔内→管子对口及通过升降螺栓找正，使平直度、坡度符合设计要求→点焊→找正→管子焊接。

（2）半通行、通行地沟供暖管道。半通行、通行地沟供暖管道的安装如图 2-65 所示，管子下沟后，半通行、通行地沟供暖管道安装的关键工序是支架的安装。

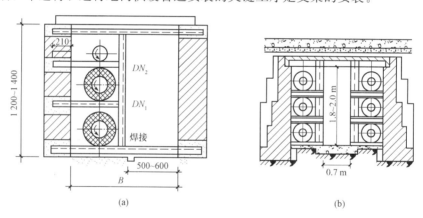

图 2-65　半通行、通行地沟供暖管道的安装

（a）半通行地沟；（b）通行地沟

支架可单侧或双侧、单层或数层布置，层与层支架横梁一端栽埋于沟墙上，另一端还可用立柱支撑，做成箱形支架。

管道在横梁上可单根布置，也可将坡度相同的管道并排布置，对坡度不同的管道，也可悬吊于两层之间的横梁上。

支架安装后，应挂线在各支架横梁上弹画出管道的安装中心线，随后即可安装保温管道的高支架并临时点焊在横梁上。然后进行管道安装，对口焊接的顺序应从下到上、从里到外。所有管道端部切口平直度的检查、坡口加工、防腐油漆甚至保温工作，应在管子下沟前在地面施工完毕。

每根管道的对口、点焊、校正、焊接等工作应尽量采用活口焊接，以提高工效和保证质量；管道焊接后，调整高支座的安装位置并与管子焊接牢固，同时割去高支座底部的临时点焊点，保证管道能自由伸缩。

3. 供暖管道架空

供暖管道的架空安装要求中、高支架多用钢筋混凝土及型钢结构做管道的支承实体。架空供暖管道与建筑物、构筑物及电线间的水平与垂直交叉应满足最小间距的要求。

架空管道的安装如图2-66所示。

在各低支架预埋的安装钢板上弹画出管道安装中心线，双管及多管并排安装时，应使各管道安装的中心符合规定。在弹画的管道安装中心线上，摆放保温

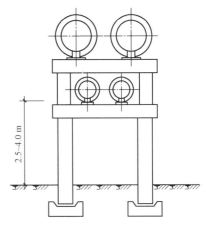

图 2-66　架空管道的安装

管安装的高支座并使之与预埋钢板临时点焊固定。吊装就位时，先吊装管道的分支点，使分支管道及控制阀件就位于设计要求的位置中心线上；吊装带弯管的组合管段，使弯路头中心就位于设计要求的转角中心线上；吊装中，高支架的组装管段就位于要求的位置中心线上，并用抱柱法（或型钢支架的焊接法）将预埋管段紧固于道路两侧的支架立柱上。

低支架上安装的直管段可单根管上架，也可将2根或3根管在地面上组装后吊装上架。每根管子上架时，均需使其就位于高支架的弧形面上，直至配管到已吊装就位的各个分支点。

三、室内燃气管道安装

室内燃气管道安装包括燃气引入管和室内燃气管网的安装、燃气管道的试压和吹扫，应符合城镇燃气规范的相关要求。

1. 引入管安装

(1)**燃气引入管不得在卧室、浴室、厕所、电缆沟、暖气沟、烟道、垃圾道、风道、配电室、变电室及易燃易爆品仓库等处引入，当必须穿过设有用电设备的卧室、浴室时，要设于套管内。**燃气引入管应尽量设在厨房内，有困难时也可设在走廊或楼梯间、阳台等便于检修的非居住房间内。

(2)燃气引入管阀门宜设在室外操作方便的位置；设在外墙上的引入管阀门应设在阀门箱内。**阀门的高度：室内宜在1.5 m左右，室外宜在1.8 m左右。**

(3)输送湿燃气的引入管一般由地下引入室内，当采取防冻措施时也可由地上引入；在非供暖地区或输送干燃气而且管径不大于75 mm时，可由地上直接引入室内。建筑设计沉降量大于50 mm的燃气引入管，可根据情况采取加大引入管穿墙处的预留洞尺寸，引入管穿墙前水平或垂直弯曲两次以上及引入管穿墙前设金属软管接头或波纹补偿器等措施。

(4)引入管穿墙或基础进入建筑物后，应尽快穿出室内地面，不得在室内地面下水平敷设。室内地坪严禁采用架空板，应在回填土分层夯实后浇筑混凝土地面；用户引入管与城市或庭院低压分配管道连接时，应在分支处设阀门；引入管上可连接一根立管，也

可连接若干根立管，后者则应设水平干管，水平干管可沿楼梯间或辅助房间的墙壁敷设，坡向引入管，坡度应不小于 2‰；输送湿燃气的引入管应有不小于 1‰ 的坡度并坡向室外。

（5）引入管穿越建筑物基础、承重墙及管沟时设在套管内；套管的内径一般不得小于引入管外径加 25 mm，套管与引入管之间的缝隙应用柔性防腐防水材料填塞。

2. 水平干管安装

（1）燃气干管不得穿过易燃易爆仓库、变电室、卧室、浴室、厕所、空调机房、防烟楼梯间、电梯间及其前室等房间，也不得穿越烟道、风道、垃圾道等处。必须穿过时，要设于套管内。室内水平干管严禁穿过防火墙。

（2）**室内水平干管的安装高度不低于 1.8 m，距离顶棚不得小于 150 mm。**输送燃气的水平管道可不设坡度，输送湿燃气的管道的敷设坡度应不小于 2‰，特殊情况下不得小于 1.5‰。

3. 立管安装

（1）燃气立管宜设在厨房、开水间、走廊、阳台等处；不得设置在卧室、浴室、厕所或电梯井、排烟道、垃圾道等内；当燃气立管由地下引入室内时，立管在第一层处设阀门，阀门一般设在室内。

（2）燃气立管穿楼板处和穿墙处应设套管，套管高出地面至少 50 mm，底部与楼板齐，套管内不得有接头，套管与管道之间的间隙应用沥青和油麻填塞。套管与墙、楼板之间的缝隙应用水泥砂浆堵严。

（3）室内燃气管道穿过承重墙或楼板时应加钢套管，套管的内径应大于管道外径加 25 mm。穿墙套管的两边应与墙的饰面平齐，管内不得有接头。

（4）由燃气立管引出的用户支管，在厨房内安装高度不低于 1.7 m，敷设坡度不小于 2‰，并由燃气表分别坡向立管和燃气用具。立管与建筑物内窗洞的水平净距，中压管道不得小于 0.5 m，低压管道不得小于 0.3 m。

（5）**立管支架间距，当管道 $DN \leqslant 25$ mm 时，每层中间设一个；$DN > 25$ mm 时，按需要设置。**

（6）燃气立管宜明设，可与给水排水管、冷水管、可燃液体管、惰性气体管等设在一个便于安装和检修的管道竖井内，但不得与电线、电气设备或进风管、回风管、排气管、排烟管及垃圾道等共用一个竖井；竖井内的燃气管道应采用焊接连接，且尽量不设或少设阀门等附件。

4. 支管安装

（1）室内燃气支管应明装，敷设在过道的管段不得装设阀门和活接头。

（2）燃气用具连接的垂直管段的阀门应距离地面 1.5 m 左右，室内燃气管道敷设在可能冻结的地方时，应采取防冻措施。

（3）当燃气管道从外墙敷设的立管接入室内时，宜先沿外墙接出 300～500 mm 长水平短管，然后穿墙接入室内。室内燃气支管的安装高度不得低于 1.8 m，有门时应高于门的上框。

（4）为便于拆装，螺纹连接的立管宜每隔一层距离地面 1.2～1.5 m 处设一个活接头。

5. 燃气管道附属设备安装

(1)阀门。阀门用来启闭管道通路和调节管内燃气的流量。**常用的阀门有闸阀、旋塞阀、截止阀和球阀等。**当室内燃气管道 $DN \leq 65$ mm 时采用旋塞阀，$DN > 65$ mm 时采用闸阀；室外燃气管道一般采用闸阀；截止阀和球阀主要用于天然气管道。

室内燃气管道在下列位置宜设阀门：引入管处，每个立管的起点处，从室内燃气干管或立管接至各用户的分支管上(可与表前阀门合设 1 个)，电气设备前和放散管起点处，点火棒、取样管和测压计前。闸阀安装在水平管道上，其他阀门不受这一限制，但有驱动装置的截止阀，必须安装在水平管道上。

(2)燃气灶具安装。燃气灶具应水平放置在耐火台上，灶具高度一般为 700 mm；燃气灶具和燃气表之间采用硬管连接时，连接管道直径不得小于 15 mm，并设活接头一个；采用软管连接时，应符合下列要求：软管长度不得超过 2 m；软管耐压能力应大于 4 倍工作压力；软管不得穿越墙体、门窗；几个灶具并列布置时净距不得小于 500 mm；灶具背后与墙面距离不得小于 100 mm；侧面与墙或水池距离不得小于 250 mm。

(3)燃气热水器安装。燃气热水器的结构主要由外壳、脉冲点火气阀、胶膜水阀、蛇形铜管、点火头、主喷嘴、弹簧和传动轴等组成。

燃气热水器安装在空气流通较好的墙壁上，其底部距离地面 1.5～1.6 m。热水器在使用时，会排出大量烟气，必须设排烟管。排烟管应引至室外。

本章小结

当室外空气温度低于室内空气温度时，为了保持室内一定温度，供暖系统就会将热源产生的具有较高温度的热媒通过输送管道输送给用户，通过补偿热损失，达到维持室内温度参数在要求范围，以达到适宜的生活条件或工作条件。本章重点介绍了建筑供暖系统施工图的识读及施工工艺。

思考与练习

一、填空题

1. 供暖系统由_____、_____和_____三部分组成。

2. 供暖系统按作用范围的大小分为_____、_____和_____。

3. 蒸汽供暖系统按管路布置的形式不同，可分为_____、_____和_____三种形式。

4. 散热器按材质可分为_____、_____、_____、_____；按结构形式可分为_____、_____、_____、_____、_____等；按其对流方式可分为_____和_____。

5. 燃气的种类很多，根据来源的不同可分为_____、_____和_____三种。

6. _____是用来将外网的压力减到室内用热设备(或散热器)所需要的压力。

7. _____用来启闭管道通路和调节管内燃气的流量。

二、选择题

1. ( )的作用是自动阻止蒸汽逸漏，并能迅速排出用热设备及管道中的凝结水，同时排除系统中积留的空气和其他不凝性气体。

    A. 疏水器   B. 补偿器   C. 溢流管   D. 排水管

2. 当热源的蒸汽压力高于供暖系统的蒸汽压力时，就需要在供暖系统入口设置减压阀，减压阀的种类不包括( )。

    A. 活塞式   B. 波纹管式   C. 薄膜式   D. 手动式

3. 室内供暖管道的连接形式不包括( )。

    A. 顶棚内立管与干管的连接形式   B. 室内干管与立管的连接形式

    C. 主干管与分支干管的连接形式   D. 地沟内干管与干管的连接形式

4. 散热器一般宜布置在( )。

    A. 房间外墙一侧   B. 两道外门之间

    C. 门斗   D. 紧靠开启频繁的外门处

三、简答题

1. 供暖系统按使用热介质的种类分为哪几类？

2. 热水供暖系统的形式有哪几种？

3. 膨胀水箱的作用是什么？

4. 常用燃气设备包括哪些？

5. 城市燃气的供应方式有哪两种？

6. 供暖系统施工图由哪几部分组成？

7. 供暖管道支架的安装方法有哪几种？

8. 散热器支管安装有哪些要求？

第三章　建筑通风空调工程施工图识读与安装

第一节　建筑通风

一、通风系统的基本概念与分类

1. 通风系统的基本概念

通风工程就是把室外的新鲜空气(经适当的处理，如过滤净化、加热等)或符合卫生要求的经净化的空气送进室内；把室内的废气(经消毒、除害)排至室外，也就是通过控制空气传播污染物，以保证室内环境具有良好的空气品质，满足人们生活或生产过程要求的工程技术。

建筑通风中，将从室内排除污浊的空气称为排风，把向室内补充新鲜的空气称为送风。为实现排风和送风，所采用的一系列的设备、装置的总体称为通风系统。

建筑通风的任务是把室内被污染的空气直接或经过净化后排出室外，把室外新鲜空气或经过净化的空气补充进来，以保持室内的空气环境满足国家卫生标准和生产工艺的要求。

单纯的通风一般只对空气进行净化和加热方面的简单处理，主要包括：①保持室内空气的新鲜和洁净，改善室内的空气品质，提供人的生命过程所需的供氧量；②除去室内多余的热量或湿量(余热或余湿)；③消除生产过程中产生的灰尘、有害气体、高温和辐射热的危害；④提供适合生活和生产的空气环境。

2. 通风系统的分类

根据空气流动的动力不同，通风方式可分为自然通风和机械通风两种。

(1)自然通风。自然通风是借助于风压和热压作用促使室内外空气通过建筑物围护结构的孔口流动的通风。

风压作用下的自然通风，是利用室外空气流动(风力)的作用压力造成的室内、外空气交换。在它的作用下，室外空气通过建筑物迎风面上的门、窗、孔口进入室内，室内空气则通过背风面上的门、窗、孔口排出。

热压作用下的自然通风，是利用室内、外空气温度的不同而形成的密度差来完成室内、外空气交换的。当室内空气的温度高于室外时，室外空气的密度较大，便从房屋下部的门、窗、孔口进入室内，室内空气则从上部的窗口排出，如图3-1所示。

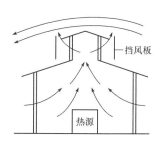

图 3-1　利用风压和热压的自然通风

自然通风具有经济、节能、无噪声、使用管理较简单等优点，在选择通风设施时应优先选用。

(2)机械通风。机械通风依靠通风机所产生的压力强制室内、外空气流动。机械通风包括机械送风和机械排风。与自然通风相比，机械通风不受自然条件限制，既可以根据需要对进风和排风进行各种处理，满足通风房间对进风的要求，也可以对排风进行净化处理以满足环保部门的有关规定和要求，还可以利用风管上的调节装置来改变通风量大小。但是机械通风系统中需设置各种空气处理设备、动力设备(通风机)、各类风道、控制附件和器材，因而初期投资和日常运行维护管理费用都比较高。另外，各种设备需要占用建筑空间，并需要专门人员管理，通风机还会产生噪声。

机械通风系统

根据通风系统的作用范围不同，机械通风又可分为局部通风和全面通风两种形式。

1)局部通风。局部通风系统的作用范围只限于个别地点或局部区域，可分为**局部机械排风系统**和**局部机械送风系统**两种。

①局部机械排风系统是指在局部工作地点将污浊空气就地排除，以防止其扩散的排风系统。它由局部排风罩、排风柜、排风管道、通风机、排风帽等部分组成，如图3-2所示。

②局部机械送风系统是指向局部地点送入新鲜空气或经过处理的空气，以改善该局部区域的空气环境的系统，一般可分为系统式和分散式两种。系统式局部送风系统，可以对送出的空气进行加热或冷却处理，如图3-3所示；分散式局部送风系统，一般采用循环的轴流风扇或喷雾风扇。

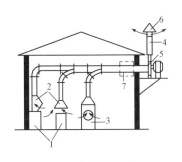

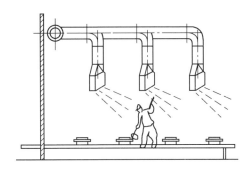

图 3-2　局部机械排风系统　　　　　图 3-3　系统式局部机械送风系统

1—工艺设备；2—局部排风罩；3—排风柜；

4—排风管道；5—通风机；6—排风帽；

7—排风处理装置

2）全面通风。全面通风系统是对整个房间进行通风换气，用新鲜空气把整个房间的有害物质浓度冲淡到最高允许浓度以下，或改变房间内的温度、湿度。全面通风所需的风量大大超过局部通风，相应的设备也比较庞大。

全面通风可分为全面机械送风、全面机械排风和全面机械联合通风三大类。

①全面机械送风系统由进风百叶窗、过滤器、空气加热器（冷却器）、通风机、送风管道和送风口等组成，如图 3-4 所示。通常把过滤器、空气加热器（冷却器）与通风机集中设于一个专用的房间内，称为"通风室"。这种系统适用于有害物质发生源比较分散，并且需要保护的面积比较大的建筑物。

②全面机械排风系统由排风口、排风管道、空气净化设备、通风机等组成，适用于污染源比较分散的建筑物，如图 3-5 所示。

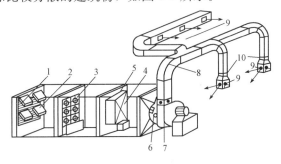

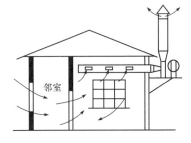

图 3-4　全面机械送风系统　　　　　图 3-5　全面机械排风系统

1—进风百叶窗；2—保温阀；3—过滤器；

4—空气加热器；5—旁通阀；6—启动阀；

7—通风机；8—送风管道；9—送风口；10—调节阀

③全面机械联合通风系统是指机械通风和自然通风相结合的通风方式。

二、通风系统主要设备及构件

对于自然通风，其设备装置比较简单，只需用进风窗、排风窗以及附属的开关装置。而机械通风系统则由较多的部件和设备组成。机械送风系统由室外进风装置、空气处理设备、风道、风机以及室内送风口等组成；机械排风系统由有害物收集和净化设备、排风道、风机、排风口及风帽等组成。在机械通风系统中还应设置必要的调节通风量和启闭系统运行的各种控制部件，即各种阀门。

1. 风道

风道是通风系统中用于输送空气的管道。风道通常采用薄钢板制作，也可采用塑料、砖、混凝土等其他材料制作。

风道的断面有圆形、矩形等形状，如图 3-6 所示。圆形风道的强度大，在同样的流通断面面积下，比矩形风道节省管道材料、阻力小。但是，圆形风道不易与建筑配合，一般适用于风道直径较小的场合。对于大断面的风道，通常采用矩形风道，矩形风道容易与建筑配合布置，也便于加工制作。但矩形风道流通断面的宽高比宜控制在 3：1 以下，以便尽量减少风道的流动阻力和材料消耗。

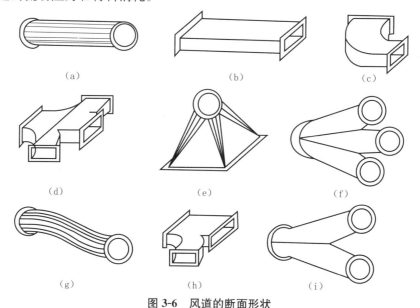

图 3-6　风道的断面形状

(a)圆形直管；(b)矩形直管；(c)矩形弯头；(d)矩形四通；(e)天圆地方；
(f)圆形四通；(g)圆形来回弯；(h)矩形三通；(i)圆形三通

2. 室内送、回风口

室内送风口用于将管道输送来的空气以适当的速度、数量和角度均匀送到工作地点的风道末端装置。室内排风口用于将一定数量的污染空气，以一定的速度排出。送、回风口应满足以下要求：回风口风量能调节；阻力小；风口尺寸尽可能小。民用建筑和公共建筑中的送、回风口形式应与建筑结构的外观相配合。

(1)室内送风口。室内常用送风口形式有插板式送风口、百叶式、散流器、孔板送风等。图 3-7 所示为两种最简单的送风口，孔门直接开设在风管上，用于侧向或下向送风。图 3-7(a)所示为风管侧送风口，除风口本身外，没有任何调节装置；图 3-7(b)所示为插板式送风口，这种风口虽然可以调节风量，但不能控制气流方向。

百叶式送风口是一种性能较好的常用室内送风口，可以在风道上、风道末端或墙上安装。如图 3-8 所示，对于布置在墙内或暗装的风道可采用，安装在风道的末端或墙壁上，百叶式送风口有单、双层和活动式、固定式，其中，双层百叶式风口可以调节控制气流速度、气流角度。

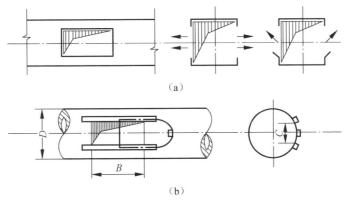

(a)

(b)

图 3-7　两种最简单的送风口

(a)风管侧送风口；(b)插板式送风口

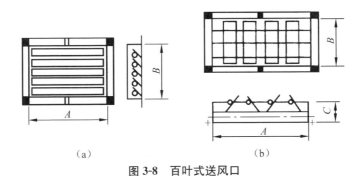

(a)　　　　　　　　　(b)

图 3-8　百叶式送风口

(a)单层百叶式送风口；(b)双层百叶式送风口

　　散流器是一种由上向下送风的送风口，通常都安装在送风管道的端部明装或暗装于顶棚上，散热器常见的形式有盘式和流线式，如图 3-9 所示。

　　孔板送风是将空气通过开有若干圆形或条缝小的孔板送入室内，如图 3-10 所示。

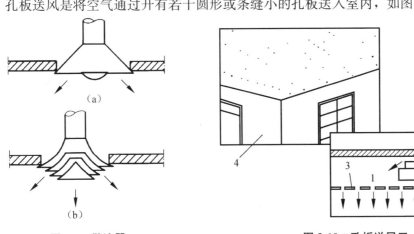

(a)

(b)

图 3-9　散流器

(a)盘式；(b)流线式

图 3-10　孔板送风口

1—风管；2—静压室；3—孔板；4—空调机房

（2）室内回风口。室内回风口的作用是将室内污浊空气排入风道中的装置，回风口的种类较少，一般安装在风道或墙壁上的矩形风口或安装成地面散点式和格栅式，如图 3-11 所示。

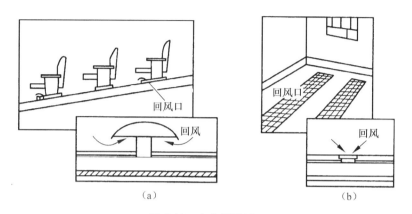

图 3-11　室内回风口

（a）散点式回风口；（b）格栅式回风口

3. 室外进、排风口

（1）室外进风口。室外进风口是通风和空调系统采集新鲜空气的入口。机械送风系统和管道式自然通风系统的室外进风装置，应设在空气新鲜、灰尘少、远离室外排气口的地方。它主要用于采集室外新鲜空气供室内送风系统使用，根据设置位置不同，可分为设于外围护结构墙上的窗口型和独立设置的进气塔型，如图 3-12 所示。

进风口高度一般应高出地面 2.5 m，设于屋顶的进风口应高出屋面 1.0 m，进风口应设在主导风向上风侧。进风口上一般还应设有百叶窗，以防止雨、雪、杂物（树枝、纸片等）被吸入，百叶窗里设有保温阀，以用于冬季关闭进气口。进风口的尺寸由通过百叶窗的风速来确定，百叶窗风速为 2.0～5.0 m/s。

（2）室外排风装置。室外排风装置主要用于将排风系统收集到的污浊空气排至室外，通常设计成塔式，并安装于屋面，如图 3-13 所示。

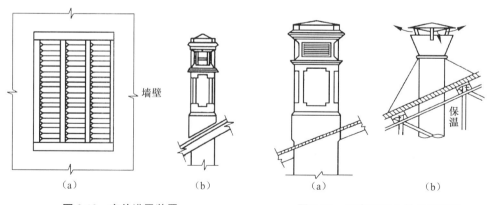

图 3-12　室外进风装置

（a）窗口型；（b）进气塔型

图 3-13　设在屋顶上的排风装置

为避免排出的污浊空气污染周围空气环境，排风装置应高出屋面 1 m 以上。如果进、排风口都设在屋面时，其水平距离应大于 10 m。特殊情况下，如果排风污染程度较轻时，则水平距离可以小些，此时排气口应高于进气口 2.5 m 以上。图 3-14 所示为设在外墙上的排风口示意图。

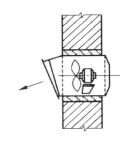

图 3-14　设在外墙上的排风口

4. 通风机

通风机是为通风系统中的空气流动提供动力的机械设备。在排风系统中，为了防止有害物质对通风机的腐蚀和磨损，通常把风机布置于空气处理设备的后面。通风机可分为**离心式通风机**和**轴流式通风机**两种类型。

(1)离心式通风机。离心式通风机主要由叶轮、机壳、机轴、吸气口、排气口等部件组成，其构造如图 3-15 所示。

离心式通风机的工作原理：当装在机轴上的叶轮在电动机的带动下作旋转运动时，叶片间的空气在随叶轮旋转所获得的离心力的作用下，从叶轮中心高速抛出，压入螺旋形的机壳中，随着机壳流通断面的逐渐增加，气流的动压减小，静压增大，以较高的压力从排气口流出。当叶片间的空气在离心力的作用下从叶轮中心高速抛出后，叶轮中心形成负压，把通风机外的空气吸入叶轮，形成连续的空气流动。

(2)轴流式通风机。轴流式通风机的构造如图 3-16 所示，叶轮安装在圆筒形的外壳内，当叶轮在电动机的带动下作旋转运动时，空气从吸风口进入，轴向流过叶轮受到叶片的推力，静压升高后从排气口流出。

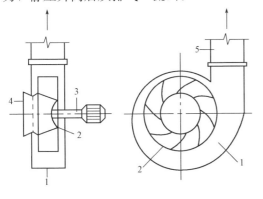

图 3-15　离心式通风机
1—机壳；2—叶轮；3—机轴；
4—导流器；5—排气口

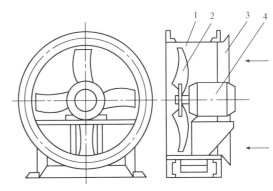

图 3-16　轴流式通风机
1—机壳；2—叶轮；3—吸入口；4—电动机

离心式通风机的全压大、风量小，对于管路阻力较大的通风系统，应采用离心式通风机提供动力。轴流式通风机的全压小、风量大，一般用于不需要设置管道或管路阻力较小的场合。

5. 除尘器

除尘器是除尘系统的重要设备，通过除尘器可将排风系统中的粉尘捕集，使排风系统中粉尘的浓度降低到排放标准允许值以下，保护大气环境。

除尘器的种类很多，下面介绍两种常用的除尘设备。

（1）重力沉降室。重力沉降室是一种粗净化的除尘设备，其构造如图 3-17 所示。当含尘气流从管道中以一定的速度进入重力沉降室时，由于流通断面突然扩大，使气流速度降低，重物下沉，所以，粉尘边前进、边下落，最后落到沉降室底部被捕集。

此种除尘器是靠重力除尘的，因此，只适合捕集粒径大的粉尘。为达到较好的除尘效果，要求重力沉降室具有较大的尺寸。但因其结构简单、制作方便、流动阻力小等优点，目前多用于双级除尘的第一级除尘。

（2）旋风除尘器。旋风除尘器的构造如图 3-18 所示。当含尘气流以一定速度沿切线方向进入除尘器后，在内外筒之间的环形通道内作由上向下的旋转运动（形成外涡旋），最后经排出管排出。含尘气流在除尘器内运动时，尘粒受离心力的作用被甩到外筒壁，受重力的作用和向下运动的气流带动而落入除尘器底部灰斗，从而被捕集。

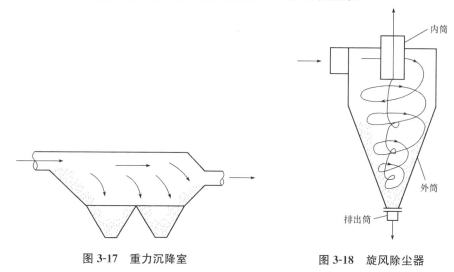

图 3-17　重力沉降室　　　　　　图 3-18　旋风除尘器

旋风除尘器可设置在轻体的支架上，也可设置在独立的支座上；可单独使用，也可多台并联使用。

旋风除尘器具有结构简单、体积小、维修方便等优点，所以，在通风除尘工程中应用广泛。

第二节　建筑防火排烟系统

一、防火排烟设计要求

在火灾事故的死伤者中，大多数是因烟气的窒息或中毒造成的。在现代的高层建筑中，各种在燃烧时产生有毒气体的装修材料的使用，以及高层建筑中各种竖向管道产生的烟囱效应，使烟气更加容易扩散到各个楼层，不仅造成人身伤亡和财产损失，而且因烟气遮挡视线，使人们在疏散时产生心理上的恐慌，给消防抢救工作带来很大困难。因此，在高层建筑的空调设计中，必须认真慎重地进行防火排烟设计，以便在火灾发生时，顺利地进行人员疏散和消防灭火工作。

根据《建筑设计防火规范(2018版)》(GB 50016—2014)的规定，建筑的下列场所或部位应设置防烟设施：

(1)防烟楼梯间及其前室；

(2)消防电梯间前室或合用前室；

(3)避难走道的前室、避难层(间)。

民用建筑的下列场所或部位应设置排烟设施：

(1)设置在一、二、三层且房间建筑面积大于 100 m² 的歌舞娱乐放映游艺场所，设置在四层及以上楼层、地下或半地下的歌舞娱乐放映游艺场所；

(2)中庭；

(3)公共建筑内建筑面积大于 100 m² 且经常有人停留的地上房间；

(4)公共建筑内建筑面积大于 300 m² 可燃物较多的地上房间；

(5)建筑内长度大于 20 m 的疏散走道。

建筑物一旦起火，要立即使用各种消防措施，隔绝新鲜空气的供给，同时切断燃烧的部位等。因为消防灭火需要一定的时间，当采取了以上措施后，仍不能灭火时，为确保有效地疏散通路，必须具备防烟措施。这是由于火灾产生的烟气，随燃烧的物质种类而异，由高分子化合物燃烧所产生的烟气，其毒性尤为严重。这些火灾烟气直接危及人身，对疏散和补救也造成了很大的威胁。所以，防止建筑物的火灾危害，很大程度上是解决火灾发生时的防烟、排烟问题。

二、防火分区和防烟分区

1. 安全分区的概念

当居住房间发生火灾时，作为室内人员的疏散通道，一般路线是经过走廊、楼梯间前室、楼梯到达安全地点。把上述各部分用防火墙或防烟墙隔开，采取防火排烟措施，就可使室内人员在疏散过程得到良好的安全保护。室内疏散人员在从一个分区向另一个分区移动中需要花费一定的时间，因此，移动次数越多，就越要有足够的安全性。在图 3-19 所示的分区中，走廊是第一安全分区，楼梯间前室是第二安全分区，楼梯是第三安全分区。安全分区之间的墙壁，应采用气密性高的防火墙或防烟墙，墙上的门应采用防火门，图 3-20 所示为一个防烟安全设计的实例。

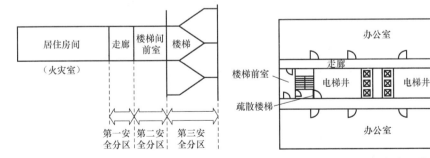

图 3-19　防烟安全分区概念图　　　　　图 3-20　防烟安全设计实例

防火是防止火灾蔓延和扑灭火灾，排烟是将火灾产生的烟气及时予以排除，防止烟气向外扩散，以确保室内人员的顺利疏散。

2. 防火分区和防烟分区

(1)防火分区。在建筑设计中进行防火分区的目的是防止火灾的扩大，可根据房间的用途和性质的不同对建筑物进行防火分区，分区内应设置防火墙、防火门、防火卷帘等设备。**通常规定楼梯间、通风竖井、风道空间、电梯、自动扶梯升降通路等形成竖井的部分要作为防火分区。**

《建筑设计防火规范(2018版)》(GB/T 50016—2014)规定，不同耐火等级建筑的防火分区最大建筑面积见表3-1。

表3-1　不同耐火等级建筑的防火分区最大允许建筑面积

名称	耐火等级	防火分区的最大允许建筑面积/m²	备注
高层民用建筑	一、二级	1 500	对于体育馆、剧场的观众厅，防火分区的最大允许建筑面积可适当增加
单、多层民用建筑	一、二级	2 500	对于体育馆、剧场的观众厅，防火分区的最大允许建筑面积可适当增加
	三级	1 200	
	四级	600	
地下或半地下建筑(室)	一级	500	设备用房的防火分区最大允许建筑面积不应大于1 000 m²

注：1. 表中规定的防火分区最大允许建筑面积，当建筑内设置自动灭火系统时，可按本表的规定增加1.0倍；局部设置时，防火分区的增加面积可按该局部面积的1.0倍计算。
    2. 裙房与高层建筑主体之间设置防火墙时，裙房的防火分区可按单、多层建筑的要求确定。

(2)防烟分区。在建筑设计中进行防烟分区的目的是对防火分区的细分化，防烟分区内不能防止火灾的扩大，它仅能有效地控制火灾产生的烟气流动。要在有发生火灾危险的房间和用作疏散通道的走廊间加设防烟隔断，在楼梯间设置前室，并设自动关闭门，作为防火、防烟的分界。此外，还应注意竖井分区，如百货公司的中央自动扶梯处是一个大开口，应设置用烟雾感应器控制的隔烟防火卷帘。

设置排烟设施的走道和净高不超过6 m的房间，应采用挡烟垂壁、隔墙或从顶棚下凸出不小于0.5 m的梁划分防烟分区。每个防烟分区的面积不宜超过500 m²，且防烟分区的划分不能跨越防火分区。防烟楼梯间与前室或合用前室采用自然排烟方式与机械加压送风方式的组合有多种。它们之间的组合关系以及防烟设施的设置部位见表3-2。

表3-2　垂直疏散通道防烟部位的设计表

组合关系	防烟部位
不具备自然排烟条件的防烟楼梯间	楼梯间
不具备自然排烟条件的防烟楼梯间与采用自然排烟的前室或合用前室	楼梯间
采用自然排烟的防烟楼梯间与不具备自然排烟条件的前室或合用前室	前室或合用前室
不具备自然排烟条件的防烟楼梯间与合用前室	楼梯间或合用前室
不具备自然排烟条件的消防电梯间前室	前室

三、高层建筑防火排烟的形式

1. 自然排烟

自然排烟是利用风压和热压作动力的排烟方式。 它利用建筑物的外窗、阳台、凹廊或专用排烟口、竖井等将烟气排除或稀释烟气的浓度，具有结构简单、节省能源、运行可靠性高等优点。

在高层建筑中，除建筑物高度超过 50 m 的一类公共建筑和建筑高度超过 100 m 的居住建筑外，具有靠外墙的防烟楼梯间及其前室、消防电梯间前室和合用前室的建筑宜采用自然排烟方式，排烟口的位置应设在建筑物常年主导风向的背风侧。

利用建筑的阳台、凹廊或在外墙上设置便于开启的外窗或排烟窗进行自然排烟的方式如图 3-21 所示。

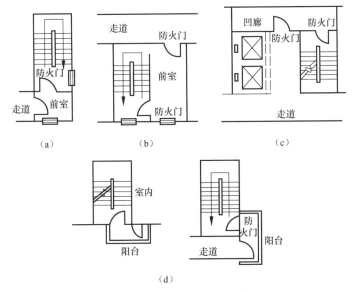

图 3-21　自然排烟方式示意

(a)靠外墙的防烟楼梯间及其前室；(b)靠外墙的防烟楼梯间及其前室；
(c)带凹廊的防烟楼梯间；(d)带阳台的防烟楼梯间

自然排烟口应设于房间的上方，宜设在距顶棚或顶板下 800 mm 以内，其间距以排烟口的下边缘计。自然进风口应设于房间的下方，设于房间净高的 1/2 以下，其间距以进风口的上边缘计。内走道和房间的自然排烟口，至该防烟分区最远点应在 30 m 以内。自然排烟窗、排烟口、送风口应设开启方便、灵活的装置。

2. 机械防烟

机械防烟是采取机械加压送风方式，以风机所产生的气体流动和压力差控制烟气的流动方向的防烟技术。它在火灾发生时用风机气流所造成的压力差阻止烟气进入建筑物的安全疏散通道内，从而保证人员疏散和消防扑救的需要。

防烟楼梯间及其前室、消防电梯前室和两者合用前室，应设置机械防烟设施。若防烟楼梯间前室或合用前室有散开的阳台、凹廊或前室内有不同朝

机械加压送
风防烟系统

向的可开启外窗，能自然排烟时，该楼梯间可不设防烟设施。避难层为全封闭式避难层时，应设加压送风设施。如图 3-22 所示。

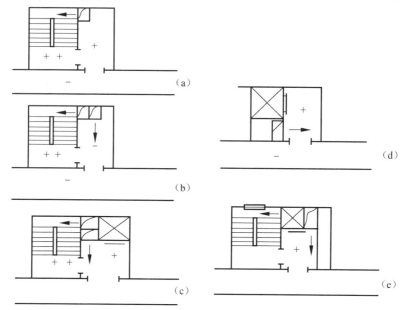

图 3-22　加压送风系统的方式

　　楼梯间每隔 2～3 层设置一个送风口，前室应每层设一个送风口。加压送风口应采用自垂式百叶风口或常开百叶风口；当采用常开百叶风口时，应在加压风机的压出管上设置止回阀。当设计为常闭型时，发生火灾只开启着火层的风口。风口应设手动和自动开启装置，并与加压送风机的启动装置连锁。

　　3. 机械排烟

　　采取机械排风方式，以风机所产生的气体流动和压力差，利用排烟管道将烟气排出或稀释烟气的浓度。

　　机械排烟方式适用于不具备自然排烟条件或较难进行自然排烟的内走道、房间、中庭及地下室。带裙房的高层建筑防烟楼梯间及其前室，消防电梯间前室或合用前室，当裙房以上部分利用可开启外窗进行自然排烟，裙房部分不具备自然排烟条件时，其前室或合用前室应设置局部机械排烟设施。我国对机械排烟的要求如下所述：

　　（1）排烟口应设在顶棚上或靠近顶棚的墙面上，设在顶棚上的排烟口，距可燃构件或可燃物的距离不应小于 1 m。

　　（2）排烟口应设有手动和自动开启装置，平时关闭，当发生火灾时仅开启着火楼层的排烟口。

　　（3）防烟分区内的排烟口距最远点的水平距离不应超过 80 m。走道的排烟口应尽量布置在与人流疏散方向相反的位置。

　　（4）在排烟支管和排烟风机入口处应设有温度超过 280 ℃时能自行关闭的排烟防火阀。

　　（5）排烟风机应保证在 280 ℃时能连续工作 30 min。当任一排烟口或排烟阀开启时，排烟风机应能自行启动。

　　（6）排烟风道必须采用不燃材料制作。安装在吊顶内的排烟管道，其隔热层应采用不燃材料制作，并应与可燃物保持不小于 150 mm 的距离。

（7）机械排烟系统与通风、空调系统宜分开设置。若合用时，必须采取可靠的防火安全措施，并应符合排烟系统要求。

（8）设置机械排烟的地下室，应同时设置送风系统。

四、防火、防排烟设备及部件

防火、防排烟设备及部件主要有以下几种。

1. 防火阀

防火阀是防火阀、防火调节阀、防烟防火阀及防火风口的总称。防火阀与防火调节阀的区别在于叶片的开度能否调节。

（1）防火阀的控制方式。**防火阀的控制方式主要有热敏元件、感烟感温器及复合控制等。**

1）热敏元件控制。常用热敏元件有易熔环、热敏电阻、热电偶和双金属片等。

采用易熔环：火灾时，易熔环熔断脱落，阀门在弹簧力或自重力作用下关闭。

采用热敏电阻、热电偶、双金属片：通过传感器及电子装置驱动微型电动机工作将阀门关闭。

井内、风管内有电加热器时，风机应与电加热器联锁。

若空气中含有易燃、易爆物质，通风设备应采用防爆型设备。

2）感烟感温器控制。通过感烟感温控制设备的输出信号，控制执行机构的电磁铁、电动机动作或控制气动执行机构，实现阀门在弹簧力作用下的关闭或电动机转动使阀门关闭。

3）复合控制。前两种控制方式的组合，设备中既有热敏元件，又有感烟感温器。

（2）防火阀阀门关闭的驱动方式。**防火阀阀门关闭的驱动方式有重力式、弹簧力驱动式（或称电磁式）、电机驱动式及气动驱动式四种。**

（3）常用防火阀。

1）重力式防火阀。重力式防火阀分为矩形和圆形两种。其构造如图3-23～图3-25所示。防火阀平时处于常开状态。阀门的阀板式叶片由易熔片将其悬吊成水平或水平偏下5°状态。当火灾发生且空气温度高于70℃时，易熔片熔断，阀板或叶片靠重力自行下落，带动自锁簧片动作，使阀门关闭自锁。

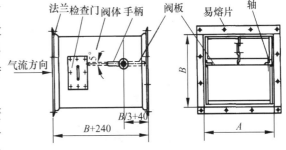

图3-23　重力式矩形单板防火阀

当需要重新开启阀门时，旋松自锁簧片前的螺栓，手握操作杆，摇起阀板或叶片，接上易熔片，摆正自锁簧片，旋紧螺栓后防火阀恢复正常工作状态。

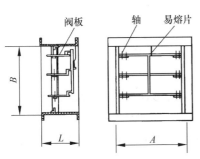

图3-24　重力式矩形多叶防火阀

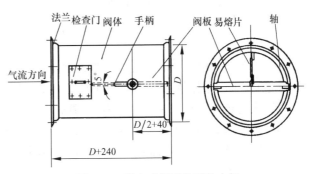

图3-25　重力式圆形单板防火阀

2）弹簧式防火阀。弹簧式防火阀分为矩形和圆形两种。其构造如图 3-26 和图 3-27 所示。

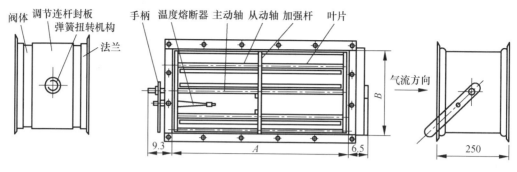

图 3-26　弹簧式矩形防火阀

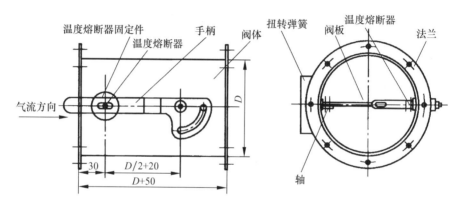

图 3-27　弹簧式圆形防火阀

防火阀平时为常开状态。当火灾发生且空气温度高于 70 ℃时，易熔片熔断，温度熔断器内的压缩弹簧释放，内芯弹出，手柄脱开，轴后端的扭转弹簧释放，阀门关闭。温度熔断器的构造如图 3-28 所示。

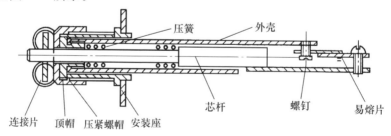

图 3-28　温度熔断器构造

当需要重新开启阀门时，装好易熔片和温度熔断器，摇起叶片或阀板并固定在温度熔断器内芯上，防火阀便恢复正常工作状态。

3）弹簧式防火调节阀。弹簧式防火调节阀分为矩形和圆形两种。其构造如图 3-29 和图 3-30 所示。平时常可作为调节风量用的防火调节阀，当发生火灾且空气温度高于 70 ℃时，易熔片熔断，致使熔断器销钉打下离合器垫板，离合器脱开，轴两端的扭转弹簧释放，阀门的叶片关闭。

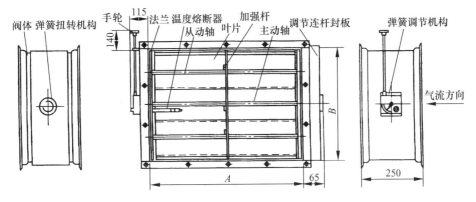

图 3-29　弹簧式矩形防火调节阀

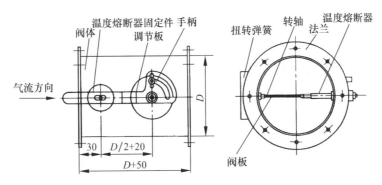

图 3-30　弹簧式圆形防火调节阀

当需要重新开启防火调节阀时，应旋转调节手柄，如发出"咯咯"声音时，调节机构和离合器已合拢。此时调节指示与复位指示同步转动，再装好温度熔断器，防火调节阀可恢复正常工作状态。

4)**防烟防火调节阀。防烟防火调节阀分为矩形和圆形两种。**可应用于有防烟防火要求的空调、通风系统，其构造与防火调节阀基本相同，复位方式和风量调整方法与防火调节阀相同。区别在于除温度熔断器可使阀门瞬时严密关闭外，烟感电信号控制的电磁机构也可使阀门瞬时严密关闭，并同时输出连锁电信号。防烟防火调节阀的构造如图 3-31 所示。

5)**防火风口。**防火风口应用于有防火要求的通风、空调系统的送风口、回风口及排风口处。防火风口由铝合金的风口与防火阀组合而成，风口可调节气流方向，防火阀可在 0°～90°范围内调节通过风口的风量。发生火灾时阀门上的易熔片或易熔环受热而熔化，使阀门动作而关闭。

2. 常用的排烟阀

(1)**排烟阀。**排烟阀安装在排烟系统的风管上，平时阀的叶片关闭，火灾时烟感探头发出火警信号，使控制中心将排烟阀电磁铁的电源接通，叶片迅速打开，或人工手动迅速将叶片打开进行排烟。排烟阀的构造与排烟防火阀相同，其区别是排烟阀无温度传感器。

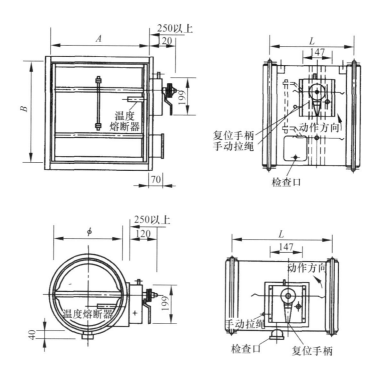

图 3-31　防烟防火调节阀

（2）排烟防火阀。 排烟防火阀安装的部位及叶片状态与排烟阀相同，其区别是它具有防火功能，当烟气温度达到 280 ℃时，可通过温度传感器或手动将叶片关闭。

（3）远控排烟阀。 远控排烟阀安装在排烟系统的风管上或排烟口处，平时关闭。火灾时烟感器发出火警信号，控制中心向远程控制器的电磁铁通电，使排烟阀开启，或手动将阀门开启和复位。

（4）远控排烟防火阀。 远控排烟防火阀的动作原理与远控排烟阀相同，区别在于它带温度传感器，具有防火功能，可手动将阀门开启或复位。

（5）板式排烟口。 板式排烟口安装在走道的顶板上或墙上和防烟室前，也可直接安装在排烟风管的末端，其动作方式与一般排烟阀相同。

（6）多叶排烟口。 多叶排烟口是排烟阀和排风口的组合体，一般安装在走道或防烟室前、无窗房间的排烟系统上，排风口安装在防烟前室内的侧墙上，其动作方式与一般排烟阀相同。

（7）远控多叶排烟口和远控多叶防火排烟口。 远控多叶排烟口和远控多叶防火排烟口的外形相同，区别为远控多叶排烟口无 280 ℃温度传感器，其动作方式与远控排烟阀和远控排烟防火阀相同，安装的位置与多叶排烟口相同。

（8）电动排烟防火阀。 电动排烟防火阀在阀门开启后可输出信号，当排烟管道空气温度达到 280 ℃时，阀门自动关闭，同时发出关闭信号。阀门可手动复位，也可通电复位。

3. 防排烟通风机

防排烟通风机可采用通用风机，也可采用防火排烟专用风机。常用的防火排烟专用风机有 HTF 系列、ZWF 系列、W-X 型等类型。烟温较低时可长时间运转，烟温较高时可连续运转一定时间，通常有两档以上的转速。

第三节 空气调节系统

一、空调系统的组成与分类

空气调节是对空气温度、湿度、空气流动速度及清洁度进行人工调节，以满足人体舒适和工艺生产要求。

1. 空调系统的组成

空调系统是指需要采用空调技术来实现的具有一定温度、湿度等参数要求的室内空间及所使用的各种设备的总称，通常由以下几部分组成。

(1) 工作区(又称为空调区)。 工作区通常是指距地面 2 m，离墙 0.5 m 的空间。在此空间内，应保持所要求的室内空气参数。

(2) 空气的输送和分配设施。 空气的输送和分配设施主要由输送和分配空气的送、回风机，送、回风管和送、回风口等设备组成。

(3) 空气的处理设备。 空气的处理设备由各种对空气进行加热、冷却、加湿、减湿和净化等处理的设备组成。

(4) 处理空气所需要的冷热源。 处理空气所需要的冷热源是指为空气处理提供冷量和热量的设备，如锅炉房、冷冻站、冷水机组等。

2. 空调系统的分类

按空气处理设备的设置情况，空调系统可分为以下三类：

(1) 集中式空调系统。 集中式空调系统的特点是系统中的所有空气处理设备，包括风机、冷却器、加热器、加湿器和过滤器等都设置在一个集中的空调机房里，空气经过集中处理后，再送往各个空调房间。

(2) 分散式空调系统(局部空调机组)。 分散式空调系统又称为局部空调系统。这种机组把冷、热源和空气处理、输送设备、控制设备等集中设置在一个箱体内，形成一个紧凑的空调机组。可以按照需要，灵活而分散地设置在空调房间内，因此，局部空调机组不需要集中的机房。如窗式和柜式空调机就属于这类系统。

(3) 半集中式空调系统。 一种是除了集中空调机房外，还设有分散在各个房间里的二次设备(又称为末端装置)，其中多半设有冷热交换装置(也称二次盘管)，它的功能主要是在空气进入被调房间之前，对来自集中处理设备的空气作进一步补充处理，进而承担一部分冷热负荷。另一种是集中设置冷源和热源，分散在各空调房间设置风机盘管。即冷热媒集中供给，新风是单独处理和供给。

二、空调房间气流分布形式

空调房间气流分布因通过空调房间选择的送、回风口的布置情况不同而有所不同。合理的房间气流组织是与合理地选用适合房间的射流方式、送风口的类型和布置、回风口的布置等因素密切联系的。其中，送风口的类型、布置和风速对空调房间气流分布的影响是十分重要的。

1. 送、回风口形式

(1)送风口的形式。按照所采用送风口的类型和布置方式的不同，空调房间的送风方式主要有以下几种：

1)侧向送风。侧向送风是空调房间中最常用的一种气流组织方式，具有结构简单、布置方便和节省投资等优点，适用于室温允许波动范围大于或等于±0.5 ℃的空调房间。侧向送风一般以贴附射流形式出现，工作区通常是回流区。

2)散流器送风。散流器是设置在顶棚上的一种送风口，具有诱导室内空气，并使之与送风射流迅速混合的特性。散流器送风可以分为平送和下送两种。

3)孔板送风。孔板送风是利用顶棚上面的空间作为稳压层，空气由送风管进入稳压层后，在静压作用下，通过顶棚上的大量小孔均匀地进入房间。

4)喷口送风。喷口送风是依靠喷口吹出的高速射流实现送风的方式。它常用于大型体育馆、礼堂、通用大厅以及高大厂房中。

5)条缝型送风。条缝型送风属于扁平射流，与喷口送风相比，射程较短，温差和速度衰减较快。它适用于工作区允许风速为0.25～1.5 m/s、温度波动范围为±(1～2) ℃的场所。

(2)回风口的形式。一般情况下，回风口对室内气流组织影响不大，加之回风气流无诱导性和方向性，因此，类型不多，安装数量也比送风口少。

2. 气流组织形式

(1)上送下回式。回风口设于房间下部，送风口设于房间侧墙上部或顶棚上，向室内横向或垂直向下的送风方式称为上送下回式气流组织形式。其在空调中应用最为普遍，工程中常见的布置方式如图3-32所示。

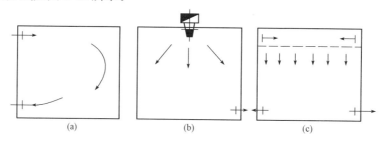

图3-32 上送下回式
(a)侧送侧回；(b)散流器送风；(c)孔板送风

(2)上送上回式。上送上回式是指将送风口和回风口均设在房间上部，气流从上部送出，进入空调后再从上部回风口排出。图3-33(a)为单侧上送上回式，送、回风管叠置在一起，明装在室内，气流从上部送出，经过工作区后回流向上进入回风管。如果房间进深较大，可采用双侧外送式[图3-33(b)]或双侧内送式[图3-33(c)]。这两种方式施工都较方便，但影响房间净空的使用。如果房间净高许可，还可设置吊顶，将管道暗装，如图3-33(d)所示。同时还可以采用图3-33(e)所示的送吸式散流器，这种布置较适用于有一定美观要求的民用建筑。

(3)中部送风式。中部送风方式在满足室内温、湿度要求的前提下，有明显的节能效果，但就竖向空间而言，存在着温度"分层"现象。其主要适用于高大空间，如需设空调的工业厂房等。

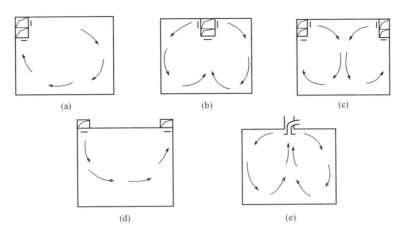

图 3-33 上送上回式

(a)单侧上送上回式；(b)双侧外送式；(c)双侧内送式；(d)管道暗装式；(e)送吸式散流器

对于某些高大空间，实际的空调区处在房间的下部，没有必要将整个空间作为控制调节的对象，因此，可采用中部送风的方式，如图 3-34 所示。

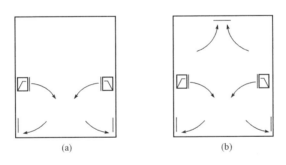

图 3-34 中部送风式

(a)中部送风、下部回风方式；(b)中部送风、下部回风加顶部排风方式

(4)下送方式。 下送方式使新鲜空气首先通过工作区，再由顶部排风，将房间余热不经工作区直接排走，这种方式有一定的节能效果，但地面容易积灰，影响室内空气的清洁度。图 3-35(a)所示为地面均匀送风、上部集中排风式。图 3-35(b)所示为送风口设于窗台下面垂直向上送风式，这样既可在工作区形成均匀的气流流动，又避免了送风口过于分散的缺点。

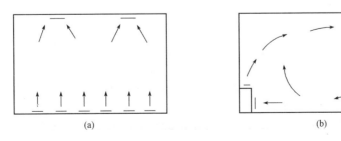

图 3-35 下送方式

(a)地面均匀送风、上部集中排风式；(b)送风口设于窗台下面垂直向上送风式

三、空气处理及处理设备

1. 喷水室

喷水室是空调系统中夏季对空气冷却除湿、冬季加湿的设备。它是通过水直接与被处理的空气接触来进行热湿交换，在喷水室中喷入不同温度的水，可以实现空气的加热、冷却、加湿和减湿等过程。用喷水室处理空气的主要优点是能够实现多种空气处理过程，冬季、夏季工况可以共用一套空气处理设备，具有一定的净化空气的能力，金属耗量小，容易加工制作；其缺点是对水质条件要求高，占地面积大，水系统复杂和耗电较多。在空调房间的温、湿度要求较高的场合，如纺织厂等工艺性空调系统中，得到了广泛的应用。

2. 表面式换热器

采用表面式换热器处理空气时，对空气进行热湿交换的工作介质不直接和空气接触，而是通过换热器的金属表面与空气进行热湿交换。在表面式加热器中通入热水或蒸汽，可以实现空气的等湿加热过程，通入冷水或制冷剂，可以实现空气等湿冷却和减湿冷却过程。

3. 电加热器

电加热器是让电流通过电阻丝发热来加热空气的设备。其具有结构紧凑、加热均匀、热量稳定、控制方便等优点。但由于电费较高，通常只在加热量较小的空调机组中采用。在恒温精度较高的空调系统里，常安装在空调房间的送风支管上，作为控制房间温度的调节加热器。

电加热器分为裸线式和管式两种。裸线式电加热器的构造如图 3-36 所示。它具有结构简单、热惰性小、加热迅速等优点。但由于电阻丝容易烧断，安全性差，使用时必须有可靠的接地装置。为方便检修，常做成抽屉式的。

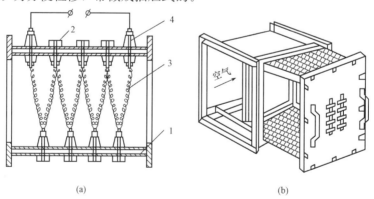

(a)   (b)

图 3-36　裸线式电加热器

（a)裸线式电加热器；（b)抽屉式电加热器

1—接线端子；2—瓷绝缘子；3—电阻丝；4—紧固装置

管式电加热器的构造如图 3-37 所示。它是把电阻丝装在特制的金属套管内，套管中填充有导热性好但不导电的材料，这种电加热器的优点是加热均匀、热量稳定、经久耐用、使用安全性好，但它的热惰性大，构造也比较复杂。

4. 加湿器

加湿器是用于对空气进行加湿处理的设备，常用的有干式蒸汽加湿器和电加湿器两种类型。

（1）干式蒸汽加湿器。干式蒸汽加湿器是在喷管外围加设了蒸汽保温外套，更完善的蒸汽加湿器还设置了加湿器套筒，用于干燥蒸汽。干式蒸汽加湿器的构造如图 3-38 所示。蒸汽由热源首先进入喷管外套，喷管的外壁因此受

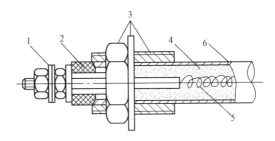

图 3-37 管式电加热器

1—钢板；2—隔热层；3—金属套管；

4—瓷绝缘子；5—绝缘材料；6—电阻丝

热保温；然后蒸汽由导流板进入加湿器套筒内，沿途产生的凝结水经疏水器排出；剩余的干燥蒸汽依次进入导流箱、导流管、内筒体和加湿器喷管中，由于喷管外壁具有较高的温度，管内不会产生凝结水，避免了普通蒸汽喷管加湿器存在的弊端，改善了加湿效果。

（2）电加湿器。电加湿器是利用电能产生蒸汽，并将蒸汽直接送入空气中与之混合。根据工作原理的不同，电加湿器分为电极式和电热式两种类型。电极式加湿器的构造如图 3-39 所示。它是将三根金属棒作为电极直接插入水容器中，接通电源后，以水作为电阻容器中的水被加热变为蒸汽，从蒸汽出口流出通到需加湿的空气中去。电极式加湿器结构紧凑，产生的蒸汽量可以用水位高度来控制，但是耗电量大，电极上易积水垢和易腐蚀，多用于小型空调系统中。电热式加湿器是将管状电热元件置于水容器中而制成的，元件通电加热，水受热蒸发产生蒸汽，蒸发损失掉的水量由浮球阀自动控制补水。

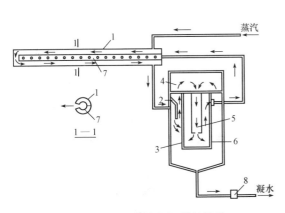

图 3-38 干式蒸汽加湿器的构造

1—喷管外套；2—导流板；3—加湿器套筒；4—导流箱；

5—导流管；6—加湿器内筒体；7—加湿器喷管；8—疏水器

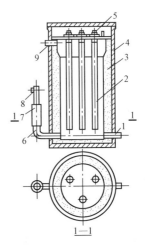

图 3-39 电极式加湿器的构造

1—进水管；2—电极；3—保温层；

4—外壳；5—接线柱；6—溢水管；

7—橡皮短管；8—溢水嘴；9—蒸汽出口

第四节 通风空调工程施工图

一、通风空调工程施工图的组成

通风空调工程施工图是设计意图的体现，是进行安装工程施工的依据，也是编制施工图预算的重要依据。

通风空调工程施工图由基本图、详图及文字说明等组成。基本图包括系统原理图、平面图、立面图、剖面图及系统轴测图。详图包括部件的加工制作和安装的节点图、大样图及标准图，如采用国家标准图、省（市）或设计部门标准图及参照其他工程的标准图，在图纸目录中应附有说明，以便查阅。文字说明包括有关的设计参数和施工方法及施工的质量要求。

在编制施工图预算时，不但要熟悉施工图样，而且要阅读施工技术说明和设备材料表，因为许多工程内容在图上不易标示，而是在说明中加以交代的。

暖通空调制图标准

1. 设计说明

设计说明中应包括以下内容：

（1）工程性质、规模、服务对象及系统工作原理。

（2）通风空调系统的工作方式，系列划分和组成，系统总送风量、排风量和各风口的送风量、排风量。

（3）通风空调系统的设计参数。如室外气象参数、室内温湿度、室内含尘浓度、换气次数以及空气状态参数等。

（4）施工质量要求和特殊的施工方法。

（5）保温、油漆等的施工要求。

2. 系统原理方框图

系统原理方框图是综合性的示意图如图3-40所示。它将空气处理设备、通风管路、冷热源管路、自动调节及检测系统联结成一个整体，构成一个整体的通风空调系统。它表达了系统的工作原理及各环节的有机联系。这种图样一般在通风空调工程中不绘制，只是在比

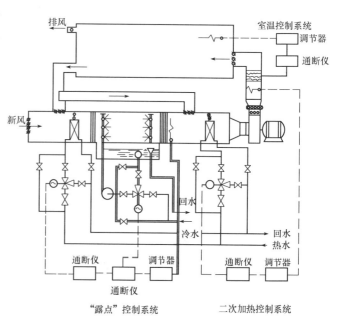

图 3-40 空调系统原理图

较复杂的通风空调工程中才绘制。

3. 系统平面图

在通风空调系统中，平面图上表明风管、部件及设备在建筑物内的平面坐标位置（图 3-41），包括：

（1）风管、送风口、回（排）风口、风量调节阀、测孔等部件和设备的平面位置、与建筑物墙面的距离及各部位尺寸。

（2）送风口、回（排）风口的空气流动方向。

（3）通风空调设备的外形轮廓、规格型号及平面坐标位置。

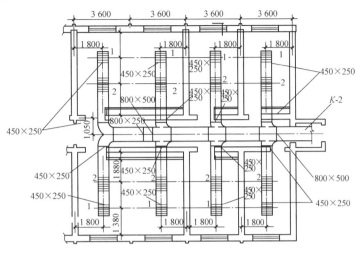

图 3-41　空调系统平面图

4. 系统剖面图

剖面图上标明通风管路及设备在建筑物中的垂直位置、相互之间的关系、标高及尺寸。在剖面图上可以看出风机、风管及部件、风帽的安装高度，如图 3-42 所示。

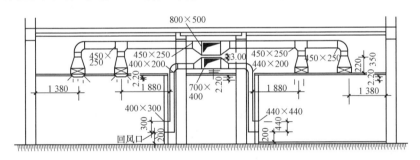

图 3-42　空调系统剖面图

5. 系统轴测图

系统轴测图又叫作透视图。通风空调系统管路纵横交错，在平面图和剖面图上难以表达管线的空间走向，采用轴测投影绘制出管路系统单线条的立体图，可以完整而形象地将风管、部件及附属设备之间相对位置的空间关系表示出来。系统轴测图上还注明风管、部件及附属设备的标高，各段风管的断面尺寸，送风口、回（排）风口的形式和风量值等。图 3-43 所示为空调系统轴测图。

6. 详图

详图又称大样图，包括制作加工详图和安装详图。 如果是国家通用标准图，则只标明图号，不再将图画出，需用时直接查标准图即可。如果没有标准图，就必须画出大样图，以便加工、制作和安装。通风空调详图表明风管、部件及设备制作和安装的具体形式、方法和详细构造及加工尺寸。对于一般性的通风空调工程，通常都使用国家标准图册，只是

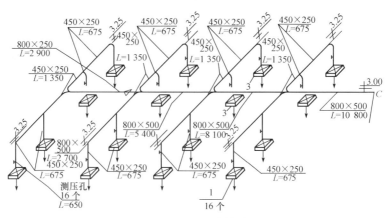

图 3-43　空调系统轴测图

对于一些有特殊要求的工程，则由设计部门根据工程的特殊情况设计施工详图。

二、通风空调工程施工图的识读

识读通风空调工程施工图，应首先了解并掌握与图样有关的图例符号所代表的含义。施工图中风管系统和水管系统（包括冷冻水、冷却水系统）具有相对独立性，因此，看图时应将风管系统与水管系统分开阅读，然后再综合阅读；风管系统和水管系统都有一定的流动方向，有各自的回路，可从冷水机组或空调设备开始阅读，直至经过完整的环路又回到起点。具体识读步骤如下：

（1）阅读图样目录。根据图样目录了解工程图样的总体情况，包括图样的名称、编号及数量等情况。

（2）阅读设计说明。通过阅读设计说明可充分了解设计参数、设备种类、系统的划分、选材、工程的特点及施工要求等，这是施工图中很重要的内容，也是首先要看的内容。

（3）确定并阅读有代表性的图样。根据图样编号找出有代表性的图样，如总平面图、空调系统平面布置图、冷冻机房平面图、空调机房平面图。识图时先从平面图开始，然后再看其他辅助性图样（如剖面图、系统轴测图和详图等）。

（4）查阅辅助性图样。如设备、管道及配件的标高等，要根据平面图上的提示找出相关辅助性图样进行对照阅读。

识读通风空调工程施工图时要把平面图、剖面图和系统轴测图互相对照查阅，这样有利于读懂图样。

三、通风空调工程施工图识读实例

从图 3-44 和图 3-45 可知，本空调工程采用两台风冷式冷水机组并联运行，安装在室外的一个平台上，冷水管 L1 为供水管，L2 为回水管。进入每台冷水机组的供回水管道为 $DN70$，系统供回水主管为 $DN125$，在供回水管之间装有一个压差控制器，以便调节供回水的压力差。供回水主管进入地下室后沿梁底敷设，敷设至男更衣卫生间处分出一条支管供应地下室空调末端设备，主管继续向前走至球车坡道处向上引向一层。

由图 3-45 可以看出，从主管引出的供应地下室末端设备的支管管径为 $DN70$，管道沿梁底敷设，安装高度为 2.75 m。由于冷冻水在楼层中采用同程式，故供、回水干管中的水流方向相同(顺流)，经过每一环路的管路总长度相等，供水管道管径沿水流方向逐渐变小，而回水管沿水流方向逐渐变大。新风机的供回水管管径均为 DN40，凝结水管为 DN25，风机盘管的供回水管及凝结水管管径为 DN20。每台新风机冷冻水供、回水管道上各装 DN40 的橡胶接头和截止阀一个。每台风机盘管的冷冻水供水管上各装 DN20 的波纹管接头和截止阀一个，回水管上装有波纹管接头和电动二通阀和截止阀各一个。房间内设温控器和三速开关，以便调节室温。

图 3-46 所示的空调通风系统平面图，采用的是新风机加风机盘管的空气处理方式。新风通过新风口从室外引入，在新风机内降温处理后通过新风管送入空调房间，进入每个房间的新风支管上安装有一钢制蝶阀，以便调整新风的分配。风机盘管将室内空气处理后通过送风管以及风管上的方形散流器送入房间内，回风从风机盘管的回风箱进入。卫生间内的废气通过排风扇直接排至室外。另外，在风管上还装有消声静压箱和防火阀等。消声静压箱用于消除噪声，防火阀用于发生火灾时切断新风，起隔烟阻火作用。

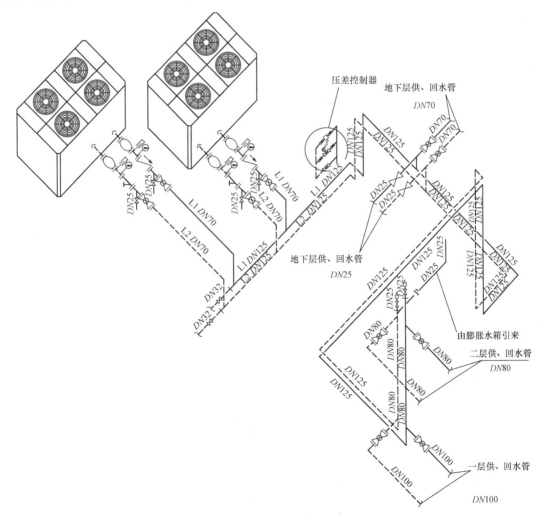

图 3-44　某空调水系统图

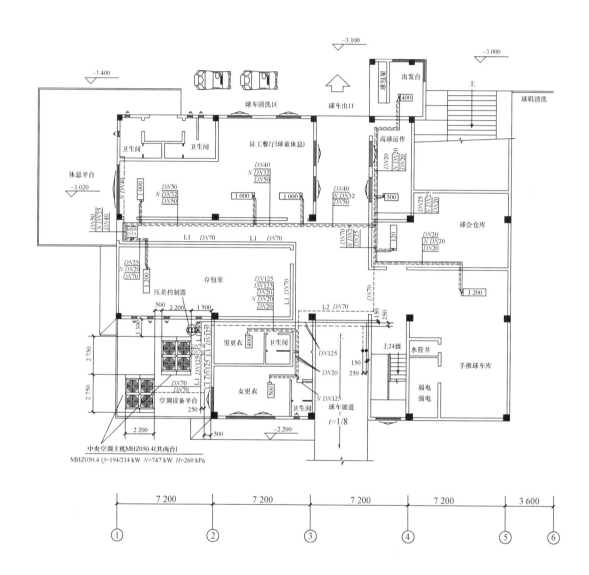

注：(1)接风机盘管的冷冻水供水管、回水管、冷凝水管管径均为$DN20$；新接风机的冷凝水管管径为$DN25$。

(2)每台风机盘管的冷冻水供水管装$DN20$的波纹管接头和截止阀各一个；回水管装$DN20$的波纹管接头和电动二通阀、截止阀各一个。

(3)每台新风机的冷冻水供水管、回水管装$DN40$的橡胶接头和截止阀各一个。

(4)冷凝水水平干管的坡度不小于0.008，支管坡度不小于0.02。

(5)本图中供水管、回水管主管中标高为$B+2.550$ m；支管中标高为$B+2.750$ m。

(6)B为本层楼面标高。

图 3-45 某空调水系统平面图

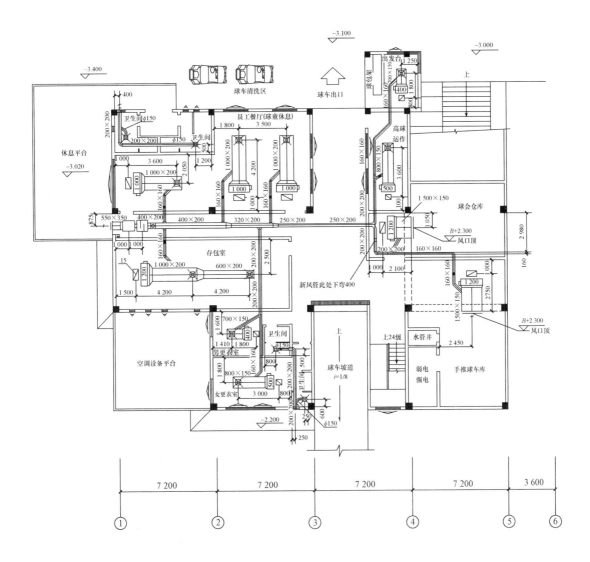

注：(1)本图中空调新风机和静压箱底的底标高为$B+2.850$ m；新风风管均为顶平安装，管顶标高均为$B+2.850$ m。

(2)本图中风机盘管顶标高为$B+2.850$ m；风机盘管风管均为顶平，管顶标高均为$B+2.850$ m。

(3)B为本层楼面标高。

(4)每台M CW1200M1回风增加一个1 700 mm×500 mm×300 mm(H)的回风箱。

(5)每台M CW1000M1回风增加一个1 500 mm×500 mm×300 mm(H)的回风箱。

(6)每台M CW500 M1回风增加一个1 000 mm×500 mm×300 mm(H)的回风箱。

(7)每台M CW100 M1回风增加一个900 mm×500 mm×300 mm(H)的回风箱。

图 3-46 某空调通风系统平面图

第五节　通风空调工程施工工艺

一、通风空调管道的安装

风管的安装应与土建专业及其他相关工艺设备专业的施工配合进行：

（1）一般送排风系统和空调系统的安装，需在建筑物的顶面完成，安装部位的障碍物已基本清理干净的条件下进行。

（2）空气洁净系统的安装，需在建筑内部有关部位的地面干净、墙面已抹灰、室内无大面积扬灰的条件下进行。

在安装前应对到货的设备和加工成品进行如下检查：

1）加工成品的出厂合格证有清单；

2）风管配件有无损失、遗失，各种阀门、风口等部件的调节装置、开关是否灵活，保温层、油漆层是否损伤；

风管安装工艺流程

3）金属空调器、除尘器、热交换器、消声器、静压箱、风机盘管、诱导器和通风机等设备的技术文件是否齐全，核对型号、外形尺寸、性能标注等是否与设计要求一致。可动部分是否灵活，接口法兰是否平整，内、外部有无锈蚀、开焊、松动、破损等现象。

安装前应对施工现场进行如下检查：

1）预留孔洞、支架、设备基础的位置、方向及尺寸是否正确；

2）安装场地是否清理干净，安全无碍，安装机具是否齐备；

3）本系统的安装同其他专业工程（如给水排水、电气照明等）的管线有无相碰之处。

安装工作开始前，还需要进行现场测绘，测绘安装简图。

现场测绘师根据设计，在安装地点进行管路和设备器具的实际位置测绘、距离尺寸及角度，安装简图是以施工图中的平立图、系统图为依据，结合现场具体条件，画出通风系统的单线图，标出安装距离及各部尺寸。

风管及部件安装工艺流程如图 3-47 所示。

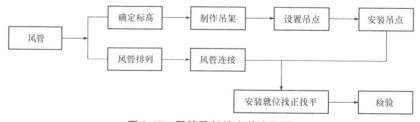

图 3-47　风管及部件安装流程图

1. 风管支架制作安装

风管一般都是沿屋内楼板，靠墙或柱子敷设的，有的是主管设在技术夹层内。它需要各种形式的支架将风管固定支撑在一定空间位置，**风管支架一般用角钢、扁钢和槽钢制作而成，其形式有吊架、托架和立管卡子等，**如图 3-48 所示。

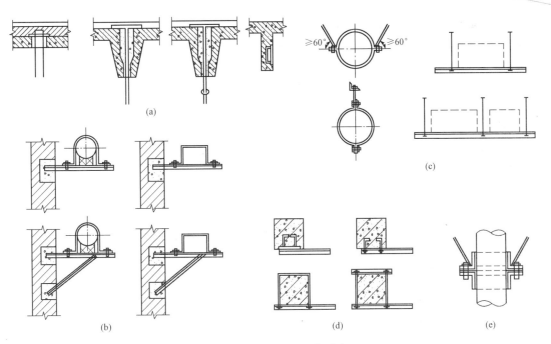

图 3-48　风管支架构成型式

(a)钢筋混凝土楼板、大梁；(b)墙上托架；(c)吊架；(d)柱上托架；(e)立风管卡子

若设计无专门要求，风管支架安装可按照下列要求设置：

(1)水平不保温风管安装要求。风管直径或大边长小于 400 m，间距不超过 4 m；400～1 000 mm 的风管支架间距不超过 3 m；大于 1 000 mm 的风管支架间距不超过 2 m。

(2)垂直不保温风管安装要求。风管直径或大边长小于 400 m，间距不超过 4 m；400～1 000 mm 的风管支架间距不超过 3.5 m；大于 1 000 mm 的风管支架间距不超过 2 m。每根立管固定件不少于 2 个，塑料风管支架间距不大于 3 m。

(3)保温风管支架间距由设计规定，或按不保温风管支架间距乘以 0.85 的系数。

(4)风管转弯处两端应设支架。支架可根据风管的质量及现场情况选用扁钢、角钢、槽钢制作，吊筋用 φ10 的圆钢，具体可按设计要求或参照标准图集制作。吊托支架制作完毕，应除锈、刷油后安装。

支架不能设置在风口、阀门、检查孔及自控机构处，也不得直接吊在法兰上。离风口或插接板的距离不宜小于 200 mm。当水平悬吊的主、干管长度超过 20 m 时，应设置防止摆动的固定点，每个系统不少于 2 个。安装在托架上的圆风管应设置圆弧木托座和抱箍，外径与管道外径一致。矩形保温风管支架宜设在保温层外部，并不得损伤保温层。铝板风管钢支架应进行镀锌防腐处理。不锈钢风管的钢支架应按设计要求喷刷涂料，并在支架与风管之间垫非金属块。

2. 风管连接

风管的连接长度应根据风管的壁厚、法兰与风管的连接方法、安装的结构部位和吊装方法等因素依据施工方案决定。为了安装方便，在条件允许的情况下，尽量在地面上进行连接，一般可接至 10～12 m 长。

（1）风管排列有法兰连接。 按设计要求确定装填垫料后，把两个法兰先对正，穿上几个螺栓并戴上螺母，暂时不要紧固。然后，用尖头圆钢塞进穿不上螺栓的螺孔中，把两个螺孔撬正，直到所有螺栓都穿上后，再把螺栓拧紧。为了避免螺栓滑扣，紧固螺栓时应按十字形交叉，对称、均匀地拧紧。连接好的风管应以两端法兰为准，拉线检查风管连接是否平直，并注意以下问题：

1）法兰如有破损（开焊、变形等），应及时进行更换，修理。

2）连接法兰的螺母应在同一侧。

3）不锈钢风管法兰连接的螺栓，宜用同材质的不锈钢制成，如用普通碳素钢标准件，应按设计要求喷涂涂料。

4）铝板风管法兰连接应采用镀锌螺栓，并在法兰两侧垫镀锌垫圈。

5）聚氯乙烯风管法兰连接，应采用镀锌螺栓或增强尼龙螺栓，螺栓与法兰接触处应加镀锌垫圈。

（2）风管排列无法兰连接。 风管采用无法兰连接时，接口处应严密、牢固，矩形风管四角必须有定位及密封措施，风管连接的两平面应平直，不得错位和扭曲。螺旋风管一般采用无法兰连接。

1）抱箍式连接： 将每一管段的两端轧制成鼓筋，并使其一端缩为小口。安装时按气流方向把小口插入大口，外面用钢制抱箍将两个管端的鼓筋抱紧连接，最后用螺栓穿在耳环中固定拧紧，做法如图3-49（a）所示。

2）插接式连接： 主要用于矩形或圆形风管连接。首先制作连接管，然后插入两侧风管，再用自攻螺栓或拉铆钉将其紧密固定，如图3-49（b）所示。

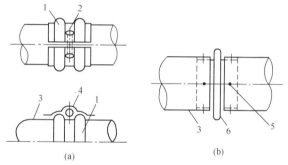

图3-49　无法兰连接形式

（a）抱箍式连接；（b）插接式连接

1—外抱箍；2—连接螺栓；3—风管；

4—耳环；5—自攻螺栓；6—内接管

3）插条式连接： 主要用于矩形风管连接。将不同形式的插条插入风管两端，然后压实。其形状和接管方法如图3-50所示。

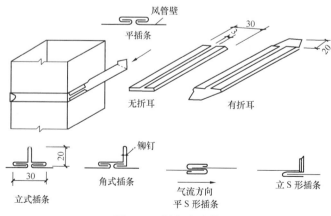

图3-50　插条式连接

4)软管式连接：主要用于风管与部件(如散流器、静压箱侧送风口等)的相连。安装时，软管两端套在连接的管外，然后用特制软卡把软管箍紧。

3. 风管的加固

对于管径较大的风管，为了使其断面不变形，同时减少由于管壁振动而产生的噪声，需要对管壁加固。金属板材圆形风管(不包括螺旋风管)直径大于 800 mm，且其管段长度大于 1 250 mm 或总表面积大于 4 m² 时均需加固；矩形不保温风管当其边长大于等于630 mm，保温风管边长大于等于 800 mm、管段法兰间距大于 1 250 mm 时，应采取加固措施；非规则椭圆风管加固方法参照矩形风管。当硬聚氯乙烯风管的管径或边长大于 500 mm 时，其风管与法兰的连接处设加强板，且间距不得大于 450 mm；当玻璃风管边长大于900 mm，且管段长度大于 1 250 mm 时，应采取加固措施。风管加固可采用以下几种方法，如图 3-51 所示。

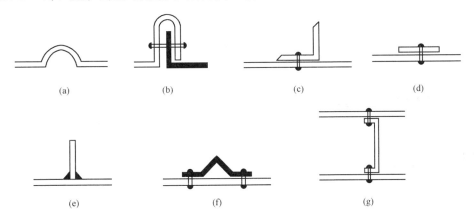

图 3-51　法兰盘与风管的连接

(a)楞筋；(b)主筋；(c)角钢加固；(d)扁钢平加固；(e)角钢立加固；(f)加固筋；(g)管内支撑

4. 风管安装要求

(1)风管穿墙、楼板一般要预埋管或防护套管，钢套管板材厚度不小于 1.6 mm，至少高出楼面 20 mm，套管内径应以能穿过风管法兰及保温层为准。需要封闭的防火、防爆墙体或楼板套管内，应用不燃且对人体无害的柔性材料封堵。

(2)钢板风管安装完毕后需除锈、刷漆，若为保温风管，只刷防锈漆，不刷面漆。

(3)风管穿屋面应做防雨罩，具体做法如图 3-52 所示。

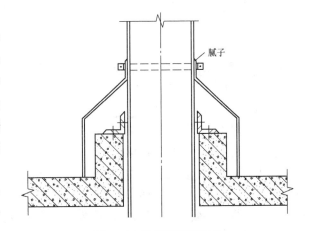

图 3-52　风管穿屋面做法

(4)当风管穿出屋面高度超过 1.5 m 时，应设拉索。拉索用镀锌钢丝制成，并不少于 3 根。拉索不应落在避雷针或避雷网上。

(5)当聚氯乙烯风管直管段连续长度大于 20 m 时，应按设计要求设置伸缩节。

二、通风空调系统设备安装

1. 风机安装

（1）轴流式通风机在墙上安装。如图 3-53 所示，支架的位置和标高应符合设计图纸的要求。支架应用水平尺找平，支架的螺栓孔要与通风机底座的螺孔一致，底座下应垫 3～5 mm 厚的橡胶板，以避免刚性接触。

（2）轴流式通风机在墙洞内或风管内安装。墙的厚度应为 240 mm 或 240 mm 以上。土建施工时应及时配合留好孔洞，并预埋好挡板的固定件和轴流式风机支座的预埋件。其安装方法如图 3-54 所示。

风机安装工艺流程

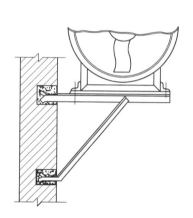

图 3-53　墙上安装轴流式通风机示意

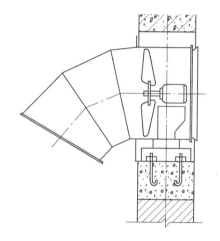

图 3-54　墙洞内安装轴流式通风机示意

（3）轴流式通风机在钢窗上安装。在需要安装通风机的窗上，首先应用厚度为 2 mm 的钢板封闭窗口，钢板应在安装前打好与通风机框架上相同的螺孔，并开好与通风机直径相同的洞，洞内安装通风机(图 3-55)，洞外安装铝质活络百叶格，通风机关闭时叶片向下挡住室外气流进入室内；通风机开启时，叶片被通风机吹起，排出气流。有遮光要求时，在洞内安装带有遮光百叶的排风口。

（4）大型轴流式通风机组装间隙允差。大型轴流式通风机组装，叶轮与机壳的间隙应均匀分布，并符合设备技术文件要求。叶轮与进风外壳的间隙允差见表 3-3。

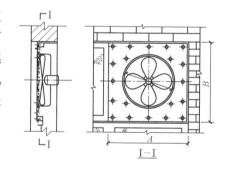

图 3-55　钢窗上安装轴流式通风机示意

表 3-3　叶轮与进风外壳的间隙允差　　　　　　　　　　　　mm

叶轮直径	≤600	>600～1 200	>1 200～2 000	>2 000～3 000	>3 000～5 000	>5 000～8 000	>8 000
对应两侧半径间隙之差不应超过	0.5	1	1.5	2	3.5	5	6.5

2. 除尘器安装

除尘器安装时需要用支架或其他结构物来固定。支架按除尘器的类型、安装位置不同，可分为墙上、柱上、支座上和支架上安装四类。

（1）在砖墙上安装。在砖墙上安装支架一般为根据墙壁所能承受力的情况来确定，墙厚240 mm 及其以上方能设支架，安装支架的形式如图 3-56 所示。支架应平整牢固，待水泥达到规定的强度后方可安装除尘器。

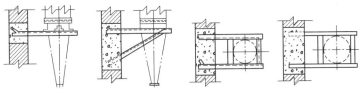

图 3-56　墙上安装支架

（2）在混凝土柱及钢柱上安装。一般用抱箍或长螺栓把型钢紧固在柱上，如图 3-57 所示。在钢柱上固定，应按设计要求采用焊接或螺栓连接。

（3）在砖砌支座上安装。在建筑结构[如平台、楼板等处（包括储尘室）]上安装，均应在除尘器固定部位设置预埋件（或预埋圈），预埋件上的螺孔位置和直径应与除尘器一致，并在预埋前加工好，如图 3-58 所示。砖砌结构支座及除灰门等的缝隙应严密。

（4）在支架上安装。这类支架一般用于安装在室外的除尘器，支架的设置应便于泄水、泄灰和清理杂物。支架的底脚下面常设有砖砌或混凝土浇筑的基础，支架应用地脚螺栓固定在基础上。中、小型除尘器可整体安装，大型除尘器可分段组装。

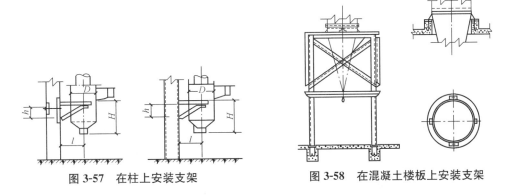

图 3-57　在柱上安装支架　　　　图 3-58　在混凝土楼板上安装支架

3. 空气过滤器安装

粗效过滤器按使用滤料的不同有聚氨酯泡沫塑料过滤器、无纺布过滤器、金属网格浸油过滤器、自动浸油过滤器等。安装时应考虑便于拆卸和更换滤料，并使过滤器与框架、框架与空调器之间保持严密。金属网格浸油过滤器用于一般通风、空调系统，常采用 LWP 型过滤器。自动浸油过滤器只用于一般通风、空调系统，不能在空气洁净系统中采用，以防止将油雾（灰尘）带入系统中。自动卷绕式过滤器是用化纤卷材为过滤滤料，以过滤器前后压差为传感信号进行自动控制更换滤料的空气过滤设备，常用于空调和空气洁净系统。

中效过滤器的安装方法与粗效过滤器相同，一般安装在空调器内或特制的过滤器箱内。安装时应严密，并便于拆卸和更换。

高效过滤器是用超细玻璃棉纤维纸或超细石棉纤维纸，过滤粗、中效过滤器不能过滤的，且含量最多为 1 μm 以下的亚微米级微粒来保持洁净房间的洁净要求。

为保证过滤器的过滤效率和洁净系统的洁净效果，高效过滤器安装必须符合下列规定：

(1)按出厂标志竖向搬运和存放，防止剧烈振动和碰撞。

(2)安装前必须检查过滤器的质量，确认无损坏的才能安装。

(3)安装时若发现安装用的过滤器框架尺寸不对或不平整，为了保证连接严密，只能修改框架，使其符合安装要求。不得修改过滤器，更不能因为框架不平整而强行连接，致使过滤器的木框损裂。

(4)过滤器的框架之间必须做密封处理，一般采用闭孔海绵橡胶板或氯丁橡胶板密封垫，有的不用密封垫，而采用硅橡胶涂抹密封。密封垫料厚度为 6～8 mm，定位粘贴在过滤器边框上，安装后的压缩率应大于 50％。密封垫的拼接方法采用榫形或梯形。若用硅橡胶密封，涂抹前应先清除过滤器和框架上的粉尘，再饱满均匀地涂抹硅橡胶。

另外，高效过滤器的保护网(扩散板)在安装前应擦拭干净。

(5)高效过滤器的安装条件：洁净空调系统必须全部安装完毕，调试合格，并运转一段时间，吹净系统内的浮尘。洁净室房间须全面清扫后才能安装。

(6)对空气洁净度有严格要求的空调系统，在送风口前常用高效过滤器来消除空气中的微尘。为了延长使用寿命，高效过滤器一般都与低效和中效(中效过滤器是一种填充纤维滤料的过滤器，其滤料一般为直径≤18 μm 的玻璃纤维)过滤器串联使用。

(7)高效过滤器密封垫漏风是造成过滤总效率下降的主要原因之一。密封效果的好坏与密封垫材料的种类、表面状况、断面大小、拼接方式、安装的好坏程度、框架端面加工精度和表面粗糙度等都有密切关系。试验资料证明，带有表皮的海绵密封垫的泄漏量比无表皮的海绵密封垫的泄漏量大很多。

4. 风机盘管、诱导器安装

(1)风机盘管机组的组成。**风机盘管机组由箱体、出风格栅、吸声材料、循环风口及过滤器、前向多翼离心风机或轴流风机、冷却加热两用换热盘管、单相电容调速低噪声电机、控制器和凝水盘等组成。**

机组一般可分为立式和卧式两种形式，可按要求在接地面上立装或悬吊安装，同时根据室内装修的需要采用明装或暗装。通过自耦变压器调节电机输入电压，以改变风机转速，变换成高、中、低三档风量。

(2)风机盘管机组安装。风机盘管机组安装时，应符合下列规定：

1)在安装前应检查每台电动机壳体及表面交换器有无损伤、锈蚀等缺陷。

2)应对每台盘管机组和诱导器进行通电试验检查，机械部分不得有摩擦，电气部分不得漏电。

3)应逐台进行水压试验，试验强度应为工作压力的 1.5 倍，定压后观察 2～3 min 不渗不漏。

4)卧式吊装风机盘管，吊架安装平整牢固，位置正确。吊杆不应自由摆动，吊杆与托盘相连处应用双螺母紧固，找平、找正。

5)暗装卧式风机盘管应由支架、吊架固定，并使其便于拆卸和维修。

6)水管与风机盘管连接宜采用软管，接管应平直，严禁渗漏。目前应用较多的是金属软管(包括软铜管)和非金属软管。橡胶软管只能用于管压较低并且是单冷工况的场合。紧固螺栓时应注意不要用力过大，同时要用双套工具二人对称用力，以防损坏设备。凝结水管宜选用透明塑料管，并用卡子卡住设备凝水盘一端，另一端应插入 DN20 的凝结水支管，进入量应大于 5 cm，要找好坡度，凝结水应畅通地流到指定位置，凝水盘应无积水现象。或者设紫铜管接头，以免接管时损坏盘管，同时也便于维修。

7）风机盘管与风管、回风室及风口连接处应严密。

8）排水坡度应正确，凝结水应畅通地流到指定位置。

9）风机盘管同冷热媒管道应在管道清洗排污后连接，以免堵塞热交换器。

（3）诱导器安装。

1）诱导器安装前必须逐台检查质量，检查项目如下：

①各连接部分出现不能松动、变形和产生破裂等情况；喷嘴不能脱落、堵塞。

②静压箱封头处缝隙密封材料，不能有裂痕和脱落；一次风调节阀必须灵活可靠，并调到全开位置。

2）按设计要求的型号就位安装，并注意喷嘴型号。

3）诱导器与一次风管连接处要密闭，防止漏风。

4）暗装卧式诱导器应由支架、吊架固定，并便于拆卸和维修。

5）诱导器水管接头方向和回风面朝向符合设计要求。立式双面回风诱导器，应将靠墙一面留 50 mm 以上的空间，以利回风；卧式双面回风诱导器，要保证靠楼板一面留有足够的空间。

6）诱导器的出风口或回风口的百叶格栅有效通风面积不能小于 80%。凝结水盘要有足够的排水坡度，保证排水畅通。

7）冷热媒水管与风机盘管、诱导器连接宜采用钢管或紫铜管，接管应平直。紧固时应用扳手卡住六方接头，以防损坏铜管。凝结水管宜软性连接，软管长度不大于 300 mm，材质宜用透明胶管，并用喉箍紧固，严禁渗漏，坡度应正确，凝结水应畅通地流到指定位置，水盘应无积水现象。

5. 装配式洁净室安装

（1）安装规定。

1）洁净室的顶板和壁板（包括夹芯材料）应为不燃材料。

2）洁净室的地面应干燥、平整，平整度允许偏差为 1/1 000。

3）壁板的构配件和辅助材料的开箱，应在清洁的室内进行，安装前应严格检查其规格和质量。壁板应垂直安装，底部宜采用圆弧或钝角交接；安装后的壁板之间、壁板与顶板间的拼缝，应平整严密，墙板的垂直允许偏差为 2/1 000，顶板水平度的允许偏差与每个单间的几何尺寸的允许偏差均为 2/1 000。

4）洁净室吊顶在受荷载后应保持平直，压条全部紧贴。洁净室壁板若为上、下槽形板，其接头应平整、严密；组装完毕的洁净室所有拼接缝，包括与建筑的接缝，均应采取密封措施，做到不脱落，密封良好。

（2）安装要点。

1）装配式洁净室的安装，应在装饰工程完成后的室内进行。室内空间必须清洁、无积尘，并在施工安装过程中对零部件和场地随时清扫、擦净。

2）施工安装时，应首先进行吊挂、锚固件等与主体结构和楼面、地面的连接件的固定。

3)壁板安装前必须严格放线，墙角应垂直交接，防止累积误差造成壁板倾斜扭曲，壁板的垂直度偏差不应大于 0.2%。

4)吊顶应从房间宽度方向起拱，使吊顶在受荷载后的使用过程中保持平整。吊顶周边应与墙体交接严密。

5)需要粘贴面层的材料、嵌填密封胶的表面和沟槽，必须严格清扫和清洗，除去杂质和油污，确保粘贴密实，防止脱落和积灰。

6)装配式洁净室的安装缝隙，必须用密封胶密封。

6. 通风阀部件及消声器制作安装

(1)阀门制作安装。阀门制作按照国家标准图集进行，并按照《通风与空调工程施工质量验收规范》(GB 50243—2016)的要求进行验收。阀门与管道间的连接方式与管道的连接方式一样，主要是法兰连接。通风与空调工程中常用的阀门有以下几种：

1)调节阀。如对开多叶调节阀、蝶阀、防火调节阀、三通调节阀、插板阀等；插板阀安装阀板必须为向上拉启；水平安装阀板还应顺气流方向插入。

2)防火阀。防火阀是通风空调系统中的安全装置，用于防止火灾沿通风管道蔓延的阀门。制作时，阀体板厚不应小于 2 mm，防火分区两侧的防火阀，距墙体表面不应大于 200 mm。防火阀应设置单独的支架，以防风管在高温下变形影响阀门的功能。防火阀易熔金属片应设置于迎风面一侧，另外，防火阀安装有垂直安装和水平安装之分，有左右之分，安装时应注意其方向。防火阀安装完毕后应做漏风试验。风管防火阀如图 3-59 所示。

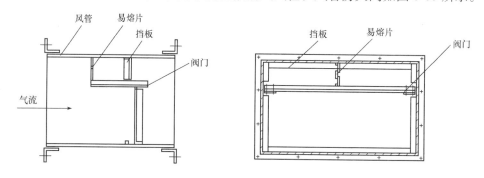

图 3-59　风管防火阀

3)单向阀。单向阀防止风机停止运转后气流倒流。单向阀安装具有方向性。

4)圆形瓣式启动阀及旁通阀。圆形瓣式启动阀及旁通阀为离心式风机启动用阀。

(2)风口安装。通风空调系统中风口设置于系统末端，安装在墙上或顶棚上，与管道间用法兰连接，空调用风口多为成品，常用的有百叶风口、格栅风口、条缝式风口、散流器等。风口安装应保证具有一定的垂直度和水平度，风口表面平整，调节灵活。净化系统风口与建筑结构接缝处应加设密封垫料或密封胶。

(3)软管接头安装。软管接头一般设置在风管与风机进出口连接处以及空调器与送风、回风管道连接处，用于减小噪声在风管中的传递。在一般通风空调系统中，软管接头用厚帆布制作，输送腐蚀性介质时也可采用耐酸橡胶板或 0.8～1.0 聚氯乙烯塑料板制成，洁净系统多用人造革制作。柔性软管接头的长度一般为 150～300 mm，用法兰与风管和风机等连接，如图 3-60 所示。

当系统风管跨越建筑物沉降缝时，也应设置软管接头，其长度可根据沉降缝的宽度适当加长且不超过 100 mm。

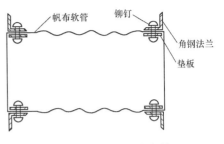

图 3-60　软管接头安装

（4）消声器安装。消声器内部装设吸声材料，用于消除管道中的噪声。消声器常设置于风机进、出风管上以及产生噪声的其他空调设备处。消声器可按相关的国家标准图集现场加工制作，也可购买成品，常用的有管式消声器、片式消声器、微穿孔板式消声器、复合阻抗式消声器、折板式消声器以及消声弯头等。消声器一般单独设置支架，以便拆卸和更换。普通空调系统消声器可不采取保温措施，但对于恒温恒湿系统，要求较高时，消声器外壳应与风管一样采取保温措施。

三、通风空调系统的检测及调试

在通风与空调工程安装完成后，需要对施工后的通风空调系统进行检测及调试。通过检测及调试，一方面可以发现系统设计、施工质量和设备性能等方面的问题，另一方面也为通风空调系统经济合理地运行积累资料。通过测定找出原因并提出解决方案。

通风空调系统安装完毕后，按照《通风与空调工程施工质量验收规范》（GB 50243—2016）的规定应对系统中风管、部件及配件进行测定和调整，简称为调试。系统调试包括设备单机试运转及调整、系统无负荷联合试运转的测定与调整。无负荷联合试运转的测定与调整包括：通风机风量、风压和转数的测定，系统与风口风量的平衡，制冷系统压力、温度的测定等，这些技术数据应符合有关技术文件的规定；空调系统带冷、热源的正常联合试运转等。

四、通风与空调系统验收

1. 提交资料

施工单位在进行无负荷试运转合格后，应向建设单位提交以下资料：

（1）设计修改的证明文件、变更图和竣工图。

（2）主要材料、设备仪表、部件的出厂合格证或检验资料。

（3）隐蔽工程验收记录。

（4）分部分项工程质量评定记录。

（5）制冷系统试验记录。

（6）空调系统无负荷联合试运转记录。

2. 竣工验收

由建设单位组织，由质量监督部门及安全、消防等部门逐项验收，待验收合格后，将工程正式移交给建设单位管理使用。

通风与空调工程
施工质量验收规范

本章小结

通风是为改善生产和生活条件，采用自然或机械的方法，对某一空间进行换气，以形成安全、卫生等适宜空气环境的技术。空气调节是实现对某一房间或空间内的温度、识读、洁净度和空气流速等进行调节和控制，并提供足够量的新鲜空气的方法。本章重点介绍了通风空调工程施工图的识读和施工工艺。

思考与练习

一、填空题

1. 建筑通风中，将从室内排除污浊的空气称为_____，把向室内补充新鲜的空气称为_____。

2. 全面通风可分为_____、_____和_____三大类。

3. _____是一种由上向下送风的送风口，通常都安装在送风管道的端部明装或暗装于顶棚上。

4. _____是为通风系统中的空气流动提供动力的机械设备。

5. 对于建筑高度超过_____的新建、扩建和改建的高层民用建筑及与其相连的_____，都应进行防火设计。

6. _____是空调系统中夏季对空气冷却除湿、冬季加湿的设备。

7. 加湿器是用于对空气进行加湿处理的设备，常用的有_____和_____两种类型。

8. 通风空调管道风管的连接长度应根据_____、_____、_____和_____等因素依据施工方案决定。

二、选择题

1. 一类高层建筑和建筑高度超过 32 m 的二类高层建筑的(　　)部位不需要设置防烟排火设施。

   A. 长度超过 20 m 的内走道

   B. 面积超过 50 m²，且经常有人停留或可燃物较多的房间

   C. 高层建筑的中庭和经常有人停留或可燃物较多的地下室

   D. 防烟楼梯间及前室，消防电梯前室

2. 按空气处理设备的设置情况，空调系统的分类不包括(　　)。

   A. 集中式空调系统　　　　　　　　B. 分散式空调系统

   C. 半集中式空调系统　　　　　　　D. 区域式空调系统

3. 空调房间气流组织形式不包括(　　)。

   A. 上送下回式　　　B. 上送上回式　　　C. 中部送风式　　　D. 下送下回式

三、简答题

1. 什么是通风工程？根据空气流动的动力不同，通风方式可分为哪两种？

2. 什么是风机？风机分为哪两类？

3. 高层建筑防火排烟的形式有哪些？

4. 通风空调管道风管安装要求有哪些？

5. 如何进行通风空调系统的检测及调试？

第四章 建筑变配电工程施工图识读与安装

知识目标

1. 了解电力系统的概念、电力负荷分级及供电要求。
2. 熟悉低压配电系统的接电方式、电线电缆的选择，熟悉低压电器设备。
3. 掌握变配电工程图的组成及识图。
4. 掌握低压配电线路的敷设、变压器安装、低压电器安装及变配电系统调试。

能力目标

1. 能够识读变配电工程的施工图。
2. 能够安装建筑变配电工程系统。

第一节 建筑变配电系统

一、电力系统的概念

电力是工农业生产、国防及民用建筑中的主要动力，在现代社会中得到了广泛的应用。对于从事建筑工程的技术人员，了解如何安全可靠地获得电力资源，合理、经济地利用国家的电力资源是十分必要的。

为了提高供电的安全性、可靠性、连续性、运行的经济性，并提高设备的利用率，减少整个地区的总备用电容量，常将发电厂、电力网和电力用户连成一个整体，这样组成的统一整体，称为电力系统，如图 4-1 所示。

1. 发电厂

发电厂是将一次能源(如水力、火力、风力、原子能等)转换成二次能源(电能)的场所。我国目前主要以火力和水力发电为主。

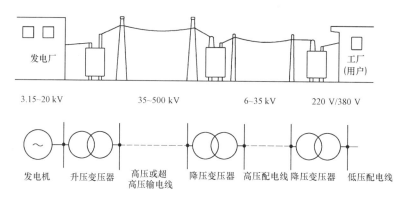

图 4-1　电力系统

2. 电力网

电力网是电力系统的主要组成部分，它包括变电所、配电所及各种电压等级的电力线路。

变电所是接受电能、变换电压和分配电能的场所，可分为升压变电所和降压变电所两大类。配电所不具有电压变换能力。

电力线路是输送电能的通道。由于发电厂与电力用户相距较远，所以要用各种不同电压等级的电力线路将发电厂、变电所与电力用户联系起来，使电能输送到用户。一般将发电厂生产的电能直接分配给用户或由降压变电所分配给用户的 10 kV 及以下的电力线路称为配电线路，而把电压在 35 kV 及以上的高压电力线路称为送电线路。

3. 电力用户

电力用户也称电力负荷。在电力系统中，一切消费电能的用电设备均称为电力用户。

二、电力负荷分级及供电要求

在电力系统上的用电设备所消耗的功率称为用电负荷或电力负荷。根据电力负荷对供电可靠性的要求及中断供电在政治、经济上所造成的损失或影响的程度，分为以下三级。

电力负荷分类

1. 一级负荷

中断供电将造成人身伤亡，造成重大政治影响和经济损失，或将造成公共场所秩序严重混乱的电力负荷，属于一级负荷。如国家级的大会堂、国际候机厅、医院手术室、省级以上体育场（馆）等建筑的电力负荷。

对于一级负荷，要求有两个电源供电，一用一备，当一个电源发生故障时，另一个电源应不致同时受到损坏。一级负荷中的特别重要负荷，除上述两个电源外，还必须增设应急电源。为保证对特别重要负荷的供电，禁止将其他负荷接入应急供电系统。

常用的应急电源有独立于正常电源的发电机组、供电网络中有效地独立于正常电源的专门馈电线路、蓄电池。

提示： 对于某些特等建筑，如重要的交通枢纽、重要的通信枢纽、国宾馆、国家级和承担重大国事活动的会堂、国家级大型体育中心，以及经常用于重要国际活动的大量人员集中的公共场所等的一级负荷，均为特别重要负荷。

2. 二级负荷

二级负荷是指那些中断供电后将造成国民经济较大损失，损坏生产设备，产品大量减产，生产较长时间才能恢复，以及影响交通枢纽、通信设施等正常工作，造成大、中城市，重要公共场所(如大型体育馆、大型影剧院等)的秩序混乱的电能用户。

对于二级负荷，要求采用两个电源供电，一用一备，两个电源应做到当发生电力变压器故障或线路常见故障时，不至于中断供电(或中断供电后能迅速恢复)。在负荷较小或地区供电条件困难时，二级负荷可由一路 6 kV 及以上的专用架空线供电。

3. 三级负荷

凡不属于一级和二级负荷的一般电力负荷均为三级负荷。

三级负荷对供电无特殊要求，一般都为单回线路供电，但在可能情况下也应尽量提高供电的可靠性。

三、低压配电线路

低压配电线路是把降压变电所降至 380/220 V 的低压，输送和分配给各低压用电设备的线路。如室内照明供电线路的电压，除特殊需要外，通常采用 380/220 V、50 Hz 三相四线制供电，即由市电网的用户配电变压器的低压侧引出三根相(火)线和一根零线。相线与相线之间的电压为 380 V，可供动力负载使用；相线与零线之间的电压为 220 V，可供照明负载使用。

1. 低压配电系统的接电方式

低压配电系统的接电方式有多种，应根据具体情况选择使用，常用的有下面几种形式：

(1)树干式系统。树干式系统如图 4-2(a)所示，从供电点引出的每条配电线路连接几个用电设备或配电箱。

树干式配电系统比放射式系统线路的总长度短，可以节约有色金属，比较经济；供电点的回路数量较少，配电设备也相应减少；配电线路安装费用也相应减少。

缺点是干线发生故障时，影响的范围大，供电可靠性较差，导线的截面面积较大。这种配电方式在用电设备较少，且供电线路较长时采用。或用于用电设备的布置比较均匀、容量不大、又无特殊要求的场合。

(2)放射式系统。放射式系统是线路与配电箱(盘)一一对应，如图 4-2(b)所示，其特点是配电线路故障互不影响，供电可靠性高，配电设备集中，检修比较方便，其缺点是系统灵活性差，导线消耗量较多。

这种配电方式经常用于用电设备容量较大、负荷集中或重要的用电设备；需要集中联锁启动、停车的设备；以及有腐蚀介质和爆炸危险等不宜将配电及保护设备放在现场的场所。

(3)变压器-干线式系统。变压器-干线式系统如图 4-2(d)所示，其特点是除具有树干式系统的优点外，接线更简单，能大量减少低压配电设备。为了提高母干线的供电可靠性，应当减少接出的分支回路数，一般不宜超过 10 个。对于频繁启动、容量较大的冲击负荷，以及对电压质量要求严格的用电设备，不宜采用此方式供电。

(4)链式系统。链式系统如图 4-2(e)所示，它除具有与树干式相似的特点外，这种供电形式适用于设备距配电柜较远而彼此相距又较近的、不重要的、容量较小的用电设备，保持干线线径不变，这种方式连接的用电设备组在 5 台以下，总容量不超过 10 kW。连接照明配电箱宜为 3~4 个。

(5)混合式系统。混合式系统如图 4-2(c)所示，它具有放射式与树干式系统的共同特点。这种供电方式适用于用电设备多或配电箱多，容量又比较小，用电设备分布比较均匀的场合。

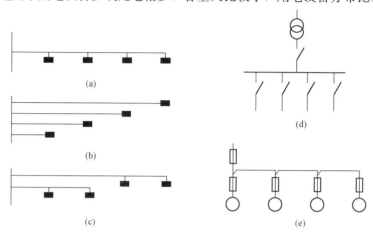

图 4-2　低压配电系统的基本形式示意
(a)树干式；(b)放射式；(c)混合式；(d)变压器-干线式；(e)链式

2. 电线电缆的选择

用作电线电缆的导电材料，通常有铜和铝两种。铜材的导电率高，载流量相同时，铝线芯截面约为铜的 1.5 倍。采用铜线芯损耗比较低，铜材的机械性能优于铝材，延展性好，便于加工和安装，抗疲劳强度约为铝材的 1.7 倍。但铝材密度小，在电阻值相同时，铝线芯的质量仅为铜的一半，铝线、缆明显较轻。

导体材料应根据负荷性质、环境条件、市场货源等实际情况选择铜芯或铝芯。

(1)普通电缆选择。

1)聚氯乙烯(PVC)绝缘电线、电缆。

①聚氯乙烯绝缘及护套电力电缆有 1 kV 及 6 kV 两级，线芯长期允许工作温度 70 ℃，短路热稳定允许温度：在 300 mm² 以下截面为 160 ℃，300 mm² 及以上截面为 140 ℃。

②没有敷设高差限制，质量轻，弯曲性能好。

③耐油、耐酸碱腐蚀，不延燃。

④具有内铠装结构，使钢带或钢丝免受腐蚀。

⑤价格便宜。

聚氯乙烯(PVC)绝缘电线、电缆已经在很大范围内代替了油浸纸绝缘电缆、滴干绝缘和不滴流浸渍纸绝缘电缆。但其绝缘电阻较油浸纸绝缘电缆低，介质损耗高，因此，6 kV 的较重要回路电缆，不宜用聚氯乙烯绝缘型。

聚氯乙烯对气候适应性能差，低温时变硬发脆。普通型聚氯乙烯绝缘电缆的适应温度范围为＋60 ℃～－15 ℃。在其他场合时，宜选用耐寒型或耐热型等特种聚氯乙烯电线或电缆。普通聚氯乙烯虽然有一定的阻燃性能，但在燃烧时释放有毒烟气，故对于需满足在一旦着火燃烧时的低烟、低毒要求的场合，如地下商业区、高层建筑和特别重要公共设施等人流较密集场所，或者重要性高的厂房，不宜采用聚氯乙烯绝缘或者护套类电线、电缆，而应采用低烟、低卤或无卤的阻燃电线电缆。

2)交联聚乙烯(XLPE)绝缘电线、电缆。

普通的交联聚乙烯材料不含卤素，不具备阻燃性能，燃烧时不会产生大量毒气及烟雾，用它制造的电线、电缆称为"清洁电线、电缆"。

①线芯长期允许工作温度 90 ℃，短路热稳定允许温度 250 ℃。

②6～35 kV 交联聚乙烯绝缘护套电力电缆，介质损耗低，性能优良，结构简单，制造方便，外径小，质量轻，载流量大，不受高差限制，耐腐蚀，做终端和中间接头较简便而被广泛采用。

③由于交联聚乙烯材料质量轻，1 kV 的电缆价格与聚氯乙烯绝缘电缆相差有限，故低压交联聚乙烯电缆有较好的市场前景。

3)橡皮绝缘电力电缆。

①线芯长期允许工作温度 60 ℃，短路热稳定允许温度 200 ℃。

②橡皮绝缘电缆弯曲性能较好，能够在严寒气候下敷设，特别适应于水平高差大和垂直敷设的场合。它不仅适用于固定敷设的线路，也可用于定期移动的固定敷设线路。移动式电气设备的供电回路应采用橡皮绝缘橡皮护套软电缆。

③普通橡胶遇到油类及其化合物时，很快就被损坏，因此在可能经常被油浸泡的场所，宜使用耐油型橡胶护套电缆。

④普通橡胶耐热性能差，允许运行温度较低，故对于高温环境又有柔软性要求的回路，不宜采用。

4)阻燃电缆。阻燃电缆是指在规定实验条件下燃烧，具有使火焰蔓延仅在限定范围内，撤去火源后残焰和残灼能在限定的时间内自行熄灭的电缆。阻燃电缆分为 A、B、C、D 四级。阻燃电缆的性能主要用氧指数和发烟性能两项指标来评价。

5)耐火电线、电缆。耐火电缆按耐火特性分成 A 类和 B 类两种；按绝缘材质可分成有机型和无机型两种。

耐火电线、电缆主要用于火灾时仍需保证正常运行的线路，如工业及民用建筑的消防系统、应急照明系统、救生系统、报警及重要的监测回路。其常用于以下几种情况：

①消防泵、喷淋泵、消防电梯的供电线路及控制线路；

②防火卷帘门、电动防火门、排烟系统风机、排烟阀的供电控制线路；

③消防报警系统的手动报警线路，消防广播及电话线路；

④高层建筑或机场、地铁等重要设施中的安保闭路电视线路；

⑤集中供电的应急照明线路，控制及保护电源线路；

⑥大、中型变配电所重要的继电保护线路及操作保护线路；

⑦计算机监控线路。

四、低压电器设备

(一)变压器

变压器是根据电磁感应原理，将某一种电压、电流的交流电能转换成另一种电压、电流的交流电能的静止电气设备。

变压器的类型有以下几种：

（1）按变压器的用途分：电力变压器、调压变压器、仪用变压器。

（2）按变压器的绕组数量分：单绕组变压器、双绕组变压器、三绕组变压器、多绕组变压器。

（3）按变压器的相数分：单相变压器、三相变压器、多相变压器。

（4）按变压器的冷却方式分：油浸式变压器、环氧树脂浇注型干式变压器、充气变压器。

变压器工作原理

（5）变压器的型号的表示及含义如图 4-3 所示。

| 相数 | 变压器特征 | — | 设计序号 | 额定容量(kV·A) | 高压绕组电压等级(kV) |

图 4-3　变压器的型号的表示及含义

例如，S7-560/10 表示油浸自冷式三相铜绕组变压器，额定容量为 560 kV·A，高压侧额定电压为 10 kV。变压器型号标准代号参见表 4-1。

表 4-1　变压器型号标准

名称	相数及代号	特征	特征代号
单相变压器	单相 D	油浸自冷	—
		油浸风冷	F
		油浸风冷、三线圈	FS
		风冷、强迫油循环	FP
三相变压器	三相 S	油浸自冷铜绕组	—
		有载调压	Z
		铅绕组	L
		油浸风冷	F
		树脂浇注干式	C
		油浸风冷、有载调压	FZ
		油浸风冷、三绕组	FS
		油浸风冷、三绕组、有载调压	FSZ
		油浸风冷、强迫油循环	FP
		风冷、三绕组、强迫油循环	FPS
三相电力变压器	三相 S	水冷、强迫油循环	SP
		油浸风冷、铝绕组	FL

（二）开关

1. 低压刀开关

低压刀开关按其结构形式分为单投（HD）刀开关和双投（HS）刀开关；按其极数可分为单极刀开关、双极刀开关和三极刀开关；按其操作机构可分为中央手柄式刀开关、中央杠杆操作式刀开关；按其灭弧结构可分为带灭弧罩的刀开关和不带灭弧罩的刀开关。图 4-4 所示为带灭弧罩的正面操作的 HD13 型低压刀开关。

低压刀开关主要用于交流额定电压 380 V、直流额定电压 440 V、额定电流 1 500 A 及以下的装置中。对装有灭弧罩或者在动触刀上有辅助速断触刀的隔离刀开关，可作为不频繁手动接通和分断不大于其额定电流的电路。普通的隔离刀开关不可以带负荷操作，它和低压断路器配合使用时，低压断路器切断电路后才能操作刀开关。另外，低压刀开关还可用于隔离电源，形成明显的绝缘断开点，以保证检修人员的安全。

2. 负荷开关

（1）开启式负荷开关。HK 系列开启式负荷开关又称胶壳瓷底闸刀开关，其外形和结构如图 4-5 所示。HK 系列开启式负荷开关有双极和三极两种，主要作为一般照明、电动机等回路的控制开关用。三极开关适当降低容量后，可作为小型交流电动机的手动不频繁操作的直接启动及分断用。它与相应的熔丝配合，还具有短路保护作用。

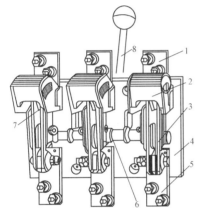

图 4-4　HD13 型低压刀开关

1—上接线端子；2—灭弧罩；

3—闸刀；4—底座；5—下接线端子；

6—主轴；7—静触头；8—操作手柄

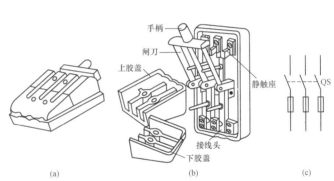

图 4-5　胶壳瓷底闸刀开关

(a)外形；(b)结构；(c)图形符号

（2）封闭式负荷开关。HH 系列封闭式负荷开关又称铁壳开关，其外形与结构如图 4-6 所示。封闭式负荷开关通常用来控制和保护各种用电设备和线路装置。交流 380 V、60 A 及以下等级的封闭式负荷开关，还可用于 15 kW 以下交流电动机的不频繁接通和分断。

3. 熔断式刀开关

熔断式刀开关又称刀熔开关，是以熔断体或带有熔断体的载熔件作为动触点的一种隔离开关。其结构精密，可代替分列的刀开关和熔断器，通常装于开关柜及电力配电箱内，常用型号有 HR3、HR5、HR6、HR11。

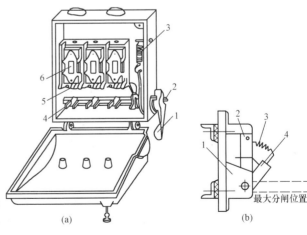

图 4-6　铁壳开关

(a)外形结构；(b)速断装置

1—手柄；2—转轴；3—速断弹簧；

4—闸刀；5—夹座；6—熔断器

(三)低压断路器

低压断路器(自动空气开关)是一种功能比较完善的低压控制开关。它能在正常工作时带负荷通断电路,又能在电路发生短路、严重过负荷以及电源电压太低或失压时自动切断电源,有效地保护串接其后的电气设备及线路,还可在远方控制跳闸。

低压断路器具有操作安全、动作值可调整、分断能力较强等特点,兼有多种保护功能。当发生短路故障后,故障排除一般不需要更换部件,因此,在自动控制中得到广泛应用。

低压断路器分为万能式断路器和塑料外壳式断路器两大类。

(1)万能式断路器。 万能式断路器所有部件都装在一个绝缘的金属框架内,常为开启式。万能式断路器可分为选择式和非选择式两类。选择式断路器的短延时一般为 $0.1\sim0.6$ s。我国万能式断路器主要有 DW15、DW16、DW17(ME)、DW(45)等系列。

(2)塑料外壳式断路器。 塑料外壳式断路器除接线端子外,触点、灭弧室、脱扣器和操动机构都装于一个塑料外壳中,适用于配电支路负荷端开关或电动机保护用开关,大多数为手动操作,额定电流较大的(200 A 以上)也可附带电动机构操作,多用于照明电路和民用建筑内电气设备的配电和保护。目前,我国塑料外壳式断路器主要有 DZ20、CM1、TM30 等系列。

低压断路器的型号含义如图 4-7 所示。例如,DW10-600/3S 表示万能式自动开关,系列编号为 10,额定电流为 600 A,三极瞬时脱扣;DZ10-600/334 表示装置式自动开关,系列编号为 10,额定电流为 600 A,三极复式脱扣。

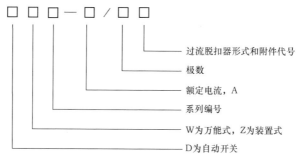

图 4-7 低压断路器的型号含义

低压断路器的选择包括额定电压、壳架等级额定电流(指最大的脱扣器额定电流)的选择,脱扣器额定电流(指脱扣器允许长期通过的电流)的选择以及脱扣器额定电流(指脱扣器不动作时的最大电流)的确定。低压断路器的一般选用原则如下:

(1)断路器额定电压大于或等于线路额定电压。

(2)断路器欠压脱扣器额定电压等于线路额定电压。

(3)断路器分励脱扣器额定电压等于控制电源电压。

(4)断路器壳架等级的额定电流大于或等于线路计算负荷电流。

(5)断路器脱扣器额定电流大于或等于线路计算电流。

(6)断路器的额定短路通断能力大于或等于线路中最大短路电流。

(7)线路末端单相对地短路电流大于或等于 1.5 倍断路器瞬时(或短路时)脱扣器额定电流。

(8)断路器的类型应符合安装条件、保护性能及操作方式的要求。

(四)低压熔断器

熔断器是一种最简单且有效的保护电器。把熔断器串联在电路中，当电路或电气设备发生短路故障时，有很大的短路电流通过熔断器，使熔断器的熔体迅速熔断，切断电源，起到保护线路及电气设备的作用。它具有结构简单、价格低廉、使用和维护方便、体积小、质量轻、应用广泛等特点。

熔断器主要由熔体和安装熔体的熔管(或熔座)两部分组成。熔体是熔断器的主体，一般用电阻率较高的易熔合金制成，如铅锡合金、铅锑合金等。熔管是熔体的保护外壳，在熔体熔断时还起灭弧作用。

熔断器的选择要合理，只有正确选择熔断器，才能起到应有的保护作用。

1. 熔体额定电流的选择

熔体额定电流的选择要根据不同情况而定，具体如下：

(1)对电炉、照明等阻性负荷的短路保护，熔体的额定电流应稍大于或等于负荷的额定电流。

(2)对单台电动机负荷的短路保护，熔体的额定电流 I_{RN} 应大于或等于1.5～2.5倍电动机额定电流 I_N，即

$$I_{RN} \geqslant (1.5 \sim 2.5) I_N$$

(3)对多台电动机负荷的短路保护，熔体的额定电流 I_{RN} 应大于或等于其中最大容量的一台电动机的额定电流 $I_{N_{max}}$ 的1.5～2.5倍，加上其余电动机额定电流的总和，即

$$I_{RN} \geqslant (1.5 \sim 2.5) I_{N_{max}} + \sum I_N$$

在电动机功率较大而实际负荷较小时，熔体额定电流可适当选小些，以启动时熔丝不熔断为准。

2. 熔断器的选择

选择熔断器的原则是：

(1)熔断器的额定电压必须大于或等于线路的工作电压。

(2)熔断器的额定电流必须大于或等于所装熔体的额定电流。

(五)接触器

接触器是通过电磁机构，频繁地远距离自动接通和分断主电路或控制大容量电路的操作控制器。其主要控制对象为电动机，也可用于控制其他电力负荷，如电热器、照明设备、电焊机等。其具有操作方便安全、动作速度快、灭弧性能好等特点，在自动控制中得到广泛应用。根据主触头通过电流的种类，接触器可分为交流接触器和直流接触器，其中使用较多的是交流接触器。

交流接触器的选用原则如下：

(1)选择接触器的类型。根据负荷电流的性质来选择接触器的类型，交流负荷应选用交流接触器，直流负荷应选用直流接触器。

(2)触头的额定电压和主触头的额定电流的选择。触头的额定电压应大于或等于所控制电路的工作电压。主触头的额定电流应大于负荷电流。

(3)电磁线圈额定电压的选择。当线路简单或使用电器较少时，可直接选用380 V 或220 V电压；如线路复杂，就可选用36 V、110 V电压。

(六)继电器

继电器是一种传递信号的电器，用来接通和分断控制电路。继电器的输入信号可以是电流、电压等电量，也可以是温度、时间、速度、压力等非电量，而输出则都是触头的动作。继电器的动作迅速、反应灵敏，是自动控制用的基本元件之一。

继电器种类很多，有时间继电器、速度继电器、电流继电器和中间继电器等。继电器在电路中构成自动控制和保护系统。

(七)低压配电屏

低压配电屏适用于额定电压为 500 V 及以下，额定电流为 1 500 A 及以下，安装高度不超过海拔 1 000 m，周围介质温度为户内—20 ℃～40 ℃，户外—40 ℃～40 ℃，相对湿度不超过 85％，没有导电尘埃及足以腐蚀金属和破坏绝缘的气体场所，没有爆炸危险的场所，没有剧烈振动、颠簸及垂直倾斜度不超过 5°的场所。低压配电屏在三相交流系统中作为低压配电室动力及照明配电之用，有**离墙式、靠墙式及抽屉式**三种类型。

(1)离墙式低压配电屏。离墙式低压配电屏可以双面进行维护，所以检修方便，广受欢迎。但不宜将其安装在有导电尘埃、腐蚀金属和破坏绝缘的气体场所，也不宜安装在有爆炸危险的场所。

(2)靠墙式低压配电屏。靠墙式低压配电屏维修不方便，只适用于场地较小的地方，型号有 BDL-12 型等。

(3)抽屉式低压配电屏。抽屉式低压配电屏的主要设备均装在抽屉或手车上，通过备用抽屉或手车可立即更换故障的回路单元，保证迅速供电。型号有 BFC-1 型、BFC-2 型及 BFC-15 型等。

低压配电屏装有刀开关、熔断器、自动开关、交流接触器、电流互感器、电压互感器等，根据需要可组成各种系统。图 4-8 所示为 BSL-10 型低压配电屏，由于采用新型元件，增加屏内回路，采用条架结构，安装电气元件灵活紧凑，通用性强，有取代 BSL-1 型、BSL-4 型、BSL-5 型、BSL-6 型等配电屏的趋势。BSL-10 型低压配电屏有开启式和保护式两种。

配电屏的基本结构由薄钢板和角钢焊接而成，屏面分为 3～4 段：仪表面板，上、下操作面板及门等。上操作面板供安装刀开关、手柄及控制按钮用，下操作面

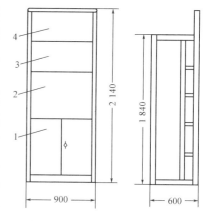

图 4-8　BSL-10 型低压配电屏

1—门；2—下操作面板；
3—上操作面板；4—仪表面板

板供安装 DW 型自动开关和组合开关的操作手柄及信号灯之用。主母线平装于顶部，接零母线及接地螺栓装在屏的下部。

(八)低压配电箱

配电箱是动力系统和照明系统的配电与供电中心，凡是建筑物内所有用电的地方，均需安装合适的配电箱。用电负荷较小的建筑物内只设一个配电箱就可以满足要求。用电负荷大或建筑面积大的建筑物，则应设置总配电箱与分配电箱。

通常，标准配电箱内的仪表、开关等元器件都是由制造厂提供的，现场只需进行检查和调试。调试合格，就可根据现场条件选择适当方式进行安装。配电箱的安装方式主要有墙上安装、支架上安装、柱上安装、嵌墙式安装和落地式安装等。

(九)低压配电柜

低压配电柜是按一定的接线方案将低压开关电器组合起来的一种低压成套配电装置，用在 500 V 以下的供配电系统中，做动力和照明配电之用。**低压配电柜按维护的方式，分为单面维护式和双面维护式两种。**单面维护式基本上靠墙安装(实际离墙 0.5 m 左右)，维护检修一般都在前面。双面维护式是离墙安装，柜后留有维护通道，可在前、后两面进行维修。低压配电柜的型号含义如图 4-9 所示。

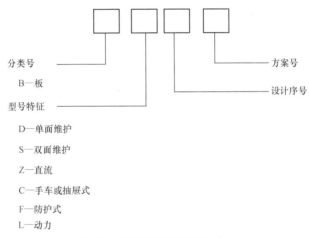

分类号
B—板
型号特征
D—单面维护
S—双面维护
Z—直流
C—手车或抽屉式
F—防护式
L—动力
方案号
设计序号

图 4-9　低压配电柜的型号含义

五、变配电所

变配电所是用来安装和布置高压开关柜、变压器和低压配电柜的专用房间，担负着从电力系统受电，经变压器变压，然后向负载配电的任务。变配电所一般由高压开关室、变压器室和低压配电室三部分组成。在民用建筑中，高压进线一般为 6~10 kV。故民用建筑的变配电所属于 6~10 kV 的变配电所。

(一)变配电所的主要形式与布置

1. 变配电所的形式

根据本身结构及相互位置的不同，变配电所可分为不同的形式。

(1)建筑物内变配电所。它位于建筑物内部，可深入负荷中心，减少配电导线、电缆，但防火要求高。高层建筑的变配电所一般位于地下室，不宜设在地下室的最底层。

(2)建筑物外附式变配电所。它附设在建筑物外，不占用建筑的面积，但建筑处理较复杂。

(3)独立式变配电站。它独立于建筑物之外，一般向分散的建筑供电及用于有爆炸和火灾危险的场所。独立变配电所最好设置成单层。当采用双层布置时，变电室应设在底层，设于二层的配电装置应有调运设备的吊装孔或平台。各室之间及各室内均应合理布置，布置应紧凑、合理，便于设备的操作、巡视、管理、维护、检修和试验，并应考虑增容的可能性。

(4)箱式变配电所。 箱式变配电所又称组合式变配电所，是由厂家将高压设备、变压器和低压设备按一定的接线方案成套制造，并整体设置在一起。它的优点是占地面积较小，可以深入负荷中心，安装速度快，省去了土建和设备的安装。

2. 变配电所的设置

变配电所位置的选择，应根据下列要求综合考虑确定：

(1)接近负荷中心；

(2)接近电源侧；

(3)进出线方便；

(4)运输设备方便；

(5)不应设在有剧烈振动或高温的场所；

(6)不宜设在多尘、雾或有腐蚀性气体的场所；当无法远离时，不应设在污染源盛行风向的下风侧；

(7)不应设在厕所、浴室或其他经常积水场所的正下方，且不宜与上述场所相贴邻；

(8)不应设在有爆炸危险环境的正上方或正下方，且不宜设在有火灾危险环境的正上方或正下方；当与有爆炸或火灾危险环境的建筑物相毗连时，应符合现行国家关于爆炸和火灾危险环境电力装置设计规范的规定。

当建筑物的高度超过 100 m 时，也可在高层区的避难层或技术层内设置变配电所。一般情况下，低压供电半径不宜超过 250 m。

(二)高压开关室

高压开关室的结构形式，主要取决于高压开关柜的形式、尺寸和数量，同时要求充分考虑运行维护的安全和方便，留有足够的操作维护通道，但占地面积不宜过大，建筑费用不宜过高。高压开关室的耐火等级不应低于二级。

手车式高压开关柜的平面布置如图 4-10 所示，高压开关室在设置时对相关专业的主要要求如下：

(1)门应为向外开的防火门，应能满足设备搬运和人员出入要求。

(2)条件具备时宜设固定的自然采光窗，窗外应加钢丝网或采用夹丝玻璃，防止雨、雪和小动物进入，窗台距离室外地坪宜不小于 1.8 m。

(3)需要设置可开启的采光窗时，应采用百叶窗内加钢丝网(网孔不大 10 mm×10 mm)，防止雨、雪和小动物进入。

(4)一般为水泥地面，应采用高强度等级水泥抹平压光。

(5)在寒冷地区，当室内温度影响电气设备和元件正常运行时，应有供暖措施。

(6)平面设计时，宜留有适当数量的开关柜的备用位置。

(7)高压开关柜底应做电缆沟，尺寸根据开关柜尺寸确定。

(三)变压器室

供电系统中采用的三相电力变压器，主要有油浸式电力变压器和干式电力变压器。目前，在民用建筑的变电所中广泛采用 SC 干式电力变压器，与油浸式电力变压器相比，具有体积小、质轻、防潮、安装容易和运输方便等优点。

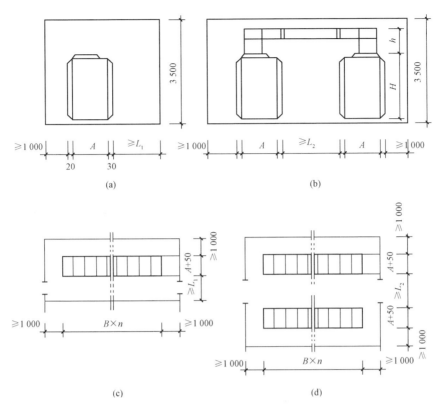

(a) (b)

(c) (d)

图 4-10 手车式高压开关柜的布置

(a)单列；(b)双列；(c)、(d)平面布置

n—列开关的台数

变压器室的平面布置如图 4-11 所示，变压器室在设置时对相关专业的主要要求如下：

（1）变压器室的大门一般按变压器外形尺寸加 0.5 m。当一扇门的宽度为 1.5 m 及以上，应在大门上开一小门，小门宽为 0.8 m，高为 1.8 m。

（2）屋面应有隔热层及良好的防水、排水设施，一般不设女儿墙。

（3）一般不设采光窗。

（4）进风窗和出风窗一般采用百叶窗，需采取措施防止雨、雪和小动物进入室内。

（5）地坪一般为水泥压光。

（6）干式变压器的金属网状遮挡高度不低于 1.7 m。

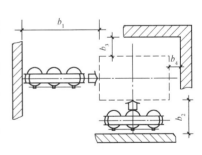

图 4-11 变压器安装、维修与周围环境最小距离

（四）低压配电室

低压配电室主要用来放置低压配电柜，向用户（负载）输送、分配电能。低压配电室的布置应根据低压配电柜的形式、尺寸和数量确定。低压配电柜可单列布置或双列布置。低压配电室布置尺寸如图 4-12 所示。

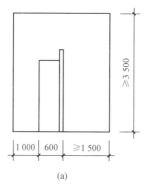
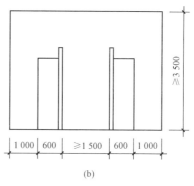

(a)   (b)

图 4-12　低压配电室布置参考尺寸

(a)单列布置；(b)双列布置

低压配电室对有关专业的要求如下：

(1)低压配电室的高度应与变压器室综合考虑，以便变压器低压出线。

(2)低压配电柜下应设电缆沟，沟内应水泥抹光并采取防水、排水措施，沟盖板宜采用花纹钢盖板。

(3)地坪应用高强度水泥抹平压光，内墙面应抹灰并刷白。

(4)一般靠自然通风。

(5)可设置能开启的自然采光窗，并应设置纱窗。

(6)当兼作控制室或值班室时，在供暖地区应供暖。

第二节　建筑变配电工程施工图

一、变配电工程图的组成

变配电工程图是建筑电气施工图的重要组成部分，主要包括变配电所设备安装平面图和剖面图；变配电所照明系统图和平面布置图；高压配电系统图、低压配电系统图；变电所主接线图；变电所接地系统平面图等。

二、变配电工程图的识读

识读建筑电气变配电工程图必须熟悉变配电工程图的基本知识(表达形式、通用画法、图形符号、文字符号)及其特点，同时掌握一定的阅读方法。

对于识读变配电工程图的方法没有统一规定，通常可先浏览了解情况，重点内容反复看，安装方法找大样，技术要求查规范。由于变配电工程图是建筑电气施工图的重要组成部分，所以可按电气工程图的识读程序来进行识读。

三、变配电工程图的识读实例

本节仅以高压配电系统图(图 4-13)和低压配电系统图(图 4-14)识读为例。

高压开关柜型号	XGN15-12-03	XGN15-12-12	XGN15-12-08
高压开关柜编号	1 AH	2 AH	3 AH
外形尺寸(宽/mm×深/mm×高/mm)	500×960×1 600	375×960×1 600	500×960×1 600
标准第二次接线编号			

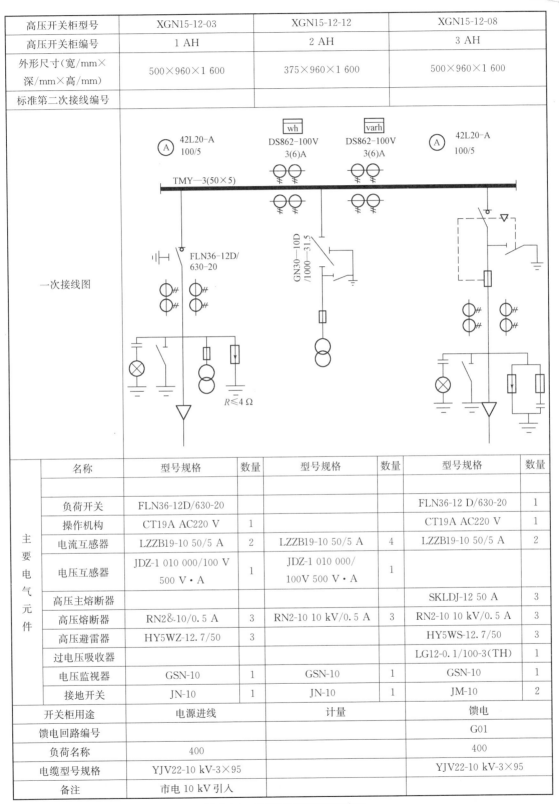

	名称	型号规格	数量	型号规格	数量	型号规格	数量
主要电气元件							
	负荷开关	FLN36-12D/630-20				FLN36-12 D/630-20	1
	操作机构	CT19A AC220 V	1			CT19A AC220 V	1
	电流互感器	LZZB19-10 50/5 A	2	LZZB19-10 50/5 A	4	LZZB19-10 50/5 A	2
	电压互感器	JDZ-1 010 000/100 V 500 V·A	1	JDZ-1 010 000/100V 500 V·A	1		
	高压主熔断器					SKLDJ-12 50 A	3
	高压熔断器	RN2-10/0.5 A	3	RN2-10 10 kV/0.5 A	3	RN2-10 10 kV/0.5 A	3
	高压避雷器	HY5WZ-12.7/50	3			HY5WS-12.7/50	3
	过电压吸收器					LG12-0.1/100-3(TH)	1
	电压监视器	GSN-10	1	GSN-10	1	GSN-10	1
	接地开关	JN-10	1	JN-10	1	JM-10	2
开关柜用途		电源进线		计量		馈电	
馈电回路编号						G01	
负荷名称		400				400	
电缆型号规格		YJV22-10 kV-3×95				YJV22-10 kV-3×95	
备注		市电 10 kV 引入					

图 4-13　10 kV 高压配电系统图

图 4-14 低压配电系统图

低压开关柜编号	1 AA	2 AA	3 AA	4 AA	5 AA
低压开关柜型号	GCS	GCS	GCS	GCS	GCS
外形尺寸 (宽/mm×高/mm×深/mm)	800×2 200×800	800×2 200×800	800×2 200×600	800×2 200×600	800×2 200×600
主电路方案编号	01	01	34	11	11
仪表	Ⓐ Ⓐ Ⓐ Ⓥ	Ⓐ Ⓐ Ⓐ Ⓥ cosφ wh	Ⓐ Ⓐ Ⓐ Ⓥ var varh	Ⓐ	Ⓐ

主接线图：
SCB9-400 kVA 1 600×1 100×1 650 CFW-2A-1000/4-IP40 SCB9-400/10/0.4/0.23
TMY-4(80×6.3) QA-400 400/5 am-32 B30C T45 BCMJ-0.4-16-3 K
HD17-1000/3 LMZ-0.5 750/5 wh Ⓐ Ⓐ
至6AA

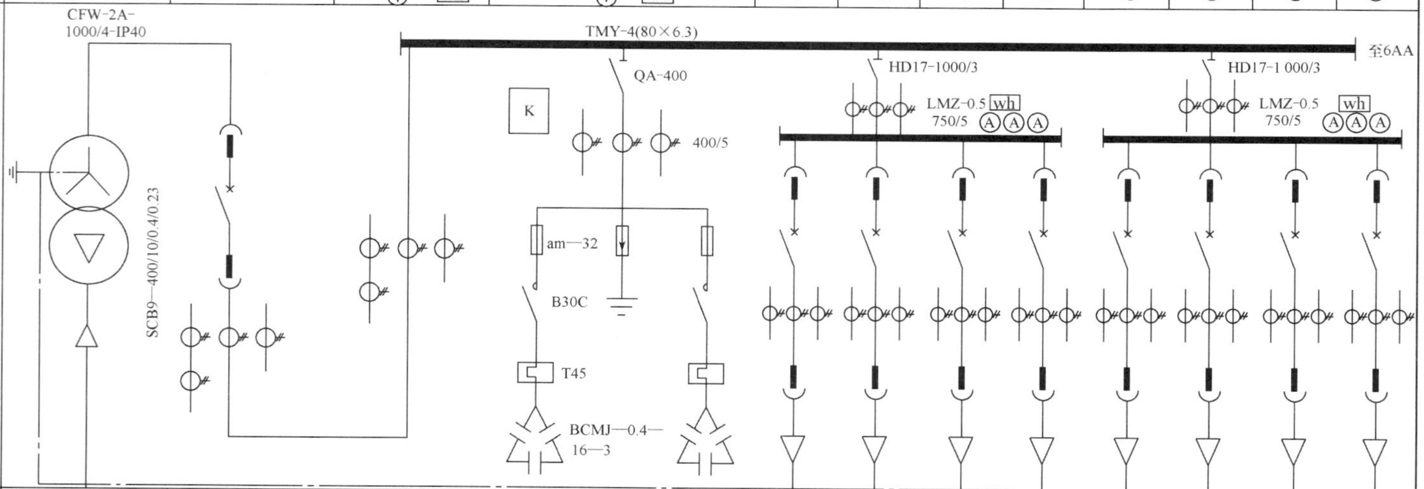

出线回路编号								
	N101	N102	N103	N104	N105	N106	N107	N108
负荷名称	一二层住宅配电 2AW	四六层住宅配电 5AW	七九层住宅配电 8AW	十一二层住宅配电 11AW	十三五层住宅配电 14AW	十六十八层住宅配电 17AW	备用	备用
负荷容量/kW	96	96	96	96	96	96		
计算电流/A	163	163	163	163	163	163		
低压断路器	HSM1-250 S/3 300 180 A	HSM1-250 S/3 300 180 A	HSM1-250 S/3 300 180 A	HSM1-250 S/3 300 180 A	HSM1-250 S/3 300 180 A	HSM1-250 S/3 300 180 A		
电流互感器	LMZ-0.5 200/5	LMZ-0.5 200/5	LMZ-0.5 200/5	LMZ-0.5 200/5	LMZ-0.5 200/5	LMZ-0.5 200/5		
馈电线路的型号及规格	YJV-1 kV-4×70+1×35	YJV-1 kV-4×70-1×35	YJV-1 kV-4×70-1×35	YJV-1 kV-4×70-1×35	YJV-1 kV-4×70-1×35	YJV-1 kV-4×70-1×35		

其他回路：
- 负荷名称 配电总柜 286.21 kW；计算电流 486 A；低压断路器 HSW1-2000/3 630 A；电流互感器 LMZJ-0.5 800/5；馈电线路 YJV22-10 kV-3×95
- 负荷名称 SCB9干式变压器 400 kV·A；计算电流 578 A
- 负荷名称 用电计量
- 负荷名称 无功自动补偿(主柜) 144 kvar
- 柜内设备用 供电部门定

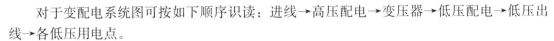

对于变配电系统图可按如下顺序识读：进线→高压配电→变压器→低压配电→低压出线→各低压用电点。

1. 高压配电系统图

由图4-13可知，进入到1AH高压进线柜，电源通断采用负荷开关，型号FLN36-12D/630-20，交流操作系统。1AH柜内还有电流互感器、电压互感器、高压熔断器、避雷器各1组，设电压监视器与接地开关。2AH是计量柜，3AH是高压出线柜，三台高压柜之间采用硬铜母线电气连接。

2. 低压配电系统图

由图4-14可知，变压器采用9系列的干式变压器，$\curlyvee/\triangle$连接，额定容量为400 kV·A，高压侧电压为10 kV，低压侧电压为0.4 kV。副边绕组中性点接地，并引出PE线。降压后，用高强度封闭母线槽CFW-2A-1 000/4-IP40将低压电引至低压进线柜1AA。

低压配电系统接地形式采用TN-S系统。工作零线（N）和接地保护线（PE）从变所低压开关柜开始分开，不再相连。低压进线柜1AA，接收从变压器低压侧传来的电能，内设HSW1智能型万能式低压断路器（壳架等级额定电流为2 000 A，整定电流为630 A）、电流互感器（LMZJ-0.5 800/5 A）、电流表、电压表。

电源经断路器控制后传到低压计量柜2AA，2AA内设电流互感器、电流表、电压表、功率因数表、有功电度表。

计量后的电能用硬铜母线传到3AA。3AA是电容器柜，本系统采用低压集中自动补偿方式，使补偿后的功率因数大于0.9（荧光灯就地补偿，补偿后的功率因数大于0.9）。

4AA、5AA是低压出线柜，以放射式配电方式将电能送至住宅配电箱（或称电度表箱）AW，回路编号分别是N101～N106。由5AA出来后，再传入6AA。

第三节　建筑变配电工程系统的安装

一、低压配电线路的敷设

电线、电缆的敷设应根据建筑的功能、室内装饰的要求和使用环境等因素，经技术、经济比较后确定。

1. 线缆的敷设方式

在配电系统中，用来传输电能的导线主要是电线和电缆两大类（室内传输大电流时也会采用各种母线或配电柜内采用的母排）。按其敷设地点不同，又可分为室外线路和室内线路。

（1）室外线路的敷设可采用电缆线路或架空线路。其中，电缆线路又可分为直埋、电缆沟、电缆隧道、电缆排管（管块）等不同的敷设方式；架空线路则多采用杆、塔。

电缆敷设

（2）室内线路的敷设分为明敷和暗敷两种。其中明敷的直敷、瓷夹板方式因为较简陋、不安全，故在城市内的新建建筑中已较少使用。而采用金属（塑料）线槽或桥架布线一般只是在机房、配电间、电气竖井及吊顶等无碍观瞻的区域。采用各种金属管、硬质或半硬质塑料管以及金属线槽既可以在机房、竖井或吊顶内明敷，也可以埋在墙、板以及混凝土预制楼板的板孔内。

2. 电缆的敷设

（1）室外电缆的敷设。室外电缆虽然架空敷设造价较低，施工容易，检修方便，但与电缆沟敷设相比，美观性较差。电缆可在排管、电缆沟、电缆隧道内敷设，室外电缆可以直接埋地敷设。

（2）室内电缆的敷设。室内电缆通常采用金属托架或金属托盘明设，在有腐蚀性介质的房屋内明敷的电缆宜采用塑料护套电缆。

（3）电缆的敷设要求。室内、外电缆的敷设需满足下列要求：

1）无铠装的电缆在室内明敷时，水平敷设的电缆离地面的距离不应小于 2.5 m；垂直敷设的电缆离地面的距离不应小于 1.8 m，否则应有防止机械损伤的措施，但明敷在配电室内时除外。

2）相同电压的电缆并列明敷时，电缆间的净距不应小于 35 mm，并且不应小于电缆外径，但在线槽、桥架内敷设时除外。

3）架空明设的电缆与热力管道的净距不应小于 1 m，否则应采取隔热措施。电缆与非热力管道的净距不应小于 0.5 m，否则应在与管道接近的电缆段上，以及由该两端外伸不小于 0.5 m 以内的电缆段上，采取防止机械损伤的措施。

4）电缆在室内埋地敷设、穿墙或楼板时，应穿管或采取其他保护措施，其管内径应不小于电缆外径的 1.5 倍。

5）沿同一路径敷设的室外电缆常用敷设方式及敷设数量见表 4-2。

表 4-2　沿同一路径敷设的室外电缆常用敷设方式及敷设数量

直埋敷设	≤8 根	电缆隧道敷设	＞18 根
电缆沟敷设	≤18 根	排管敷设	≤12 根

低压电缆由配电室（房）引出后，一般沿电缆隧道、电缆沟、金属托架或金属托盘进入电缆竖井，然后沿支架垂直上升敷设。因此，配电室应尽量布置在电缆竖井附近，尽量减少电缆的敷设长度。

3. 绝缘导线的敷设

由于建筑物内几乎不可能使用裸导线，所以这里主要叙述有关绝缘导线的敷设。

绝缘导线的敷设方式可分为明敷和暗敷，需满足下列要求：

（1）明敷时，导线直接或者在管子、线槽等保护体内，敷设于墙壁、顶棚的表面及桁架等处。不穿保护管或线槽的直接敷设，采用绝缘子、瓷珠或瓷夹板及线夹子等固定。这种方式影响美观，且安全、可靠性差，耐久性也差，故多用于临建、工棚等场合，在永久性建筑物内很少使用。而采用穿管和线槽明敷的布线方式则在很多场所用到，比如建筑装修、旧楼改造等。由于此时将电气管线预理在建筑物的墙、板中已不可能，只能采用明敷方式。另外需要注意的是，在吊顶内必须采用金属管或金属线槽敷设电气线路，不允许采用塑料线槽和塑料管。

（2）暗敷时，导线必须穿管保护，地面内敷设时也可穿线槽。不允许将护套绝缘电线直接埋入墙壁、顶板的抹灰层内。

管材主要有电线管、焊接钢管（又称为水煤气钢管）、薄壁扣压管、金属线槽、金属软管(又称为普利卡管或波纹管)、硬质塑料管、半硬质塑料管、塑料线槽或塑料软管等。选用何种管材穿线,除技术上符合相关规范要求、经济上有利、施工上便利外,还要特别注意以下问题:直埋于素混凝土内或明敷于潮湿场所的金属管布线,应采用焊接钢管;由金属线槽引出的线路,可采用金属管、硬质或半硬质塑料管、金属软管等方式,但要注意保护电缆盒电线在引出部分不会受到损伤;吊顶内支线末端可以采用可挠性金属软管保护,但长度有规定,动力线不大于 0.8 m,照明线不大于 1.2 m,对于各种弱电线路一般也应是1.2 m;室外地下埋设的线路不宜采用绝缘电线穿金属管的布线方式;采用塑料管(槽)布线时,应采用难燃材料,其本体及附件都应为氧指数 30 以上的阻燃型制品;暗敷于地下的管路不宜穿过设备基础,如必须穿越时应加套管保护;在穿过建筑物伸缩、沉降缝时,应结合建筑物的类型采取相应的保护措施。

(3)室内金属管布线的管路较长或转弯较多时,要适当加装过(拉)线盒或加大管径。两个过(拉)线盒之间是直线时,相距 30 m;有一处转弯时,不超过 20 m;两处转弯时,不应超过 15 m;三处转弯时,不应超过 8 m。通常在施工中,为方便计,只要条件允许,每一转弯都设置一个过(拉)线盒。过(拉)线盒的位置不应选在需二次装修的厅堂内,一般应放在较隐蔽但又便于维修的部位。在低处安装的过(拉)线盒位置可以按假插座处理,安装盲板,以利于美观。

(4)进出灯头盒的管路不宜超过 4 个,总进出导线根数不应超过 12 根;进出开关盒的管路不宜超过 2 个,总进出导线根数不应超过 8 根。

4. 电气线路敷设的注意事项

(1)室内线路的敷设应避免穿越潮湿房间。

(2)敷设在钢筋混凝土现制楼板内的电线管最大外径不宜超过板厚的 1/3。

(3)不同回路的导线除低于 50 V 的线路、同一设备或同一联动设备的电力回路和无防干扰要求的控制回路、同一照明花灯的几个回路、同类照明的导线不超过 8 根的几个回路等这些特殊情况外,不应同管敷设。

(4)同一回路的所有相线和中性线应同管或同槽。但同槽敷设时载流导线的根数不宜超过 30 根,总截面不应超过槽内截面的 20%。

(5)强、弱电线路不宜同槽敷设。

(6)弱电不同系统的线路、双电源的两个回路、应急配电与正常配电回路均不宜同槽敷设。受条件限制时,可加隔板后同槽敷设。

(7)线路敷设中所有外露可导电部分均应进行接地保护。

(8)消防用电的配电线路采用暗敷时,应敷设在不燃体结构内,并且保护厚度不宜小于30 mm。

(9)若采用明敷,应采用金属管或金属线槽并刷涂防火涂料加以保护。

二、变压器安装

变压器安装位置应正确,变压器基础的轨道应水平,轮距与轨距应配合;装有气体继电器的变压器、电抗器,应使其顶盖沿气体继电器气流方向有 1%~1.5% 的升高坡度(制造厂规定不需安装坡度者除外)。当需与封闭母线连接时,其套管中心线应与封闭母线安装中心线相符。

1. 冷却装置安装

(1)冷却装置在安装前应按制造厂规定的压力值用气压或油压进行密封试验,并应符合下列要求:

1)散热器可用 0.05 MPa 表压力的压缩空气检查,应无漏气;或用 0.07 MPa 表压力的变压器油进行检查,持续 30 min,应无渗漏现象。

2)强迫油循环风冷却器可用 0.25 MPa 表压力的气压或油压,持续 30 min 进行检查,应无渗漏现象。

3)强迫油循环水冷却器用 0.25 MPa 表压力的气压或油压进行检查,持续 1 h 应无渗漏;水、油系统应分别检查渗漏情况。

(2)冷却装置安装前应用合格的绝缘油经净油机循环冲洗干净,并将残油排尽。

(3)冷却装置安装完毕后立即注满油,以免由于阀门渗漏造成本体油位降低,使绝缘部分露出油面。

(4)风扇电动机及叶片应安装牢固,并应转动灵活,无卡阻现象;试转时应无振动、过热;叶片应无扭曲变形或与风筒擦碰等情况,转向应正确;电动机的电源配线应采用具有耐油性能的绝缘导线;靠近箱壁的绝缘导线应用金属软管保护;导线排列应整齐;接线盒密封良好。

(5)管路中的阀门应操作灵活,开闭位置应正确;阀门及法兰连接处应密封良好。

(6)外接油管在安装前,应进行彻底除锈并清洗干净;管道安装后,油管应涂刷黄漆,水管涂刷黑漆,并应有流向标志。

(7)潜油泵转向应正确,转动时应无异常噪声、振动和过热现象;其密封应良好,无渗油或进气现象。

(8)差压继电器、流速继电器应经校验合格,并且密封良好,动作可靠。

(9)水冷却装置停用时,应将存水放尽,以防天寒冻裂。

2. 储油柜(油枕)安装

(1)储油柜安装前应清洗干净,除去污物,并用合格的变压器油冲洗。隔膜式(或胶囊式)储油柜中的胶囊或隔膜式储油柜中的隔膜应完整、无破损,并应和储油柜的长轴保持平行、不扭偏。胶囊在缓慢充气胀开后应无漏气现象。胶囊口的密封应良好,呼吸应畅通。

(2)储油柜安装前应先安装油位表;安装油位表时应注意保证放气和导油孔的畅通;玻璃管要完好。油位表动作应灵活,油位表或油标管的指示必须与储油柜的真实油位相符,不得出现假油位。油位表的信号接点位置正确,绝缘良好。

(3)储油柜利用支架安装在油箱顶盖上。油枕和支架、支架和油箱均用螺栓紧固。

3. 套管安装

(1)套管在安装前要按下列要求进行检查:

1)瓷套管表面应无裂缝、伤痕。

2)套管、法兰颈部及均压球内壁应清擦干净。

3)套管应经试验合格。

4)充油套管的油位指示正常,无渗油现象。

(2)当充油套管介质损失角正切值 $\tan\delta$ 超过标准,且确认其内部绝缘受潮时,应予干燥处理。

（3）高压套管穿缆的应力锥进入套管的均压罩内，其引出端头与套管顶部接线柱连接处应擦拭干净，接触紧密；高压套管与引出线接口的密封波纹盘结构（魏德迈结构）的安装应严格按照制造厂的规定进行。

（4）套管顶部结构的密封垫应安装正确，密封应良好。连接引线时，不应使顶部结构松扣。

4. 升高座安装

（1）安装升高座前，应先完成电流互感器的试验；电流互感器出线端子板应绝缘良好，其接线螺栓和固定件的垫块应紧固，端子板应密封良好，无渗油现象。

（2）安装升高座时，应使电流互感器铭牌位置面向油箱外侧，放气塞位置应在升高座最高处。

（3）电流互感器和升高座的中心应一致。

（4）绝缘筒应安装牢固，其安装位置不应使变压器引出线与其相碰。

5. 气体继电器（又称瓦斯继电器）安装

（1）气体继电器应做密封试验、轻瓦斯动作容积试验、重瓦斯动作流速试验，各项指标合格且有合格检验证书，方可使用。

（2）气体继电器应水平安装，观察窗应安装在便于检查一侧，箭头方向应指向储油箱（油枕），其与连通管连接应密封良好，其内壁应擦拭干净，截油阀应位于储油箱和气体继电器之间。

（3）打开放气嘴，放出空气，直到有油溢出时将放气嘴关上，以免有空气进入，使继电保护器误动作。

（4）当操作电源为直流时，必须将电源正极接到水银侧的接点上，接线应正确，接触良好，以免断开时产生吹弧。

6. 干燥器（吸湿器、防潮呼吸器、空气过滤器）安装

（1）检查硅胶是否失效（对浅蓝色硅胶，变为浅红色即已失效；对白色硅胶，一律烘烤）。如已失效，应在 115 ℃～120 ℃温度下烘烤 8 h，使其复原或换新。

（2）安装时，必须将干燥器盖子处的橡皮垫取掉，使其畅通，并在盖子中装适量的变压器油，起滤尘作用。

（3）干燥器与储气柜间管路的连接应密封良好，管道应通畅。

（4）干燥器油封油位应在油面线上；但隔膜式储油柜变压器应按产品要求处理（或不到油封，或少放油，以便胶囊易于伸缩呼吸）。

7. 净油器安装

（1）安装前先用合格的变压器油冲洗净油器，然后同安装散热器一样，将净油器与安装孔的法兰连接起来。其滤网安装方向应正确并放在出口侧。

（2）将净油器容器内装满干燥的硅胶粒后充油。油流方向应正确。

8. 温度计安装

（1）套管温度计安装，应直接安装在变压器上盖的预留孔内，并在孔内适当加些变压器油，刻度方向应便于观察。

（2）电接点温度计安装前应进行计量检定，合格后方能使用。油浸变压器一次元件应安装在变压器顶盖上的温度计套筒内，并加适当变压器油；二次仪表挂在变压器一侧的预留

板上。干式变压器一次元件应按厂家说明书位置安装,二次仪表装在便于观测的变压器护网栏上。软管不得有压扁或死弯,多余部分应盘圈并固定在温度计附近。

(3)干式变压器的电阻温度计,一次元件应预埋在变压器内,二次仪表应安装在值班室或操作台上,温度补偿导线应符合仪表要求,并加以适当的附加温度补偿电阻校验,调试后方可使用。

9. 压力释放装置安装

(1)密封式结构的变压器、电抗器,其压力释放装置的安装方向应正确,使喷油口不要朝向邻近的设备,阀盖和升高座内部应清洁,密封良好。

(2)电接点应动作准确,绝缘应良好。

10. 电压切换装置安装

(1)变压器电压切换装置各分接点与线圈的连线压接正确,牢固、可靠,其接触面接触紧密良好,切换电压时,转动触点停留位置正确,并与指示位置一致。

(2)电压切换装置的拉杆、分接头的凸轮、小轴销子等应完整无损,转动盘应动作灵活,密封良好。

(3)电压切换装置的传动机构(包括有载调压装置)的固定应牢固,传动机构的摩擦部分应有足够的润滑油。

(4)有载调压切换装置的调换开关触头及铜辫子软线应完整无损,触头间应有足够的压力。

(5)有载调压切换装置转动到极限位置时,应装有机械联锁与带有限开关的电气联锁。

(6)有载调压切换装置的控制箱,一般应安装在值班室或操作台上,连线应正确无误,并应调整好,手动、自动工作正常,档位指示准确。

11. 整体密封检查

(1)变压器、电抗器安装完毕后,应在储油柜上用气压或油压进行整体密封试验,所加压力为油箱盖上能承受 0.03 MPa 的压力,试验持续时间为 24 h,应无渗漏。油箱内压器油的温度不应低于 10 ℃。

(2)整体运输的变压器、电抗器可不进行整体密封试验。

12. 变压器接地

变压器的接地既有高压部分的保护接地,又有低压部分的工作接地;而低压供电系统在建筑电气工程中普遍采用 TN-S 或 TN-C-S 系统,即不同形式的保护接零系统,而且两者共用同一个接地装置,在变配电室要求接地装置从地下引出的接地干线,以最近的路径直接引至变压器壳体和变压器的中性母线 N(变压器的中性点)及低压供电系统的 PE 干线或 PEN 干线,中间尽量减少螺栓搭接处,决不允许经其他电气装置接地后,串联连接过来,以确保运行中人身和电气设备的安全。油浸变压器箱体、干式变压器的铁芯和金属件,以及有保护外壳的干式变压器金属箱体,均是电气装置中重要的经常为人接触的非带电可接近裸露导体,为了人身及动物和设备安全,其保护接地要十分可靠。

接地装置引出的接地干线与变压器的低压侧中性点直接连接;变压器箱体、干式变压器的支架或外壳应接 PE 线。所有连接应可靠,紧固件及防松零件齐全。

三、低压电器安装

低压电器的安装应与配线工作密切配合，尤其是配合土建预留、预埋工作，一定要保证设计位置、配管(线)到位。

一般操作工艺流程如下：开箱→预留(预埋)→摆位→画线→钻孔→固定→配线→检查→调试→通电试验。

1. 安装要求

低压电器及其操作机构的安装高度、固定方式，如设计无规定，可按下列要求进行：

(1)用支架或垫板(木板无绝缘板)固定在墙或柱子上。

(2)落地安装的电气设备，其底面一般应高出地面50~100 mm。

(3)操作手柄中心距离地面一般为1 200~1 500 mm；侧面操作的手柄距离建筑物或其他设备不宜小于200 mm。

(4)成排或集中安装的低压电器应排列整齐，便于操作和维护。

(5)紧固螺栓的规格应选配适当，电器固定要牢固，不得采用焊接。

(6)电器内部不应受到额外应力。

(7)有防振要求的电器要加设减振装置，紧固螺栓应有防松措施，如加装锁紧螺母、锁钉等。

2. 刀开关安装

(1)刀开关应垂直安装在开关板上(或控制屏、箱上)，并要使夹座位于上方。如夹座位于下方，则在刀开关打开的时候，如果支座松动，闸刀在自重作用下向下掉落而发生误动作，会造成严重事故。

(2)刀开关用作隔离开关时，合闸顺序为先合上刀开关，再合上其他用以控制负载的开关；分闸顺序则相反。

(3)严格按照产品说明书规定的分断能力来分断负荷，无灭弧罩的刀开关一般不允许分断负载；否则，有可能导致稳定持续燃弧，使刀开关寿命缩短，严重的还会造成电源短路，开关烧毁，甚至发生火灾。

(4)刀片与固定触头的接触良好，大电流的触头或刀片可适量加润滑油(脂)；有消弧触头的刀开关，各相的分闸动作应迅速一致。

(5)双投刀开关在分闸位置时，刀片应能可靠地接地固定，不得使刀片有自行合闸的可能。

(6)直流母线隔离开关安装。

1)开关无论垂直或水平安装，刀片应垂直板面；在混凝土基础上时，刀片底部与基础间应有不小于50 mm的距离。

2)开关动触片与两侧压板的距离应调整均匀。合闸后，接触面应充分压紧，刀片不得摆动。

3)刀片与母线直接连接时，母线固定端必须牢固。

3. 自动开关安装

(1)自动开关一般应垂直安装，其上、下端导线接点必须使用规定截面的导线或母线连接。

（2）裸露在箱体外部，且易触及的导线端子应加绝缘保护。

（3）自动开关与熔断器配合使用时，熔断器应尽可能装于自动开关之前，以保证使用安全。

（4）自动开关使用前应将脱扣器电磁铁工作面的防锈油脂擦去，以免影响电磁机构的动作值。电磁脱扣器的整定值一经调好，就不允许随意更动，而且使用时间达到一定值后，要检查其弹簧是否生锈卡住，以免影响其动作。

（5）自动开关操作机构安装时，应符合下列规定：

1）操作手柄或传动杠杆的开、合位置应正确，操作力不应大于产品允许规定值。

2）电动操作机构的接线正确。在合闸过程中开关不应跳跃；开关合闸后，限制电动机或电磁铁通电时间的联锁装置应及时动作，使电磁铁或电动机通电时间不超过产品允许规定值。

3）触头接触面应平整，合闸后接触应紧密。

4）触头在闭合、断开过程中，可动部分与灭弧室的零件不应有卡阻现象。

5）有半导体脱扣装置的自动开关，其接线应符合相序要求，脱扣装置动作应可靠。

（6）直流快速自动开关安装时，应符合下列规定：

1）开关极间中心距离及开关与相邻设备或建筑物的距离均不应小于 500 mm，小于 500 mm 时，应加装隔弧板，隔弧板高度不小于单极开关的总高度。在灭弧量上方应留有不小于 1 000 mm 的空间；无法达到时，应按开关容量在灭弧室上部 200～500 mm 高度处装设隔弧板。

2）灭弧室内绝缘衬件应完好，电弧通道应畅通。

3）有极性快速开关的触头及线圈，其接线端应标出正、负极性，接线时应与主回路极性一致。

4）触头的压力、开距及分断时间等应进行检查，并符合出厂技术条件。

5）开关应按照产品技术文件进行交流工频耐压试验，不得有击穿、闪络现象。

6）脱扣装置必须按设计整定值校验，动作应准确、可靠。在短路（或模拟短路）情况下合闸时，脱扣装置应能立即自由脱扣。

7）试验后，触头表面如有灼痕，可进行修整。

4. 熔断器安装

（1）熔断器及熔体的容量应符合设计要求：

1）对于变压器、电炉和照明等负载，熔体的额定电流应略大于或等于负载电流。

2）对于输配电线路，熔体的额定电流应略小于或等于线路的安全电流。

3）对电动机负载，因为启动电流较大，一般可按下列公式计算：

对于一台电动机负载的短路保护：

$$I_{熔体额定电流} \geq (1.5 \sim 2.5) 电机额定电流$$

式中　1.5～2.5——系数，视负载性质和启动方式不同而选取。对轻载启动、启动次数少、时间短或降压启动时，取小值；对重载启动、启动频繁、启动时间长或全压启动时，取大值。

对于多台电动机负载的短路保护：

$$I_{熔体额定电流} \geq (1.5 \sim 2.5) 最大电机额定电流 + 其余电动机的计算负荷电流$$

4）熔断器的选择：额定电压应大于或等于线路工作电压；额定电流应大于或等于所装熔体的额定电流。

（2）安装位置及相互间距应便于更换熔体；更换熔丝时，应切断电源，不允许带负荷换熔丝，并应换上相同额定电流的熔丝。

（3）有熔断指示的熔芯，其指示器的方向应装在便于观察侧。

（4）瓷质熔断器在金属底板上安装时，其底座应垫软绝缘衬垫。安装螺旋式熔断器时，应将电源线接至瓷底座的接线端，以保证安全。管式熔断器应垂直安装。

（5）安装时应保证熔体和插刀以及插刀和刀座接触良好，以免因熔体温度升高发生误动作。安装熔体时，必须注意不要使它受机械损伤，以免减少熔体截面面积，产生局部发热而造成误动作。

四、变配电系统调试

1. 变压器系统调试

变压器系统调试试验项目包括以下内容：

（1）测量线圈连同套管的直流电阻。

（2）检查所有分接头的变压比。

（3）检查三相变压器的接线组别和单相变压器引出线的极性。

（4）测量线圈连同套管的绝缘电阻和吸收比。

（5）测量线圈连同套管介质损失角正切值 $\tan\delta$。

（6）测量线圈连同套管直流泄漏电流。

（7）线圈连同套管交流耐压试验。

（8）测量与铁芯绝缘的各紧固件及铁芯接地线引出套管对外壳的绝缘电阻。

（9）非纯瓷套管试验。

（10）绝缘油试验。

（11）有载调压切换装置的检查和试验。

（12）冲击合闸试验。

（13）相位检查。

1 600 kV·A 以上的油浸式电力变压器按全部项目进行。1 600 kV·A 及以下油浸式电力变压器的试验可按上述（1）～（4）、（7）、（9）～（13）项的规定进行；干式变压器，可按上述（1）～（4）、（7）、（9）项的规定进行；变流、整流变压器的试验，可按上述（1）～（4）、（7）、（9）、（11）～（13）项的规定进行；电炉变压器的试验，可按上述（1）～（4）、（7）、（9）、（10）～（13）项的规定进行。

2. 互感器调试

（1）电压互感器的交接试验。电压互感器的交接试验包括：电压互感器的绝缘电阻测试；电压互感器的变压比测定；电压互感器工频交流耐压度试验。

（2）电流互感器的交接试验。电流互感器的交接试验包括：电流互感器的绝缘电阻测试；电流互感器变流比误差的测定；电流互感器的伏安特性曲线测试。

3. 室内高压断路器调试

（1）少油高压断路器的调试。少油高压断路器的调试包括：断路器安装垂直度检查；总触杆总行程和接触行程检查调整；三相触头同期性的调整；少油高压断路器的交接试验。

（2）高压断路器操作机构的调试。高压断路器操作机构的调试包括：支持杆的调整；分闸、合闸铁芯的调整；短路器及操作机构的电气检查试验。

4. 送配电装置系统调试

送配电装置系统调试的工作内容包括：**自动开关或断路器、隔离开关、常规保护装置、电测量仪表、电力电缆等一二次回路系统的调试。**

（1）低压断路器调试。低压断路器调试包括：欠压脱扣器的合闸、分闸电压测定试验；过电流脱扣器的长延时、短延时和瞬时动作电流的整定试验。

（2）线路的检测与通电试验。线路的检测与通电试验包括：绝缘电阻试验；测量重复接地电阻；检查电度表接线；线路通电检查。

本章小结

除自备发电机外，一般建筑均由电力系统供电。因电能的生产、输送、消除全过程几乎在同一时间内完成，因此，需将它们有机地联成一体，这就构成了电力系统。电力系统也称供电系统，是由发电设备、电力网、用电设备组成的完整体系。本章重点介绍建筑变电工程施工图的识读和安装。

思考与练习

一、填空题

1. 低压配电线路是把降压变电所降至_____的低压，输送和分配给各低压用电设备的线路。

2. _____是根据电磁感应原理，将某一种电压、电流的交流电能转换成另一种电压、电流的交流电能的静止电气设备。

3. 低压刀开关按其结构形式分为_____和_____。

4. 低压断路器分为_____和_____两大类。

5. 熔断器主要由_____和_____两部分组成。

6. 敷设在钢筋混凝土现制楼板内的电线管最大外径不宜超过板厚的_____。

7. 冷却装置安装完毕后立即_____，以免由于阀门渗漏造成本体油位降低，使绝缘部分露出油面。

二、选择题

1. 相同电压的电缆并列明敷时，电缆间的净距不应小于( )mm，并且不应小于电缆外径，但在线槽、桥架内敷设时除外。

    A. 15   B. 25   C. 35   D. 45

2. 消防用电的配电线路采用暗敷时，应敷设在不燃体结构内，且保护厚度不宜小于( )mm。

    A. 10   B. 20   C. 30   D. 40

3. 电压切换装置安装要求错误的是(　　)。

　　A. 变压器电压切换装置各分接点与线圈的连线压接正确，牢固可靠，其接触面接触紧密良好，切换电压时，转动触点停留位置正确，并与指示位置一致

　　B. 电压切换装置的传动机构(包括有载调压装置)的固定应牢固，传动机构的摩擦部分应保证无润滑油

　　C. 有载调压切换装置的调换开关触头及铜辫子软线应完整无损，触头间应有足够的压力

　　D. 有载调压切换装置转动到极限位置时，应装有机械联锁与带有限开关的电气联锁

三、简答题

1. 什么是电力系统？

2. 简述电力负荷分级及供电要求。

3. 低压配电系统的接电方式有哪几种形式？

4. 低压断路器的一般选用原则有哪些？

5. 交流接触器的选用原则有哪些？

6. 什么是变配电所？变配电所的形式分为哪些？变配电所位置的选择，应根据哪些要求考虑确定？

7. 气体继电器(又称瓦斯继电器)安装应满足哪些要求？

第五章 建筑电气工程施工图识读与安装

知识目标

1. 了解电气照明分类及照明方式。

2. 熟悉电气照明线路的形式、普通电气照明设备、动力设备的配电、电动机的分类及起重机(吊车、行车)滑触线的构成。

3. 熟悉接地的类型、低压配电系统的接地方式、防雷装置的构成。

4. 熟悉有线电视系统的组成及主要设备、电话通信系统的组成、火灾自动报警系统的组成、工作原理及基本形式。

5. 掌握电气照明施工图的识读、电气动力施工图的识读、建筑弱电施工图的识读。

6. 掌握照明装置的安装,防雷接地装置的安装,有线电视系统主要设备的安装,电话室内交接箱、分线箱、分线盒的安装,火灾探测器、火灾报警控制器的安装。

能力目标

1. 能够识读电气照明施工图、电气动力施工图和建筑弱电施工图。

2. 能进行照明装置的安装、防雷接地装置的安装、有线电视系统的安装、电话通信系统的安装、火灾自动报警系统与消防联动系统的安装。

第一节 建筑照明与动力系统

一、电气照明分类及照明方式

(一)电气照明

在建筑电气工程中,电气照明可分为正常照明、事故照明、值班照明、警卫照明和障碍照明五种类型。

1. 正常照明

正常照明是指在正常工作时使用的室内、外照明。它一般可单独使用，也可与事故照明、值班照明同时使用，但控制线路必须分开。

2. 事故照明

事故照明是指在正常照明因故障熄灭后，供事故情况下暂时继续工作或疏散人员的照明。在由于工作中断或误操作容易引起爆炸、火灾和人身事故或将造成严重政治后果和经济损失的场所，应设置事故照明。事故照明宜布置在可能引起事故的工作场所以及主要通道和出入口。事故照明必须采用能瞬时点燃的可靠光源，一般采用白炽灯或卤钨灯。当事故照明经常点燃，且正常照明一部分发生故障不需要切换时，也可用气体放电灯。暂时继续工作用的事故照明，其工作面上的照度不低于一般照明照度的10%；疏散人员用的事故照明，主要通道上的照度不应低于0.5 lx。

3. 值班照明

值班照明是指在非工作时间内供值班人员用的照明。在非三班制生产的重要车间，仓库或非营业时间的大型商店、银行等处，通常宜设置值班照明。值班照明可利用正常照明中能单独控制的一部分或利用事故照明的一部分或全部。

4. 警卫照明

警卫照明是指用于警卫地区周围的照明。可根据警戒任务的需要，在厂区或仓库区等警卫范围内装设。

5. 障碍照明

障碍照明是指装设在飞机场四周的高建筑上或有船舶航行的河流两岸建筑上表示障碍标志用的照明，可按民航和交通部门的有关规定装设。

(二)照明方式

建筑电气照明的方式主要有一般照明、分区一般照明、局部照明和混合照明。

1. 一般照明

一般照明是指不考虑特殊部位的照明，只要求照亮整个场所的照明方式，如办公室、教室、仓库等。

2. 分区一般照明

分区一般照明是指根据需要，加强特定区域的一般照明方式，如专用柜台、商品陈列处等。

3. 局部照明

局部照明是为满足某些部位的特殊需要而设置的照明方式，如工作台、教室的黑板等。

4. 混合照明

混合照明是以上照明方式的混合形式。

二、电气照明线路

1. 电气照明线路的形式

在建筑电气工程中，照明线路基本上是由电源、接线、开关及负载(电灯)四部分组成的，其主要形式有以下几种：

（1）一只单联开关控制一盏灯，如图 5-1 所示。接线时，开关应接在相线上，当开关切断时灯头没有电，否则虽然开关切断，仍会因为灯头带电而不安全，日常电气照明开关安装过程中，尤其要注意这一点。

（2）两只双联开关在两个地方控制一盏灯，如图 5-2 所示。这种控制方式，通常用于楼梯灯，使楼上、楼下都可控制；也可用于走廊灯，以便走廊两头都可控制。同样，开关应接在相线上。

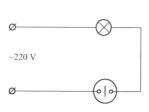

图 5-1　单联开关接法

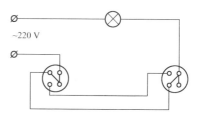

图 5-2　两个地方控制一盏灯接线图

（3）两只双联开关和一只三联开关在三个地方控制一盏灯，如图 5-3 所示。这种控制方式一般用于楼梯和走廊。

（4）对于 36 V 及其以下的局部照明电源，通常采用固定式降压变压器供电，如图 5-4 所示。安装时，变压器的一次侧应装熔断器，以保护变压器，而且对二次侧过流及短路也能起到保护作用。其外壳均应接地或接零，以确保安全。此外，还有一只单联开关或两只单联开关控制两盏或多盏灯的布线形式，但是，在安装时需注意开关的容量。

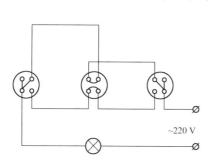

图 5-3　三个地方控制一盏灯接线图

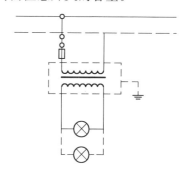

图 5-4　降压变压器接线图

2. 电气照明控制

在安全条件下，为了便于管理和维护，同时节约电能，通常每个灯应有单独的开关或几个灯合用一个开关，以便可以灵活启闭。照明供电干线应设置带保护装置的总开关。室内照明开关应装在房间的入口处，以便于控制，但在生产厂房内，宜按生产性质如工段、流水线等分区、分组集中于配电箱内控制。剧场、餐厅、商场等大型公共建筑，也宜将灯分组集中在配电箱内控制。

照明回路的分组应考虑房间使用的特点，对于小房间，通常是一路支线供几个房间用电；对于大型场所，当以三相四线制供电时，应使三相线路的各相负荷尽可能平衡。当使用小功率光源的室内照明线路时，每一单相回路的电流一般不应超过 15 A，同时接用灯头和插座的总数不超过 25 个。

为了节约用电，在大面积照明场所，沿天然光采光窗相平行的照明器应该单独予以控制，以充分利用天然采光。除流水线等狭长作业的场所外，照明回路控制应以方形区域划分，并推广各种自动或半自动控灯装置(如装在楼梯、走廊等处的定时开关；充分利用白天天然光而设的光控开关；广场或道路照明以光电元件或定时开关自动控制等)。此外，在线路上还应有能切断部分照明的措施，以节约电能。

三、普通电气照明设备

普通灯具既包括简单的白炽灯，又包括豪华的建筑灯具。近年来，随着电光源的不断发展，除了原有的钨丝白炽灯、高汞灯、日光灯、卤钨灯外，又制成了高压钠灯和其他金属卤化物灯等新型电光源。安装前，选择电气照明设备时，首先要使照度达到规定的标准，其次要解决空间亮度的合理分布的问题，创造满意的视觉条件。还应做到实用、经济、安全，便于安装和维修。

普通电气照明设备由电光源、灯具、导线和安装附件等组成。安装前，应对进入施工现场的所有电气设备和器材进行验收。凡所使用的电气设备和器材，都应符合国家或部委颁布的现行技术标准，并具有合格证件，还应具有铭牌。

1. 电光源

电光源是指发光元件或发光体。按发光原理区分，电光源主要分为热辐射光源和气体放电光源两种。在普通电气照明设备中，应用较多的是白炽灯和荧光灯，其次是碘钨灯、高压汞灯、高压钠灯、钠铊铟灯和镝灯等。

(1)白炽灯。白炽灯属于热辐射光源，结构较为简单，由灯头、灯丝和玻璃壳等组成，灯头部分又可分为螺口式和插口式两种。白炽灯可分为两类，一类是普通白炽灯，灯泡型号为PZ型和PQ型，额定电压为220 V，功率为15 W、25 W、40 W、60 W、75 W、100 W、150 W、200 W、300 W等。另一类是低压局部照明白炽灯，电压等级为6 V的功率有10 W、20 W；12 V的功率有10 W、15 W、20 W、25 W、30 W、40 W、60 W、100 W；36 V的功率有15 W、25 W、40 W、60 W、100 W。

(2)荧光灯。普通荧光灯又称日光灯，属于气体放电光源，是一种应用比较普遍的电光源，与普通白炽灯相比具有发光效率高、寿命长、用电省等特点。

目前应用的新型荧光灯有三基色荧光灯、环形荧光灯、双曲灯、H灯和双D灯等。其中，双曲灯内藏镇流器，可以直接替代白炽灯。这些新型荧光灯大多数属于节能新光源。

1)灯管型号RR表示日光灯，RN表示暖白色，RL表示冷白色。

2)除紧凑型荧光灯外，其他引出线采用二针式灯帽。目前，YZK型灯中已有单针式瞬时启动的新灯管。

3)紧凑型双曲灯采用E27灯头，使用方法与白炽灯相同；H灯采用内藏电容器和启辉器的塑料灯头，有导向和固定作用。

2. 灯座

灯座是灯具最基本的组成部分，可分为白炽灯灯座和荧光灯灯座(也称灯脚)等几种形式。白炽灯灯座一般分平座式、吊式和管接式三种。平座式和吊式灯座用于普通的平座灯和吊线灯，管接式灯座用于吸顶灯、吊链灯、吊杆灯和壁灯等成套灯具内，悬吊式铝壳灯头可用于室外吊灯。还有"组合式"灯座（如附拉线开关或胶木螺口平灯座等），具有降低成本、提高安装工效等特点，可用于使用要求不高的场所。

3. 安装附件

照明灯具安装，常用的附件有吊线盒、膨胀螺栓、灯架、灯罩等。电气安装工程中，常用的吊线盒有胶木与瓷质吊线盒和塑料吊线盒。带圆台的吊线盒是近年来出现的新产品，可提高安装工效和节约木材。膨胀螺栓的形状和规格较多，可根据不同使用条件进行选择。在砖或混凝土结构上固定灯具时，应选用沉头式胀管和尼龙塞（塑料胀管）。

四、动力系统

动力系统由以电动机为动力的成套定型的电气设备，小型的或单个分散安装的控制设备（动力开关柜、箱、盘及闸刀开关）、保护设备、测量仪表、母线架设、配管、配线、接地装置等组成。

(一)动力设备的配电

建筑物内动力设备的种类繁多，既有划入非工业电力电价的一般电力，又有划入照明电价的空调电力，总的负荷容量大。其中，空调负荷的容量占总负荷容量的一半左右。动力设备的容量大小也参差不齐，空调机组可达到 500 kW 以上，而有些动力设备只有几百瓦至几千瓦的功率。不同动力设备的供电可靠性要求也是不一样的。因此，在确定动力设备的配电方式时，应根据设备容量的大小、供电可靠性要求的高低，并结合电源情况、设备位置，结合接线简单、操作维护安全等因素综合考虑。

1. 消防用电设备的配电

消防用电设备应采用专用（即单独的）供电回路，即由变压器低压出口处与其他负荷分开自成供电体系，以保证在火灾时切除非消防电源后，消防用电不停，确保灭火扑救工作的正常进行。配电线路应按防火分区来划分。消防水泵、消防电梯、防烟排烟风机等设备，应有两个电源供电，并且两个电源在末端切换。因此，对于消防泵、喷淋泵和消防电梯的配电，应采用直配方式，即从变电所低压母线引两路电源到消防泵、喷淋泵或消防电梯的控制（切换）箱，两路电源应尽可能地取自变电所的两段不同的低压母线。对于正压风机、排烟风机的配电，考虑到设备的功率比较小，且这些风机的位置多在高层建筑物的顶层，比较集中，可采用两级配电，即从变电所低压母线引两路电源到顶层风机配电（切换）箱，再由配电（切换）箱向各风机供电。

2. 空调动力设备的配电

在动力设备中，空调动力是最大的动力设备，它的容量大、设备种类多，包括有空调制冷机组（或冷水机组、热泵）、冷却水泵、冷冻水泵、冷却塔风机、空调机、新风机、风机盘管等。空调制冷机组（或冷水机组、热泵）的功率很大，大多在 200 kW 以上，有的超过500 kW，因此多采用直配方式配电，即从变电所低压母线直接引来电源到机组控制柜。冷却水泵、冷冻水泵的台数较多，且留有备用，单台设备容量在几十千瓦，多数采用降压启动，对其配电一般采用两级配电方式，即从变电所低压母线引来一路或几路电源到泵房动力配电箱，再由动力配电箱引出线至各个泵的启动控制柜。空调机、新风机的功率大小不一，分布范围比较广，可以采用多级配电。盘管风机为 220 V 单相用电设备，数量多、单机功率小，只有几十瓦到一百多瓦，一般可以采用像灯具的供电方式，一个支路可以接若干个盘管风机，盘管风机也可以由插座供电。

3. 电梯和自动扶梯的配电

电梯和自动扶梯是建筑物中重要的垂直运输设备，必须安全、可靠。考虑到运输的轿厢和电源设备在不同的地点，维修人员不可能在同一地点观察到两者的运行情况，虽然单台电梯的功率不大，但为了确保电梯的安全及各台电梯之间互不影响，每台电梯应由专用回路供电。电梯和自动扶梯的电源线路，一般采用电缆或绝缘导线。电梯的电源一般引至机房电源箱；自动扶梯的电源一般引至高端地坑的扶梯控制箱。

4. 生活给水装置的配电

生活给水装置包括生活水泵，一般从变压器低压出口处引一路电源送至泵房动力配电箱，然后送至各泵控制设备。

（二）电动机

电动机是一种将电能转化成机械能，再作为拖动各种生产机械的动力的电气设备。电动机有以下几种分类方法：

（1）根据电动机工作电源不同，电动机可分为**直流电动机和交流电动机**。其中，交流电动机还分为**单相电动机和三相电动机**。

（2）根据结构和工作原理不同，电动机可分为**异步电动机和同步电动机**。

同步电动机还可分为**永磁同步电动机、磁阻同步电动机和磁滞同步电动机**。

异步电动机可分为**感应电动机和交流换向器电动机**。其中，感应电动机又分为**三相异步电动机、单相异步电动机和罩极异步电动机**。交流换向器电动机又分为**单相串励电动机、交直流两用电动机和推斥电动机**。

（3）按用途不同，电动机可分为**驱动用电动机和控制用电动机**。驱动用电动机又分为**电动工具**（包括钻孔、抛光、磨光、开槽、切割等）**用电动机、家电**（包括洗衣机、电风扇、电吹风、电动剃须刀等）**用电动机及其他通用小型机械设备**（包括各种小型机床、小型机械、医疗器械、电子仪器等）**用电动机**。控制用电动机又分为**步进电动机和伺服电动机**等。

三相异步
电动机结构

（4）按转子的结构不同，电动机可分为**笼型感应电动机**（旧标准称为鼠笼型异步电动机）**和绕线转子感应电动机**（旧标准称为绕线型异步电动机）。

（5）按运转速度不同，电动机可分为**高速电动机、低速电动机、恒速电动机和调速电动机**。

（三）起重机（吊车、行车）滑触线

吊车是工厂车间常用的起重设备。常用的吊车有电动葫芦和梁式吊车等。吊车的电源通过滑触线供给，即配电线经开关设备对滑触线供电，吊车上的集电器再由滑触线上取得电源。滑触线分为轻型滑触线，安全节能型滑触线，角钢、扁钢滑触线，圆钢、工字钢滑触线等。

供电滑触线装置由护套、导体、受电器三个主要部件及一些辅助组件构成。

（1）护套。护套是一根半封闭的导形管状部件，是滑触线的主体部分。其内部可根据需要嵌入 3～16 根裸体导轨作为供电导线，各导轨间相互绝缘，从而保证供电的安全性，并在带电检修时有效地防止检修人员触电事故。导管一般每条长度为 4 m，可以连接成任意需要的长度，普通导管制作成直线形，也可按特殊需求制成圆弧形等。

（2）导体。

(3)受电器。受电器是在导管内运行的一组电刷壳架，由安置在用电机构（行车、小车、电动葫芦等）上的拨叉（或牵引链条等）带动，使之与用电机构同步运行，将通过导轨、电刷的电能传到电动机或其他控制元件上。受电器电刷的极数有 3～16 极，与导管中导轨的极数相对应。

第二节　建筑接地与防雷装置

一、接地与接零

电气上所谓的"地"是指电位等于零的地方。一般认为，电气设备的任何部分与大地做良好的连接就是接地；变压器或发电机三相绕组的连接点称为中性点，如果中性点接地，则称为零点。由中性点引出的导线，称为中线或工作接零。

(一)接地的类型

电力系统和电气设备的接地，按其不同的作用可分为工作接地、重复接地、接零和保护接地。为防止雷电的危害所做的接地称为过电压保护接地。另外，还有静电接地和隔离接地等。

1. 工作接地

在正常或事故情况下，为保证电气设备可靠地运行，必须在电力系统中某点（如发电机或变压器的中性点、防止过电压的避雷器的某点等）直接或经特殊装置（如消弧线圈、电抗、电阻、击穿熔断器）与地做金属连接，称为工作接地。这种接地通常在中性点接地系统中采用，如图 5-5 所示。

2. 重复接地

将零线上的一点或多点与地再次做金属的连接称为重复接地，如图 5-5 所示。

3. 接零

与变压器和发电机接地中性点连接的中性线，或与直流回路中的接地中线相连称为接零，如图 5-5 所示。

4. 保护接地

电气设备的金属外壳由于绝缘损坏有可能带电，为防止这种电压危及人身安全的接地，称为保护接地，如图 5-6 所示。这种接地一般在中性点不接地系统中采用。

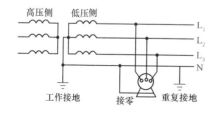

图 5-5　工作接地、重复接地和接零示意

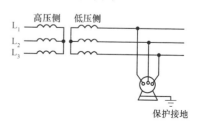

图 5-6　保护接地示意

5. 过电压保护接地

过电压保护装置或设备的金属结构为消除过电压危险影响的接地，称为过电压保护接地。

6. 静电接地

为防止可能产生或聚集电荷，对设备、管道和容器等所进行的接地，称为静电接地。

7. 隔离接地

将电气设备用金属机壳封闭，防止外来信号干扰，或将干扰源屏蔽，使它不影响屏蔽体外的其他设备的金属屏蔽接地，称为隔离接地。

(二)低压配电系统的接地方式

在低压配电系统中，其常用的接地方式有 **TT 系统、TN 系统**和 **IT 系统**。

1. TT 系统

电源端直接接地，电气设备金属外壳接至与电力系统的接地点无关的接地体，即接地制，如图 5-7 所示。

2. TN 系统

电源端直接接地，电气设备金属外壳与中性线相连接，即接零制。根据中性线和电气设备金属外壳连接的不同方式，又可分为 TN-C 系统、TN-C-S 系统和 TN-S 系统。

(1)TN-C 系统。在整个系统中，保护导线(PE)和中性线(N)是合用的(简称 PEN)，如图 5-8 所示。

(2)TN-C-S 系统。在整个系统中，保护导线(PE)和中性线(N)是部分合用的，如图 5-9 所示。

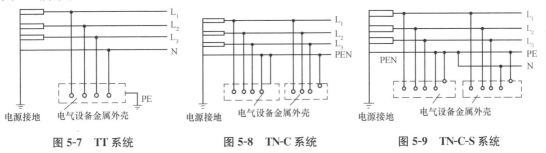

图 5-7 TT 系统　　　　　图 5-8 TN-C 系统　　　　　图 5-9 TN-C-S 系统

(3)TN-S 系统。在整个系统中，保护导线(PE)和中性线(N)是分开的，如图 5-10 所示。

3. IT 系统

电源端不接地或接入阻抗接地，电气设备金属外壳直接与接地体相连接的，称为不接地系统或阻抗接地系统，如图 5-11 所示。

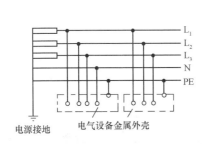

图 5-10 TN-S 系统

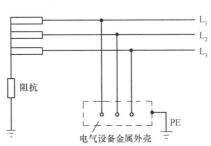

图 5-11 IT 系统

二、防雷装置的构成

防雷装置由接闪器、引下线和接地装置组成。

1. 接闪器

接闪器是指直接受雷击的避雷针、避雷带（网）、避雷线、避雷器以及用作接闪的金属屋面和金属构件等。所有接闪器必须通过引下线与接地装置可靠连接。

（1）避雷针。 避雷针是在建筑物凸出部位或独立装设的针形导体，可吸引改变雷电的放电电路，通过引下线和接地体将雷电流导入大地。

（2）避雷带。 避雷带是利用小型截面圆钢或扁钢做成的条形长带，作为接闪器装于建筑物易遭雷直击的部位，如屋脊、屋檐、女儿墙等，是建筑物屋面防直击雷普遍采用的措施。

避雷网可以做成笼式，暗装避雷网则利用建筑物屋面板内钢筋作为接闪装置。我国高层建筑多采用此形式。

（3）避雷线。 避雷线架设在架空线路上方，用来保护架空线路免遭雷击。

（4）避雷器。 避雷器是用来防护雷电波沿线路侵入建筑物内，使电气设备免遭破坏的电气元件。正常时，避雷器的间隙保持绝缘状态，不影响系统的运行；当因雷击有高压波沿线路袭来时，避雷器间隙被击穿，强大的雷电流导入大地；当雷电流通过以后，避雷器间隙又恢复绝缘状态，供电系统正常运行。

2. 引下线

引下线是连接接闪器与接地装置的金属导体，一般采用圆钢或扁钢，应优先使用圆珠钢。

3. 接地装置

接地装置包括接地体和接地线。其作用是将引下线的雷电流迅速流散到大地土壤中。

（1）接地体。 接地体是指埋入土壤中或混凝土基础中作散流用的导体，可分为自然接地体和人工接地体。

1）自然接地体。 自然接地体是指兼作接地用的直接与大地接触的各种金属构件，如建筑物的钢结构、埋地金属管道等。

2）人工接地体。 人工接地体是指直接打入地下专作接地用的经过加工的各种型钢和钢管等。按敷设方式，可分为垂直接地体和水平接地体。

（2）接地线。 接地线是指从引下线断接卡或换线处至接地体的连接导体。

第三节　建筑弱电系统

一、电缆电视系统

1. 有线电视系统的组成

有线电视（CATV）系统是通信网络系统的一个子系统，它由共用天线电视系统演变而来，是住宅建筑和大多数公用建筑必须设置的系统。有线电视（CATV）系统一般采用同轴电缆和光缆来传输信号。**有线电视（CATV）系统由前端系统、信号传输分配网络和用户终端三部分组成。**

（1）**前端系统**。前端系统主要包括电视接收天线、频道放大器、频率变换器、自播节目设备、卫星电视接收设备、导频信号发生器、调制器、混合器以及连接线缆等部件。

（2）**信号传输分配网络**。信号传输分配网络可分为无源和有源两类。无源分配网络只有分配器、分支器和传输电缆等无源器件，其可连接的用户较少；有源分配网络增加了线路放大器，因此，其连接的用户数可以增多。线路放大器多采用全频道放大器，以补偿用户增多、线路增长后的信号损失。

（3）**用户终端**。有线电视系统的用户终端是供给电视机电视信号的接线器，又称为用户接线盒。其可分为暗盒与明盒两种。

2. 有线电视系统的主要设备

有线电视系统的主要设备包括接收天线、放大器、频道变换器、调制器、解调器、混合器、分配器、分支器、传输线缆和用户接线盒。

（1）**接收天线**。接收天线的主要作用是接收电磁信号、选择放大信号和抑制干扰等。

（2）**放大器**。放大器的主要作用是放大信号，主要有天线放大器和线路放大器。

（3）**频道变换器**。频道变换器的主要作用是将高频道变成低频道进行传输。

（4）**调制器**。调制器的主要作用是将视频信号和音频信号加载到高频载波上，以便传输。

（5）**解调器**。解调器从射频信号中取出图像信号和伴音信号，并分别处理。

（6）**混合器**。混合器的主要作用是将多路射频信号混成一路（称为射频信号），用一根电视电缆传输。

（7）**分配器**。分配器将射频信号分配成多路信号输出，主要用于前端系统末端对总信号进行分配或干线分支和用户分配等。

（8）**分支器**。分支器从干线或支线取出一部分信号馈送给用户接收机，在用户分配系统中也可作为一路信号分成多路信号之用。

（9）**传输线缆**。常用的传输线缆有同轴电缆和光缆。

（10）**用户接线盒**。用户接线盒为电视信号的接口设备，俗称电视插座。

二、电话通信系统

电话原来只是一种传递人类语言信息的工具。近年来，随着数据通信技术的发展而出现的数字程控电话，它的功能已不仅局限于语言信息的传递。现代化的通信技术包括语言、文字、图像、数据等多种信息的传递。接触数字通信网络，可实现计算机联网直接利用远方的计算机中心进行运算，将数据库、计算机和数字通信网络相结合就可进行联机情报检索，因此，数字程控电话系统正在成为人类信息社会的枢纽。

现代建筑物，特别是办公楼和商业性建筑物，更是信息社会的一个集中点。所以，通信技术对于现代建筑是一项重要的技术装备。电话交换系统是通信系统的主要内容之一。电话交换系统由三部分组成，即用户终端设备、电话传输系统和电话交换设备。

1. 用户终端设备

用户终端设备有很多种，**常见的有电话机、电话传真机和电传等。**

2. 电话传输系统

电话传输系统负责在各交换点之间传递信息。在电话网中，传输系统可分为"用户线"和"中继线"两种。

3. 电话交换设备

电话交换设备是电话通信系统的核心。电话通信最初是在两点之间通过原始的受话器和导线的连接由点的传导来进行，如果仅需要在两部电话机之间进行通话，只要用一对导线将两部电话机连接起来就可实现。但如果有成千上万部电话机之间需要互相通话，就需要有电话交换机。

三、火灾自动报警与消防联动系统

在建筑物中装设火灾自动报警系统，能在火患开始但还未成灾之前发出报警，以便及时采取补救措施，这对于消除火灾或减少火灾的损失，是一种极为重要的方法和十分有效的措施。

1. 火灾自动报警系统的组成与工作原理

火灾自动报警系统主要由触发装置（火灾探测器和手动火灾报警按钮）、火灾自动报警控制器、火灾警报器组成。其工作原理框图如图 5-12 所示。

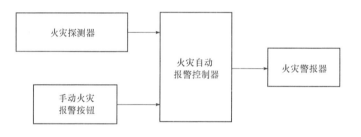

火灾自动报警及
联动控制系统组成

图 5-12　火灾自动报警系统工作原理图

当建筑物内任一处被保护的场所（如房间、走道、门厅、配电室）发生火灾，火灾探测器便把从现场检测到的信息（火灾初起时产生的烟、光、热）转变为电信号传送至控制器。控制器将此信号与现场正常状态信号比较后，若确认是火灾，则输出信号至火灾警报装置发出声光报警并显示火灾现场的地址。

（1）触发装置。为了提高可靠性，火灾自动报警系统设置有自动触发装置和手动触发装置。自动触发装置是指火灾探测器，手动触发装置为手动火灾报警按钮。

（2）火灾自动报警控制器。控制器一般可分为区域报警控制器和集中报警控制器。

1）区域报警控制器接收触发装置发来的信号，然后以声、光及数字形式显示出火灾发生的区域或房间的号码。区域报警控制器还设有控制各消防设备的输出电接点，可以与消防设备联动以达到报警和灭火功能。

2）集中报警控制器与区域报警控制器的原理基本相同，它能接收区域报警器发来的火灾信号，用声、光及数字形式显示火灾发生的区域或楼层。一台集中报警控制器可监控若干台区域报警控制器。

2. 火灾自动报警与消防联动系统的基本形式

在实际工程应用中，主要采用区域报警系统、集中报警系统、控制中心报警系统和消防联动系统四种火灾自动报警系统。

(1)区域报警系统。 区域报警系统由火灾探测器、手动火灾报警按钮、区域火灾报警控制器、火灾警报装置组成，如图 5-13 所示。

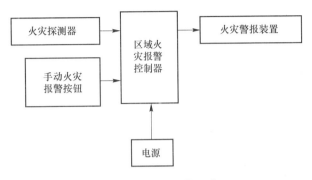

图 5-13　区域报警系统

区域报警系统适用于对建筑物内某一个局部范围或设施进行报警，如图书室、档案室、电子计算机房等。区域报警控制器应装设在有人值班的房间或场所内。

(2)集中报警系统。 集中报警系统由火灾探测器、手动火灾报警按钮、区域火灾报警控制器、集中火灾报警控制器、火灾警报装置和显示装置等组成，如图 5-14 所示。

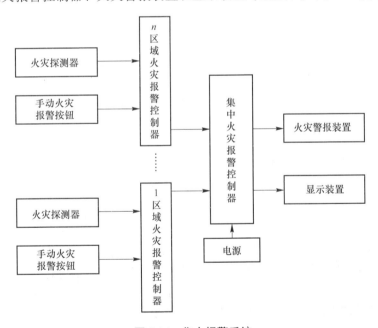

图 5-14　集中报警系统

集中报警系统适用于保护对象规模较大的场合，或对整个建筑物进行火灾自动报警。集中报警控制器应装设在消防值班室内，使其投入运行时有专人管理和维护。

(3)控制中心报警系统。 控制中心报警系统由火灾探测器、手动火灾报警按钮、区域火灾报警控制器、集中火灾报警控制器、消防控制设备、火灾警报装置、显示装置、联动控制装置、火灾事故广播、火警电话等组成。

控制中心报警系统适用于规模大、需要集中管理的大型或高层建筑物内。

(4)消防联动系统。 现代建筑物除要求装设有火灾自动报警系统外，还要求有从报警到灭火的完整系统。为此应设置消防联动系统对消防水泵，送、排风机，排烟风机，防烟风机，防火卷帘，防火阀，电梯等进行控制。联动系统主要有区域-集中报警、纵向联动控制系统等多种类型。

3. 消防值班室与消防控制室

(1)建筑物仅设有火灾报警系统而无消防联动控制功能时，可设消防值班室，值班室宜设在首层主要出入口附近，并可与经常有人值班的部门合并设置。

(2)设有火灾自动报警和消防联动控制设施的建筑物，应设消防控制室。消防控制室应设在首层，距离通往室外的出入口不得超过 20 m。

四、其他建筑弱电系统

(一)防盗与保安系统

防盗与保安系统最初应用于军事领域，后来其应用领域被逐步扩大到金融、商业、政府机关和工业企业等建筑，用于防止各种盗窃和暴力事件。目前，该系统已被广泛应用于中档住宅、高档住宅、别墅等民用建筑，形成了多层次、立体化的保安系统。

1. 楼宅对讲式电控门保安系统

如图 5-15 所示，对讲式电控门保安系统主要由对讲主机、用户分机、电控门及不间断电源等设备组成。对讲主机与用户分机之间采用总线制或多线制连接，通过主机面板上的按键可任意选通用户分机，进行双工对讲。电控门可通过用户分机上的开锁键开启，也可用钥匙随时开门进出；若加入闭路电视系统，则可构成较高档次的监控保安系统。

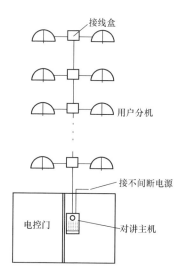

图 5-15　对讲式电控门保安系统示意

楼宅对讲式电控门保安系统主要用于住宅楼、写字楼等建筑，对于其他重要建筑的入口、金库门、档案室等处，可以安装智能化程度较高的入口控制系统，想进入室内的合法用户需持用户磁卡经磁卡识别器识别，或从密码键盘输入密码后方可入内，或通过指纹、掌纹等生物辨识系统来判别申请入内者的身份，使非法入侵者被拒之门外。采用这一系统，可以在楼宅控制中心掌握整个大楼内外所有出、入口处的人流情况，从而提高了保安效果和工作效率。

2. 非法入侵报警系统

非法入侵报警系统主要由报警探测器(探头)和报警控制器等设备组成。根据工作原理的不同，可将探测器分为超声波探测器、微波探测器和红外探测器等几种类型。其中，红外报警探测器最为常用。

提示： 防盗与保安系统的设计与施工必须保密，所有的线路及设备安装均隐蔽和可靠，在进行室内装修时，不得将系统内的设备和线路随意移动，以确保系统能发挥其应有的功能。

(二)广播音响系统

1. 广播音响系统的分类

作为一种通信和宣传的工具，有线广播被广泛应用于各类公共建筑内。有线广播系统通常可分为下列三种类型：

(1)业务性广播系统。 业务性广播系统设置于办公楼、商场、教学楼、车站、客运码头等建筑物内，以满足业务和行政管理等要求为主的语言广播系统。该系统一般较简单，在设计和设备选型上没有过高的要求。

(2)服务性广播系统。 如大型公共活动场所和宾馆饭店内的广播系统，以背景音乐和对客房进行广播为主。

(3)火灾事故广播系统。 对具有综合防火要求的建筑物，特别是高层建筑，应设置紧急广播系统，用于火灾时或其他紧急情况下，指挥扑救并组织引导人员疏散。该系统对运行的可靠性有很高的要求，应保证在发生紧急情况时仍然能正常工作足够长时间。

2. 有线广播设备的安装

有线广播系统中的设备主要有扩音设备、扬声器以及广播线路等。

(1)扩音设备。 扩音机是扩音系统的主机，其功率输出有定阻输出和定压输出两种方式。在定压输出方式中，负荷在一定范围内变化时，其输出电压能保持一定值，可使扩音系统获得较好的音质。因此，建筑物内的有线广播系统常采用定压输出方式，其输出电压一般为 120 V。

(2)扬声器。 扬声器可分为电动式、静电式和电磁式等若干种。其中，电动式扬声器应用最广。选择扬声器时应考虑其灵敏度、频率响应范围、指向性和功率等因素。

在办公室、生活间、客房等场所，可采用 $1\sim2$ W 电动式纸盆扬声器，总容量可按 0.05 W/m^2 估算，在墙、柱等处明装时的安装高度为 2.5 m，也可嵌入吊顶内暗装。用于走廊、门厅及商场、餐厅处的背景音乐或业务广播的扬声器可采用 $3\sim5$ W 的纸盆扬声器，安装间距为层高的 $2\sim2.5$ 倍，当层高大于 4 m 时，也可采用小型声柱。

注意 应结合装饰吊顶的设计与施工，将扬声器等间距地暗装在吊顶内，力求与吊顶上的其他设备(如灯具、送风口、排风口等)的布置取得协调。

(3)广播线路。 室内广播线一般采用铜芯双股塑料绝缘导线(如 RVB 或 RVS 型)，线径为 2×0.5 mm^2 或 2×0.8 mm^2，导线应穿钢管沿墙、地坪或吊顶暗敷，钢管的预埋和穿线方法与强电线路相同。

系统接线是根据系统原理图，通过分线箱内的接线端子排将广播系统内的有关设备进行有序连接。图 5-16 所示为宾馆、饭店等建筑内常用的背景音乐广播与火灾广播系统原理图。

(三)智能建筑与综合布线系统

建筑物综合布线系统(PDS)又称为开放式布线系统，它将建筑物内部的语音交换、智能数据处理设备及其他数据通信设施相互连接起来，并采用必要的设备与建筑物外部数据网络或电话线路相连接。综合布线系统的出现，打破了数据传输和语音传输之间的界限，使不同的信号在同一条线路上传输，为综合业务数据网络(ISDN)的实施提供了传输保证。

综合布线系统一般由下列六个独立的子系统组成，如图 5-17 所示。

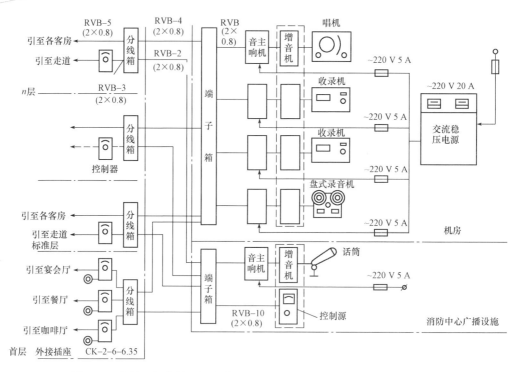

图 5-16　宾馆、饭店等建筑内常用的背景音乐广播与火灾广播系统原理图

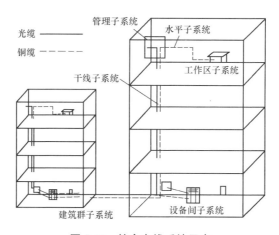

图 5-17　综合布线系统示意

(1)工作区子系统。 工作区子系统是指通过信息插座、跳线、适配器和其他信息连接设备，与用户使用的各种设备连接的部分。用户可使用的设备包括电话、数据终端、计算机设备以及控制器、传感器、可视设备等弱电通信设备。

(2)水平子系统。 水平子系统是指从工作区子系统的信息插座出发，连接管理区子系统的通信交叉配线设备的线缆部分，其功能在于将干线子系统线路延伸到用户工作区。水平子系统一般布置在同层楼上，其一端接在信息插座上，另一端接在楼层配线间的跳线架上。

(3)管理子系统。 管理子系统是结构化综合布线系统中用于实现不同功能的重要组成部分，它在不同的通信系统之间建立起可以灵活管理的"桥梁"。管理子系统中包括双绞线跳线架和跳线，在有光纤的布线系统中，还应有光纤跳线架和光纤跳线。这样，当终端设备位置或局域网的结构变化时，往往只需改变跳线方式而无须重新布线，即能满足用户的需要。

(4)干线子系统。 干线子系统是指用于将管理区子系统的配线间与设备间子系统或建筑群接入子系统相连接的主干线缆部分，它采用大对数的电缆馈线或光缆，两端分别端接在设备间和管理间的跳线架上。

(5)设备间子系统。 设备间子系统是由设备间内的电缆、连接跳线架及有关支撑硬件、防雷保护装置等组成的。对于结构化综合布线系统，设备间子系统与管理子系统的功能十分相似。

(6)建筑群子系统。 建筑群子系统(或建筑群接入子系统)是将多个建筑物的数据通信信号连成一体的布线系统，它包括各种线缆、连接硬件、保护设备和其他将建筑物之间的线缆与建筑物内的布线系统相连接所需要的各种设备。

综合布线系统能够满足建筑物内部及建筑物之间的所有计算机、通信设备，以及楼宇自动化系统设备需求的网络系统。目前，国内已建成的综合布线系统中，绝大多数是国外的通信与网络公司的产品。这些产品共同的特点是：可将各种语音、数据、视频图像及楼宇自动化系统中的各类控制信号在同一个系统布线中传输，在室内各处设置标准的信息插座，由用户根据需要采用跳线方式选用。系统中信号的传输介质，可按传输信号的类型、容量、速率和带宽等因素，选用非屏蔽双绞线、光缆或两者的混合布线。

第四节　建筑电气施工图

一、电气图简介

(一)电气图的基本构成

建筑电气施工图包括电气照明施工图、电气动力施工图和建筑弱电施工图等几种。电气图一般由电路图、技术说明和标题栏三部分组成。

建筑电气制图标准

1. 电路图

电路图反映电路的构成。由于电气元器件的外形和结构比较复杂，所以，在电路图中采用国家统一规定的图形符号和文字符号来表示电气元器件的不同种类、规格以及安装方式。

2. 技术说明

电气图中的文字说明和元件明细表等总称为技术说明。文字说明注明电路的某些要点及安装要求等，通常写在电路图的右上方，若说明较多，也可另附页说明。元件明细表列出电路中各种元件的符号、规格和数量等。元件明细表以表格形式写在标题栏的上方，元件明细表中的序号自下而上编排。

3. 标题栏

标题栏画在电路图的右下角，其中注明工程名称、图名、图号，还有设计人、制图人、审核人、批准人的签名和日期等。标题栏是电路图的重要技术档案，栏目中的签名者对图中的技术内容各负其责。

（二）电气图的基本内容

1. 图纸目录

图纸目录的主要内容有图纸的组成、名称、张数、图号等。设置目录的目的是方便读者查找。

2. 设计说明

设计说明用于说明电气工程的概况和设计者的意图，用来表达图形、符号难以表达清楚的设计内容，要求内容简单明了、通俗易懂，语言不能有歧义。其主要内容包括供电方式、电压等级、主要线路敷设方式、防雷、接地及图中不能表达的各种电气安装高度、工程主要技术数据、施工验收要求以及有关事项等。

3. 材料设备表

材料设备表列出电气工程所需的主要设备、管材、导线、开关、插座等的名称、型号、规格、数量等。材料设备表上所列主要材料的数量，由于与工程量的计算方法和要求不同，不能作为工程量编制预算依据，只能作为参考数量。

4. 电气平面图

电气平面图可分为变电、配电平面图，动力平面图，照明平面图，弱电平面图，室外工程平面图及防雷、接地平面图等。其主要内容包括以下几项：

（1）建筑物平面布置、轴线分布、尺寸及图样比例。

（2）各种变电、配电设备的型号、名称，各种用电设备的名称、型号及在平面图上的位置。

（3）各种配电线路的起点、敷设方式、型号、规格、根数，以及在建筑物中的走向、平面和垂直位置。

（4）建筑物和电气设备的防雷、接地的安装方式及在平面图上的位置。

（5）控制原理图。根据控制电器的工作原理，按规定的线段和图形符号制成的电路展开图。

5. 配电系统图

配电系统图是整个建筑配电系统的原理图，其主要内容包括以下几项：

（1）配电系统和设施在各楼层的分布情况。

（2）整个配电系统的连接方式，从主干线至各分支回路数量。

（3）主要变电、配电设备的名称、型号、规格及数量。

（4）主干线路及主要分支线路的敷设方式、型号、规格。

6. 详图

电气工程详图是指对局部节点需放大比例才能反映清楚的图。如柜、盘的布置图和某些电气部件的安装大样图，对安装部件的各部位注有详细尺寸，一般是在上述图表达不清，又没有标准图可选用并有特殊要求的情况下才绘制的图。

（三）电气工程图的识读程序

识读建筑电气工程图的方法没有统一规定，一般可按以下步骤进行：

（1）看标题栏及图纸目录。了解工程名称、项目内容、设计日期及图纸数量和内容等。

（2）看总说明。了解工程总体概况及设计依据，了解图纸中未能表达清楚的各有关事项，如供电电源的来源、电压等级、线路敷设方法、设备安装高度及安装方式、补充使用的非国标图形符号、施工时应注意的事项等。有些分项局部问题是在分项工程的图纸上说明的，看分项工程图纸时，也要先看设计说明。

（3）看系统图。各分项工程的图纸中都包含有系统图。如变(配)电工程的供电系统图、电力工程的电力系统图、照明工程的照明系统图以及电缆电视系统图等。看系统图的目的是了解系统的基本组成，主要电气设备、元件等连接关系以及它们的规格、型号、参数等，掌握该系统的组成概况。

（4）看平面布置图。平面布置图是建筑电气工程图纸中的重要图纸之一，如变(配)电所电气设备安装平面图(还应有剖面图)、电力平面图、照明平面图、防雷平面图、接地平面图等，都是用来表示设备安装位置、线路敷设部位、敷设方法及所用导线的型号、规格、数量、管径大小的。通过阅读系统图，了解系统组成概况之后，就可依据平面图编制工程预算和施工方案，具体组织施工了。

（5）看电路图。了解各系统中用电设备的电气自动控制原理，从而指导设备的安装和控制系统的调试工作。因电路图多是采用功能布局法绘制的，看图时应依据功能关系从上至下或从左至右一个回路、一个回路地识读。熟悉电路中各电气设备的性能和特点，对读懂图纸将是一个极大的帮助。

（6）看安装接线图。了解设备或电气的布置与接线。与电路图对应阅读，进行控制系统的配线和调校工作。

（7）看安装大样图。安装大样图是用来详细表示设备安装方法的图纸，是依据施工平面图进行安装施工和编制工程材料计划时的重要参考图纸。安装大样图多采用全国通用电气装置标准图集。

（8）看设备材料表。设备材料表提供了该工程所使用的设备、材料的型号、规格和数量，是编制购置设备、材料计划的重要依据之一。

（四）识图注意事项

识读电气施工图时应注意以下事项：

（1）必须熟悉电气施工图的图例、符号、标注及画法。

（2）必须具有相关电气安装与应用的知识和施工经验。

（3）能建立空间思维，正确确定线路走向。

（4）电气图与土建图对照识读。

（5）明确施工图识读的目的，准确计算工程量。

（6）善于发现图中的问题，在施工中加以纠正。

二、电气照明施工图

（一）图例符号和文字标记

电气照明施工图是电气照明设计的最终表现，是电气照明工程施工的主要依据。 图中采用了规定的图例、符号、文字标注等，用于表示实际线路和实物。因此，对电气照明施工图的识读，应首先熟悉有关图例符号和文字标记。

（1）图例符号。常用图例见表5-1。

表 5-1 照明系统常用图例

图　例	名　称	图　例	名　称
	动力或动力-照明配电箱		壁灯
	照明配电箱（屏）		广照型灯（配照型灯）
	灯的一般符号		防水防尘灯
	球形灯		开关一般符号
	顶棚灯		单极开关
	花灯		单极限时开关
	弯灯		调光器
	单管荧光灯		单极开关（暗装）
	三管荧光灯		双极开关
	五管荧光灯		双极开关（暗装）
	三极开关		密闭（防水）
	三极开关（暗装）		防爆
	单相插座		带接地插孔的三相插座
	暗装		带接地插孔的三相插座（暗装）
	密闭（防水）		插座箱（板）
	防爆		事故照明配电箱（屏）
	带保护接点插座		钥匙开关
	带接地插孔的单相插座（暗装）		电铃

灯具的标注是在灯具旁按灯具标注规定标注灯具数量、型号、灯具中的光源数量和容量、悬挂高度和安装方式。

照明灯具的标注格式为

$$a-b\frac{c\times d\times L}{e}f$$

式中　a——同一平面内，同种型号灯具的数量；

　　　b——灯具型号；

　　　c——每盏照明灯具中光源的数量；

　　　d——每个光源的额定功率（W）；

　　　e——安装高度（m），当吸顶或嵌入安装时用"—"表示；

　　　f——安装方式；

　　　L——光源种类（常省略不标）。

灯具安装方式代号如下：

SW 表示线吊、CS 表示链吊、DS 表示管吊、C 表示吸顶、R 表示嵌入、W 表示壁式、WR 表示嵌入壁式、CL 表示柱上式、S 表示支架上安装、CR 表示顶棚内、HM 表示座装。

例如，$4-T5\ ESS\frac{2\times 28}{2.5}SW$，表示 4 盏 T5 系列直管型荧光灯，每盏灯具中装设 2 只功率为 28 W 的灯管，灯具的安装高度为 2.5 m，灯具采用线吊式安装方式。

（2）文字标记线路的文字标注含义见表 5-2～表 5-5。

表 5-2　常用电气图图线形式

图线名称	图形	图线应用	图线名称	图形	图线应用
粗实线	——————	电气线路，一次线路	点画线	—·—·—	控制线
细实线	————	二次线路，一般线路	双点画线	—··—··—	辅助围框线
虚线	— — — —	屏蔽线路，机械线路			

表 5-3　常用电气图图例符号

图　例	名　称	备注	图　例	名　称	备注
	双绕组	形式 1		电源自动切换箱（屏）	
	变压器	形式 2		隔离开关	
	三绕组	形式 1		接触器（在非动作位置触点断开）	
	变压器	形式 2		断路器	
				熔断器一般符号	
	电流互感器	形式 1		熔断器式开关	
	脉冲变压器	形式 2		熔断器式隔离开关	

图 例	名 称	备注	图 例	名 称	备注
	电压互感器	形式1 形式2		避雷器	
	屏、台、箱、柜一般符号		Ⓐ	指示式电流表	
	电线、电缆、母线、传输通路、一般符号			接地装置	
	三根导线			(1)有接地极； (2)无接地极	
	三根导线		Ⓥ	指示式电压表	
	n 根导线		cosφ	功率因数表	
			Wh	有功电能表(瓦时计)	

表 5-4 线路敷设方式及符号

敷设方式	新符号	旧符号	敷设方式	新符号	旧符号
穿焊接钢管敷设	SG	G	电缆桥架敷设	CT	
穿电线管敷设	TC	DC	金属线槽敷设	MR	GC
穿硬塑料管敷设	PC	VG	塑料线槽敷设	PR	XC
穿聚氯乙烯半硬管敷设	EPC	RVC	直埋敷设	DB	
穿聚氯乙烯塑料波纹管敷设	KPC		电缆沟敷设	TC	
穿金属软管敷设	CP		混凝土排管敷设	CE	
穿扣压式薄壁钢管敷设	KBC		钢索敷设	M	

表 5-5 线路敷设部位文字及符号

敷设方式	新符号	旧符号	敷设方式	新符号	旧符号
沿或跨梁(屋架)敷设	BC	LM	暗敷设在墙内	WC	QA
暗敷设在梁内	BC	LA	沿顶棚中顶板面敷设	CE	PM
沿或跨柱敷设	CLE	ZM	暗敷设在壁面或顶板内	CC	PA
暗敷设在柱内	CLC	ZA	吊顶内敷设	SCG	
沿墙面敷设	WE	QM	地板或地面暗敷设	F	DA

线路的文字标注基本格式为

$$ab-c(d\times e+f\times g)i-jh$$

式中　a——线缆编号；

　　　b——型号；

　　　c——线缆根数；

　　　d——线缆线芯数；

　　　e——线芯截面面积(mm^2)；

f——PEN、N 线芯数；

g——线芯截面面积（mm^2）；

h——线路敷设安装高度（m）；

i——线路敷设方式；

j——线路敷设部位。

上述字母无内容时，则省略该部分。

(二)电气照明施工图识读

1. 电气照明系统图

电气照明系统图用来表明照明工程的供电系统、配电线路的规格，采用管径、敷设方式及部位，线路的分布情况，计算负荷和计算电流，配电箱的型号及其主要设备的规格等。系统图具体可表明以下几点：

(1)供电电源种类及进户线标注：表明本照明工程是由单相供电还是由三相供电，电源的电压、频率及进户线的标注。

(2)总配电箱、分配电箱：在系统图中用虚线、点画线、细实线围成的长方形框便是配电箱的展开图。系统图中应标明配电箱的编号、型号、控制计量保护设备的型号及规格。

(3)干线、支线：从图面上可以直接表示出干线的接线方式是放射式、树干式还是混合式，以便作为施工时干线的接线依据；表示出干线、支线的导线型号、截面、穿管管径、管材、敷设部位及敷设方式，用导线标注格式来表示。

(4)相别划分：三相电源向单相用电回路分配电能时，应在单相用电各回路导线旁标明相别 L_1、L_2 等，避免施工时错接。

(5)照明供电系统的计算数据：照明供电系统的计算功率、计算电流、需要系数、功率因数等计算值，标注在系统图上明显位置。

2. 电气照明平面图

电气照明平面图是按国家规定的图例和符号，画出进户点、配电线路及室内的灯具、开关、插座等电气设备的平面位置及安装要求。照明线路都采用单线画法。

通过对平面图的识读，具体可以了解以下情况：

(1)进户线的位置，总配电箱及分配电箱的平面位置。

(2)进户线、干线、支线的走向，导线的根数，支线回路的划分。

(3)用电设备的平面位置及灯具的标注。

在阅读照明平面图过程中，要逐层、逐段阅读平面图，要核实各干线与支线导线的根数、管位是否正确，线路敷设是否可行，线路和各电器安装部位与其他管道的距离是否符合施工要求。

3. 电气设计说明

在系统图和平面图中未能表明而又与施工有关的问题，可在设计说明中予以补充。说明应包括下列内容：

(1)电源提供形式，电源电压等级，进户线敷设方法，保护措施等。

(2)通用照明设备安装高度、安装方式及线路敷设方法。

(3)施工时的注意事项，施工验收执行的规范。

(4)施工图中无法表达清楚的内容。

说明： 对于简单工程可以将说明并入系统图或平面图中。

4. 主要设备材料表

将电气照明工程中所使用的主要材料进行列表，便于材料采购，同时有利于检查验收。主要设备材料表中的内容应包含：序号、在施工图中的图形符号、对应的型号规格、数量、生产厂家和备注等。对自制的电气设备，也可在材料表中说明其规格、数量及制作要求。

(三)电气照明施工图识读实例

某建筑局部照明及部分插座电气平面图如图 5-18 所示，从图中可以看出，照明光源除卫生间外都采用直管型荧光灯，卫生间采用防水防尘灯具。除此以外，还设置了应急照明灯，应急照明电源在停电时提供应急电源使应急灯照明。左面房间电气照明控制线路说明如下：上、下两个四联开关分别控制上面和下面四列直管型荧光灯。电源由配电箱 AL2-9 引出，配电箱 AL2-9、AL2-10 中由一路主开关和六路分开关构成。系统图如图 5-19 所示。

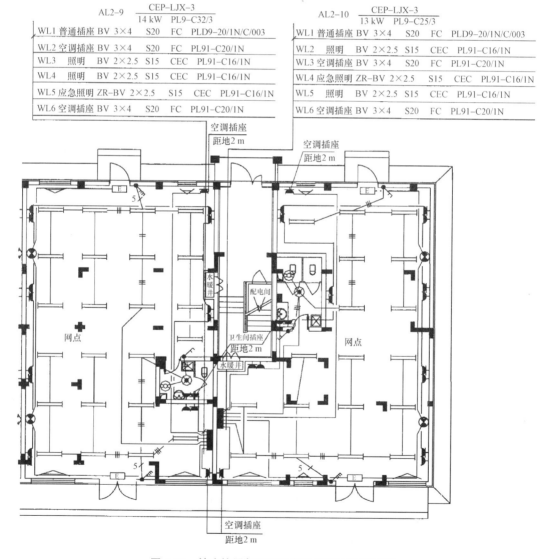

图 5-18 某建筑局部照明及部分插座电气平面图

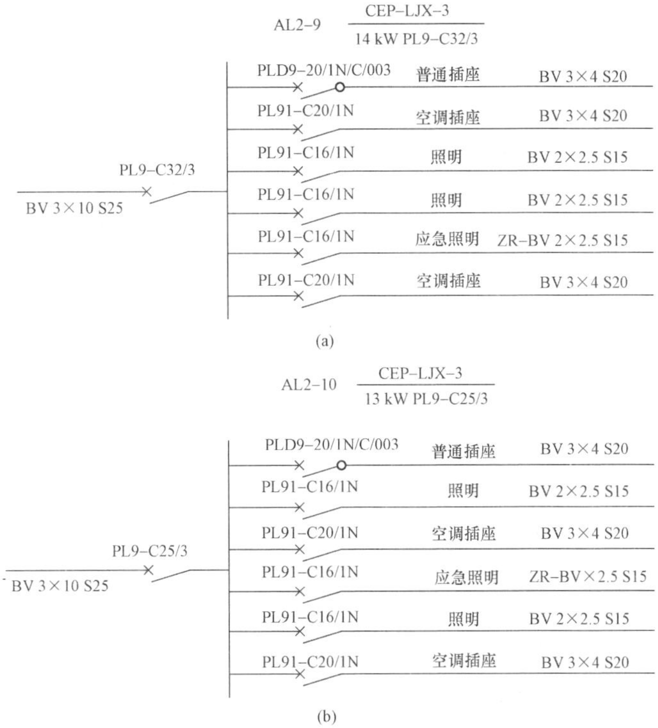

AL2–9 | CEP–LJX–3 / 14 kW PL9–C32/3

```
                  PLD9–20/1N/C/003    普通插座      BV 3×4 S20
                  PL91–C20/1N         空调插座      BV 3×4 S20
                  PL91–C16/1N         照明          BV 2×2.5 S15
  PL9–C32/3       PL91–C16/1N         照明          BV 2×2.5 S15
BV 3×10 S25       PL91–C16/1N         应急照明      ZR–BV 2×2.5 S15
                  PL91–C20/1N         空调插座      BV 3×4 S20
```

(a)

AL2–10 | CEP–LJX–3 / 13 kW PL9–C25/3

```
                  PLD9–20/1N/C/003    普通插座      BV 3×4 S20
                  PL91–C16/1N         照明          BV 2×2.5 S15
                  PL91–C20/1N         空调插座      BV 3×4 S20
  PL9–C25/3       PL91–C16/1N         应急照明      ZR–BV×2.5 S15
BV 3×10 S25       PL91–C16/1N         照明          BV 2×2.5 S15
                  PL91–C20/1N         空调插座      BV 3×4 S20
```

(b)

图 5-19　配电箱系统图

(a)配电箱系统图(一)；(b)配电箱系统图(二)

　　左面房间上下的照明控制开关均为四联，因此，开关的线路为5根线(火线进1出4)。其他各路控制导线根数与前面基本知识中所述判断方法一致。卫生间有一盏照明灯和一个排风扇，因此采用一个双联开关，其电源仍是与前面照明公用一路电源。各路开关所采用的开关分别有 PL91-C16、PL91-C20 具有短路过载保护的普通断路器，还有 PLD9-20/1 N/C/003 带有漏电保护的断路器，保护漏电电流为 30 mA。各线路的敷设方式为 AL2-9 照明配电箱线路，分别为 3 根 4 mm^2 聚氯乙烯绝缘铜线穿直径 20 mm 钢管敷设(BV3×4 S20)、2 根 2.5 mm^2 聚氯乙烯绝缘铜线穿直径 15 mm 钢管敷设(BV2×2.5 S15)以及 2 根 2.5 mm^2 阻燃型聚氯乙烯绝缘铜线穿直径 15 mm 钢管敷设(ZR—BV2×2.5 S15)。

　　右侧房间的控制线路与左侧相似，只是上面的开关只控制两路照明光源，为两极开关，卫生间的照明控制仍是采用两极开关控制照明灯和排风扇。

三、电气动力施工图

(一)电气动力施工图的组成

　　电气动力施工图包括基本图和详图两大部分，主要有以下内容：

　　(1)设计说明。设计说明包括供电方式、电压等级、主要线路敷设方式、防雷、接地及图中未能表达的各种电气动力安装高度、工程主要技术数据、施工和验收要求及有关事项等。

　　(2)主要材料设备表。主要材料设备表包括工程所需的各种设备、管材、导线等的名称、型号、规格、数量等。

　　(3)配电系统图。配电系统图包括整个配电系统的连接方式，从主干线至各分支回路的回路数；

主要配电设备的名称、型号、规格及数量；主干线路及主要分支线路的敷设方式、型号、规格。

（4）电气动力平面图。电气动力平面图包括建筑物的平面布置、轴线分布、尺寸及图纸比例；各种配电设备的编号、名称、型号以及在平面图上的位置；各种配电线路的起点、敷设方式、型号、规格、根数，以及在建筑物中的走向、平面和垂直位置；动力设备接地的安装方式以及在平面图上的位置；控制原理图。

（5）电气动力工程详图。电气动力工程详图是指柜、盘的布置图和某些电气部件的安装大样图，对安装部件的各部位注有详细尺寸，一般是在没有标准图可选用并有特殊要求的情况下才绘制的图。标准图是通用性详图，表示一组设备或部件的具体图形和详细尺寸，便于制作安装。

（二）电气动力施工图的识读

为了读懂电气动力施工图，识图时应抓住以下要领：

（1）熟悉图例符号，弄清楚图例符号所代表的内容。

（2）尽可能结合该电气动力工程的所有施工图和资料（包括施工工艺）一起识读，尤其要读懂配电系统图和电气平面图。只有这样才能了解设计意图和工程全貌。

阅读时，首先应阅读设计说明，以了解设计意图和施工要求等；然后阅读配电系统图，以初步了解工程全貌；再阅读电气平面图，以了解电气工程的全貌和局部细节；最后阅读电气工程详图、加工图及主要材料设备表等。

提示：读图时，一般按以下顺序进行：进线→变、配电所→开关柜、配电屏→各配电线路→车间或住宅配电箱（盘）→室内干线→支线及各路用电设备。

（三）电气动力施工图识读实例

图 5-20 所示为某车间电气动力平面图。车间里有 4 台动力配电箱，即 AL1～AL4。

AL1 $\dfrac{\text{XL}-20}{4.8}$ 表示配电箱的编号为 AL1、型号为 XL—20、容量为 4.8 kW。由 AL1 箱引出 3 个回路，回路代号为 BV—3×1.5＋PE1.5—SC20—FC，表示三根相线截面为 1.5 mm^2，PE 线截面为 1.5 mm^2，材料为铜芯塑料绝缘导线，穿直径为 20 mm 的焊接钢管，沿地暗敷设。

AL2 $\dfrac{\text{XL}-20}{7.7}$ 表示配电箱的编号为 AL2、型号为 XL—20、容量为 7.7 kW。由 AL2 箱引出 4 个回路，回路代号为 BV—3×1.5＋PE1.5—SC20—FC，表示 4 根相线截面为 1.5 mm^2，PE 线截面为 1.5 mm^2，材料为铜芯塑料绝缘导线，穿直径为 20 mm 的焊接钢管，沿地暗敷设。

AL3 $\dfrac{\text{XL}-20}{4.8}$ 表示配电箱的编号为 AL3、型号为 XL—20、容量为 4.8 kW。由 AL3 箱引出 3 个回路，回路代号为 BV—3×1.5＋PE1.5—SC20—FC，表示三根相线截面为 1.5 mm^2，PE 线截面为 1.5 mm^2，材料为铜芯塑料绝缘导线，穿直径为 20 mm 的焊接钢管，沿地暗敷设。

AL4 $\dfrac{\text{XL}-20}{7.7}$ 表示配电箱的编号为 AL4、型号为 XL—20、容量为 7.7 kW。由 AL4 箱引出 4 个回路，回路代号为 BV—3×1.5＋PE1.5—SC20—FC，表示 4 根相线截面为 1.5 mm^2，PE 线截面为 1.5 mm^2，材料为铜芯塑料绝缘导线，穿直径为 20 mm 的焊接钢管，沿地暗敷设。

图中 $\dfrac{1}{1.1}$ 表示设备编号为 1，设备容量为 1.1 kW，$\dfrac{2}{2.2}$ 表示设备编号为 2，设备容量为 2.2 kW，以此类推，图中此类设备共有 14 台。

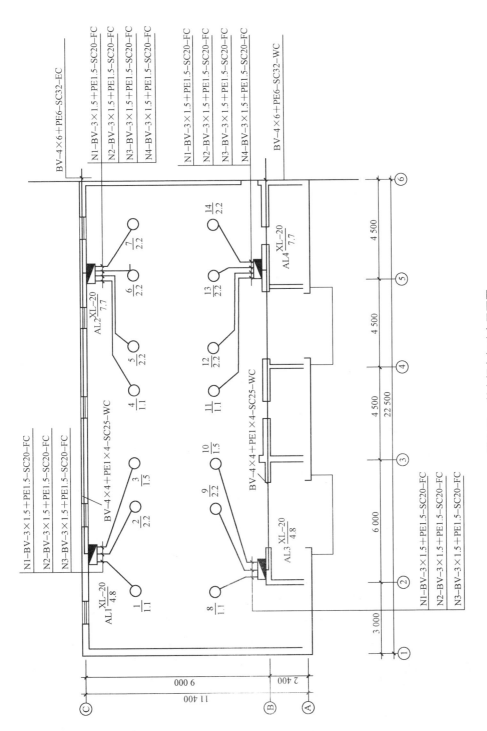

图5-20　某车间电气动力平面图

四、建筑弱电施工图

(一)建筑弱电施工图识读的要求

建筑弱电系统包括电话、有线电视、计算机网络、有线广播、电控门和安保系统等。

弱电系统涉及的知识范围较为广泛，能够基本掌握各部分弱电系统的基本知识对弱电系统识图非常重要。因此，应了解弱电系统中所涉及的各种设备的基本功能和特点、工作方式、技术参数，这些对了解整个系统极为重要。如消防系统各部分各种探测器的特点、应用场所、适用范围、信号的传递方式、系统联动控制执行过程等，都涉及相关的技术知识，只有对弱电系统有较好的理解，才能对系统技术图有较为深入的了解和掌握。

(二)建筑弱电施工图的识读方法

由于建筑弱电系统专业性较强，它的安装、调试和验收一般都由专业施工队伍或厂家专业人员来做，而土建施工部门只需按照施工图样预埋线管、箱、盒等设施，按指定位置预留洞口和预埋件。所以，能够读懂弱电系统施工图，完成弱电系统的前期施工和准备工作，对实现建筑物和小区的整体功能是非常重要的。

(1)按系统认真阅读设计施工说明，通过阅读设计施工说明，了解工程概况和要求，同时注意弱电设施和强电设施及建筑结构的关系。

(2)读图顺序一般为：通信电缆的总进线→室内总接线箱(盒)→干线→分接线箱(盒)→支线→室内插座。

(3)熟悉施工要求，预埋箱、盒、管的型号和位置要准确无误，预留洞的尺寸和位置要正确，并注意各种弱电线路和照明线路的相互关系。

(三)火灾自动报警及联动控制系统图识读

1. 火灾自动报警及联动控制系统图识读要点

火灾自动报警及联动控制系统图主要反映系统的组成、设备和元件之间的相互关系，阅读时应主要阅读火灾自动报警及联动控制平面图和消防平面图。

火灾自动报警及联动控制平面图主要反映设备器件的安装位置，管线的走向及敷设部位、敷设方式，管线的型号、规格及根数。

通过阅读消防平面图，进一步了解火灾探测器、手动报警按钮、电话插口等设备的安装位置，消防线路的敷设部位、敷设方法及管线的型号规格、管径大小等情况。

阅读时首先从消防中心开始，到各楼层的接线端子箱，再到各分支线路的走向、配线方式以及与设备的连接情况等。

消防系统中常用的图形符号见表5-6。

表5-6　消防系统中常用的图形符号

名　称	图形符号	名　称	图形符号	名　称	图形符号
火灾报警装置		报警电话插口		区域显示器	Fi
感温探测器		手动报警装置		广播扬声器	
感烟探测器		消火栓报警按钮		消防接线箱	JX

2. 火灾自动报警及联动控制系统图识读实例

图 5-21 所示为火灾自动报警及联动控制系统图。

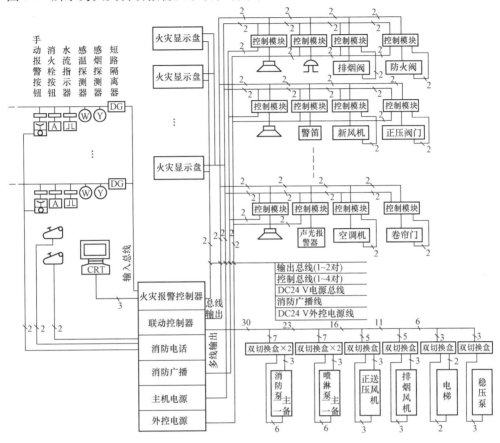

图 5-21 火灾自动报警及联动控制系统图

（1）火灾报警控制器是一种可现场编程的二总线制通用报警控制器，既可用作区域报警控制器，又可用作集中报警控制器。该控制器最多有 8 对输入总线，每对输入总线可带探测器和节点型信号 127 个。最多有两对输出总线，每对输出总线可带 32 台火灾显示盘。通过串行通信方式将报警信号送入联动控制器，以实现对建筑物内消防设备的自动、手动控制。通过另一串行通信接口与计算机连机，实现对建筑的平面图、着火部位等的彩色图形显示。每层设置一台重复显示屏，可作为区域报警控制器，显示屏可进行自检，内装有 4 个输出中间继电器，每个继电器有输出触点 4 对，可控制消防联动设备。

（2）联动控制系统中一对（最多有 4 对）输出控制总线（二总线控制），可控制 32 台火灾显示盘（或远程控制器）内的继电器来达到每层消防联动设备的控制。二总线可接256 个信号模块；设有 128 个手动开关，用于手动控制重复显示屏（或远程控制箱）内的继电器。

（3）消防电话连接二线直线电话，电话一般设置于手动报警按钮旁，只需将手提式电话机的插头插入电话插孔即可向总机（消防中心）通话。消防电话的分机可向总机报警，总机也可呼叫分机进行通话。

（4）消防广播装置由联动控制器实施着火层及其上、下层的紧急广播的联动控制。当有背景音乐（与火灾事故广播兼用）的场所火警时，由联动控制器通过其执行件（控制模块或继电器盒）实现强制切换到火灾事故广播的状态。

（四）电话系统施工图识读

1. 电话系统图识读要点

电话系统图主要标志系统的配线方式、交接箱、分线箱、电话出口线缆型号及规格等。电话系统平面图表示设备的安装位置、线路的走向及敷设方式等。

电话工程图中的图形符号见表 5-7。

表 5-7　电话工程图中的图形符号

序号	名　　称	图形符号	备　　注
1	总配线架	⊞	
2	中间配线架	⊞	
3	架空交接箱	⊠	
4	落地交接箱	⊠	
5	壁龛交接箱	◤◥	
6	在地面安装的电话插座	TP	
7	直通电话插座	PS	
8	室内分线盒	⌓	可加注：$\dfrac{A-B}{C}D$
9	室外分线盒	⌓	A—编号；B—容量；C—线号；D—用户数
10	电话机	⌂	

2. 住宅楼电话工程图识读实例

住宅楼电话工程图如图 5-22 所示。

在工程图中可以看到，进户使用 HYA—50(2×0.5) 型电话电缆，电缆为 50 对线，每根线芯的直径为 0.5 mm，穿直径 50 mm 焊接钢管埋地敷设。电话组线箱 TP—1—1 为一只 50 对线电组线箱，型号为 STO—50。箱体尺寸为 400 mm×650 mm×160 mm，安装高度距地 0.5 m。进线电缆在箱内与本单元分户线和分户电缆及到下一单元的干线电缆连接。下一单元的干线电缆为 HYV—30(2×0.5) 型电话电缆，电缆为 30 对线，每根线芯的直径为 0.5 mm，穿直径 40 mm 焊接钢管埋地敷设。

一、二层用户线从电话组线箱 TP—1—1 引出，各用户线使用 RVS 型双绞线，每条的直径为 0.5 mm，穿直径 15 mm 焊接钢管埋地、沿墙暗敷设（SC15—FC—WC）。从 TP—1—1 到三层电话组线箱用一根 10 对线电缆，电缆线型号为 HYV—10(2×0.5)，穿直径 25 mm 焊接钢管沿墙暗敷设。在三层和五层各设一只电话组线箱，型号为 STO—10，箱体尺寸为 200 mm×280 mm×120 mm，均为 10 对线电话组线箱，安装高度距地 0.5 m。三层到五层也使用一根 10 对线电缆。三层和五层电话组线箱分别连接上下层四户的用户电话出线口，均使用 RVS 型双绞线，每条直径为 0.5 mm。每户内有两个电话出线口。

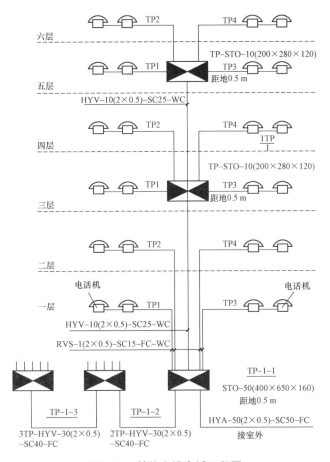

图 5-22　某住宅楼电话工程图

(五)共用天线电视系统施工图识读

1. 共用天线电视系统施工图识读要点

共用天线电视系统施工图主要有系统图、平面图和设备安装详图等。共用天线电视系统图主要反映系统的组成，主干电缆、分支电缆型号规格，电视接线箱规格等。设计时根据相关部门的规定，可以选择设备，确定参数，也可以只设计管线、箱体、电视信息插座，具体设备型号、规格由有线电视管理部门确定。有线电视平面图主要反映各种设备的安装位置、干线电缆的敷设及走向、线缆型号及管径等。按干线电缆线路的走向到电视信息插座的顺序阅读系统图，比较容易理解工程内容。

2. 共用天线电视系统施工图识读实例

图 5-23 所示的系统由室外穿墙引来一根 SKYV—75—9 聚乙烯绝缘耦芯同轴电缆，特性阻抗 75 Ω，芯线绝缘外径为 9 mm，穿钢管 SC50 沿墙(WC)和地(FC)暗敷设到一楼一单元的前端箱 TV1—1。采用分配—分支方式，前端信号由分配器平均分成两路，每一路分别引入各楼层电视分支器箱中，如 TV2—1、TV2—2 等。

楼层电视分支箱中串接一个四分支器，将电视信号分配给 4 个输出端[电视插座(TV)]，分支电缆线选用 SKYV—75—5 型耦芯同轴电缆，穿管径为 16 mm 的阻燃塑料管(PVC16)沿地和墙暗敷设。

分配器和分支器的型号规格由有关部门确定，楼层电视接线箱规格为：前端箱 TV1—1 为 400 mm×300 mm×200 mm，其他楼层电视箱均为 250 mm×200 mm×100 mm。

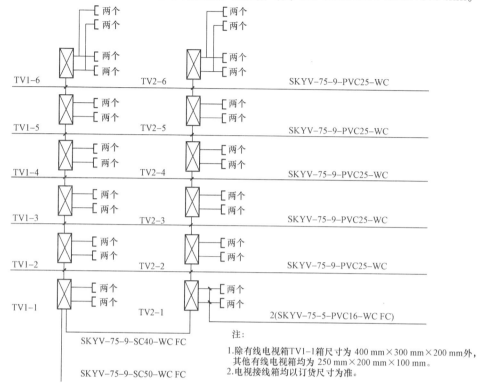

图 5-23　某小区电视系统图

注：
1. 除有线电视箱 TV1-1 箱尺寸为 400 mm×300 mm×200 mm 外，其他有线电视箱均为 250 mm×200 mm×100 mm。
2. 电视接线箱均以订货尺寸为准。

第五节　建筑电气系统施工工艺

一、照明装置的安装

(一)常用灯具的安装

常用灯具包括白炽灯、荧光灯、高压汞灯、高压钠灯、碘钨灯、金属卤化物灯等。常用安装方式有悬吊式、壁装式、吸顶式、嵌入式等。悬吊式又可分为软线吊灯、链吊灯、管吊灯。

1. 白炽灯的安装

白炽灯主要由封闭的球形玻璃壳和灯头组成。当电流通过钨制灯丝时，将灯丝加热到白炽程度而发光。白炽灯泡可分为真空泡和充气泡(氩气和氮气)两种，40 W 以下一般为真空泡，40 W 以上的为充气泡。灯泡充气后能提高发光效率和增快散热速度。白炽灯的功率一般以输入功率的瓦(W)数来表示，它的寿命与使用电压有关。

照明装置的
安装和接线

白炽灯的安装方法常用于吊灯、壁灯、吸顶灯等灯具，并安装成许多花型的灯（组）。

（1）吊灯安装。安装吊灯时需使用木台和吊线盒两种配件。

1）安装要求。吊灯安装时，应符合下列规定：

①当吊灯灯具的质量超过 3 kg 时，应预埋吊钩或螺栓；软线吊灯仅限于 1 kg 以下，超过者应加吊链或用钢管来悬吊灯具。

②在振动场所的灯具应有防振措施，并应符合设计要求。

③当采用钢管作灯具吊杆时，钢管内径一般不小于 10 mm。

④链吊灯的灯具不应受拉力，灯线宜与吊链编叉在一起。

2）木台安装。木台一般为圆形，其规格大小按吊线盒或灯具的法兰选取。电线套上保护用塑料软管从木台出线孔穿出，再将木台固定好，最后将吊线盒固定在木台上。

木台的固定，要因地制宜，如果吊灯在木梁上或木结构楼板上，则可用木螺钉直接固定。如果为混凝土楼板，则应根据楼板结构形式预埋木砖或钢丝榫。空心楼板则可用弓板固定木台，如图 5-24 所示。

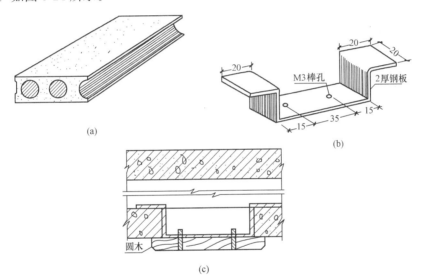

图 5-24　空心钢筋混凝土楼板木台安装

（a）弓板位置示意图；（b）弓板示意；（c）空心楼板用弓板安装木台

3）吊线盒安装。吊线盒要安装在木台中心，要用不少于两个螺钉固定，线吊灯一般采用胶质或塑料吊线盒，在潮湿处应采用瓷质吊线盒。由于吊线盒的接线螺钉不能承受灯具的重量，因此，从接线螺钉引出的电线两端应打好结扣，使结扣处在吊线盒和灯座的出线孔处，如图 5-25 所示。

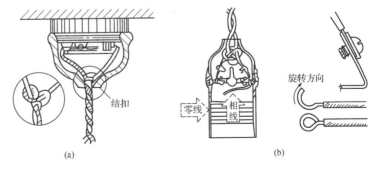

图 5-25　电线在吊灯两头打结方法

（a）吊线盒内电线的打结方法；（b）灯座内电线的打结方法

（2）壁灯安装。**壁灯一般安装在墙上或柱子上。**当安装在砖墙上时，一般在砌墙时应预埋木砖，但是禁止用木楔代替木砖。当然也可用预埋金属件或打膨胀螺栓的办法来解决。当采用梯形木砖固定壁灯灯具时，木砖须随墙砌入。在柱子上安装壁灯，可以在柱子上预埋金属构件或用抱箍将灯具固定在柱子上，也可以用膨胀螺栓固定的办法。

壁灯安装示意图如图 5-26 所示。

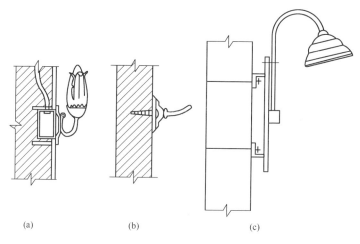

（a）　　　　　　（b）　　　　　　（c）

图 5-26　壁灯安装示意

2. 荧光灯安装

荧光灯一般采用吸顶式安装、链吊式安装、钢管式安装、嵌入式安装等方法。

（1）吸顶式安装时，镇流器不能放在日光灯的架子上，否则，散热困难；安装时日光灯的架子与天花板之间要留有 15 mm 的空隙，以便通风，如图 5-27 所示。

（2）在采用钢管或吊链安装时，镇流器可放在灯架上。如为木制灯架，在镇流器下应放置耐火绝缘物，通常垫以瓷夹板隔热。

（3）为防止灯管掉下，应选用带弹簧的灯座，或在灯管的两端加管卡或尼龙绳扎牢。

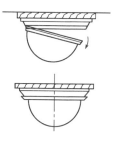

图 5-27　吸顶式安装

（4）吊式日光灯在三盏以上时，安装以前应弹好十字中线，按中心线定位。如果日光灯超过十盏，可增加尺寸调节板，这时将吊线盒改用法兰盘，尺寸调节板如图 5-28 所示。

（5）在装接镇流器时，要按镇流器的接线图施工，特别是带有附加线圈的镇流器不能接错，否则会损坏灯管。选用的镇流器、启辉器与灯管要匹配，不能随便代用。由于镇流器是一个电感元件，功率因数很低，为了改善功率因数，一般还需加装电容器。

3. 高压汞灯安装

高压汞灯的发光原理类似于荧光灯。如图 5-29 所示，开关接通后，在辅助电极 E3 与主电极 E1 之间辉光放电，接着在主电极 E1 与 E2 间弧光放电，辉光放电停止。随着主电极的弧光放电，水银逐渐气化，灯管就会稳定地工作，紫外线激励荧光粉发出可见光。

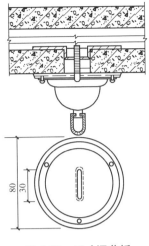

图 5-28　尺寸调节板

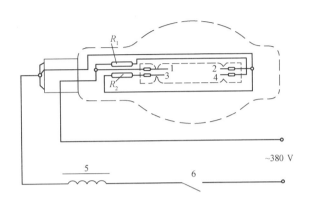

图 5-29　高压汞灯接线图

1—主电极 E1；2—主电极 E2；3—辅助电极 E3；

4—辅助电极 E4；5—镇流器；6—开关

高压汞灯有两种，一种需要镇流器；另一种不需要镇流器，所以安装时一定要看清楚。需配镇流器的高压汞灯一定要使镇流器功率与灯泡的功率相匹配，否则，灯泡会损坏或者启动困难。高压汞灯可在任意位置使用，但水平点燃时，会影响光通量的输出，而且容易自灭。高压汞灯工作时，外玻璃壳温度很高，必须配备散热好的灯具。外玻璃壳破碎后的高压汞灯应立即换下，因为大量的紫外线会伤害人的眼睛。高压汞灯的线路电压应尽量保持稳定，当电压降低 5% 时，灯泡可能会自行熄灭，所以，必要时，应考虑调压措施。高压汞灯的光效高，使用寿命长，但功率因数较低，适用于道路、广场等不需要仔细辨别颜色的场所。目前已逐渐被高压钠灯和铊钠灯取代。

4. 高压钠灯安装

灯的型号规格有 NG—110、NG—215、NG—250、NG—360 和 NG—400 等多种，型号后面的数字表示功率大小的瓦数。例如，NG—400 型，其功率为 400 W。灯泡的工作电压为 100 V 左右，因此，安装时要配用瓷质螺口灯座和带有反射罩的灯具。最低悬挂高度 NG—400 型为 7 m，NG—250 型为 6 m。

5. 碘钨灯安装

碘钨灯安装时应符合下列各项规定：

(1)碘钨灯接线不需要任何附件，只要将电源引线直接接到碘钨灯的瓷座上即可。

(2)碘钨灯正常工作温度很高，管壁温度约为 600 ℃，因此，灯脚引线必须采用耐高温的导线。

(3)灯座与灯脚一般采用穿有耐高温小瓷套管的裸导线连接，要求接触良好，以免灯脚在高温下严重氧化并引起灯管封接处炸裂。

(4)碘钨灯不能与易燃物接近，与木板、木梁等也要离开一定距离。

(5)为保证碘钨正常循环，还要求灯管水平安装，倾角不得大于±4°。

(6)使用前应用酒精除去灯管表面的油污，以免高温下烧结成污点影响透明度。使用时应装好散热罩以便散热，但不允许采取任何人工冷却措施(如风吹、雨淋等)，以保证碘钨正常循环。

6. 金属卤化物灯安装

金属卤化物灯是在高压汞灯的基础上为改善光色而发展起来的一种新型电光源。它不仅光色好，而且发光效率高。在高压汞灯内添加某些金属卤化物，靠金属卤化物的不断循环，向电弧提供相应的金属蒸气，于是就发出表征该金属特征的光谱线。

金属卤化物灯安装应符合下列要求：

（1）电源线应经接线柱连接，并不得使电源线靠近灯具表面。

（2）灯管必须与触发器和限流器配套使用。

（3）灯具安装高度宜在 5 m 以上。

无外玻璃壳的金属卤化物灯紫外线辐射较强，灯具应加玻璃罩，或悬挂高度应大于 14 m，以保护眼睛和皮肤。

7. 嵌入顶棚内灯具安装

嵌入顶棚内灯具安装，应符合下列要求：

（1）灯具应固定在专设的框架上，电源线不应贴近灯具外壳，灯线应留有余量，固定灯罩的边框边缘应紧贴在顶棚面上。

（2）矩形灯具的边缘应与顶棚面的装修直线平行。如灯具对称安装，其纵、横中心轴线应在同一直线上，偏斜不应大于 5 mm。

（3）日光灯管组合的开启式灯具，灯管排列应整齐；其金属间隔片不应有弯曲、扭斜等缺陷。

8. 花灯安装

（1）固定花灯的吊钩，其圆钢直径不应小于灯具吊挂销钉的直径，且不得小于 6 mm。

（2）大型花灯采用专用绞车悬挂固定，并应符合下列要求：

1）绞车的棘轮必须有可靠的闭锁装置。

2）绞车的钢丝绳抗拉强度不小于花灯质量的 10 倍。

3）钢丝绳的长度：当花灯放下时，距离地面或其他物体不得少于 200 mm，且灯线不应拉紧。

4）吊装花灯的固定及悬吊装置，应做 1.2 倍的过载起吊试验。

（3）安装在重要场所的大型灯具的玻璃罩，应采用防止其碎裂后向下溅落的措施。除设计另有要求外，一般可用透明尼龙编织的保护网，网孔的规格应根据实际情况确定。

（4）在配合高级装修工程中的吊顶施工时，必须根据建筑吊顶装修图核实具体尺寸和分格中心，定出灯位，下准吊钩。大的宾馆、饭店、艺术厅、剧场、外事工程等的花灯安装，要加强图纸会审，密切配合施工。

（5）在吊顶夹板上开灯位孔洞时，应先选用木钻钻成小孔，小孔对准灯头盒，待吊顶夹板钉上后，再根据花灯法兰盘大小，扩大吊顶夹板眼孔，使法兰盘能盖住夹板孔洞，保证法兰、吊杆在分格中心位置。

（6）在木结构上安装吸顶组合灯、面包灯、半圆球灯和日光灯具时，应在灯爪子与吊顶直接接触的部位垫上 3 mm 厚的石棉布（纸）隔热，防止火灾事故发生。

（7）在顶棚上安装灯群及吊式花灯时，应先拉好灯位中心线，按十字线定位。

（8）一切花饰灯具的金属构件都应做良好的保护接地或保护接零。

（9）花灯吊钩应采用镀锌件，并需能承受花灯自重 6 倍的重力。特别重要的场所和大厅中的花灯吊钩，安装前应对其牢固程度做出技术鉴定，做到安全可靠。一般情况下，如采用型钢做吊钩，圆钢最小规格不小于φ12；扁钢不小于50 mm×5 mm。

(二)照明开关安装

照明开关，按其安装方式可分为明装开关和暗装开关两种，按其操作方式可分为拉线开关和扳把开关。

1. 明装开关安装

明装开关的安装方法如图5-30(a)所示。这种方法一般适用于拉线开关的同样配线条件，安装位置应距离地面1.3 m，距离门框0.15～0.2 m。拉线开关相邻间距一般不小于20 mm，室外需用防水拉线开关。

2. 暗装开关安装

暗装开关有扳把开关，还有跷板开关、卧式开关、延时开关等，根据不同布置需要，有单联、双联、三联、四联等形式。

照明开关要安装在相线(火线)上，使开关断开时电灯不带电。扳把开关位置应为上合(开灯)下分(关灯)。单联暗装开关安装方法如图5-30(b)所示。双联、三联等多极暗装开关安装，只需在水平方向增加安装长度(按所设计开关联数增加而延长)。

安装时，先将开关盒预埋在墙内，但要注意平正，不能偏斜；盒口面要与墙面一致。待穿完导线后即可接线，接好线后装开关面板，使面板紧贴墙面。扳把开关安装位置如图5-31所示。

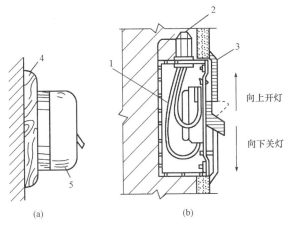

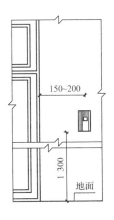

向上开灯

向下关灯

150~200

1 300

地面

(a)　　　　　　(b)

图5-30　照明开关安装方法　　　　　　**图5-31　扳把开关安装位置**

(a)明装开关；(b)暗装开关

1—开关盒；2—电线管；3—开关面板；4—木台；5—开关

3. 拉线开关安装

槽板配线和护套配线及瓷珠、瓷夹板配线的电气照明用拉线开关，其安装位置离地面一般为2～3 m，距离顶棚200 mm以上，距离门框0.15～0.2 m，如图5-32(a)所示。拉线的出口朝下，用木螺钉固定在圆木台上。但有些地方为了需要，暗配线也采用拉线开关，如图5-32(b)所示。

(三)插座安装

在电气工程中，插座宜由单独的回路配电，并且一个房间内的插座宜由同一回路配电。

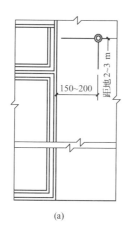
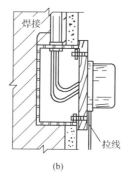

开关插座
安装工艺流程

(a)　　　　　　　　　(b)

图 5-32　拉线开关安装

(a)安装位置；(b)暗配线安装方法

当灯具和插座混为一回路时，其中插座数量不宜超过 5 个(组)；当插座为单独回路时，数量不宜超过 10 个(组)。

1. 安装位置

(1)一般距离地面高度为 1.3 m，在托儿所、幼儿园、住宅及小学校等处不低于 1.8 m；同一场所安装的插座高度应尽量一致。

(2)车间及试验室的明、暗插座一般距离地面不应低于 0.3 m，特殊场所暗装插座如图 5-33 所示，一般不应低于 0.15 m；同一室内安装的插座不应大于 5 mm；并列安装时，不应大于 0.5 mm。暗设的插座应有专用盒，盖板应紧贴墙面。

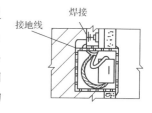

图 5-33　特殊场所暗装插座

(3)特殊情况下，当接插座有触电危险的家用电器的电源时，采用能断开电源的带开关插座，开关断开相线；潮湿场所采用密封型并带保护地线触头的保护型插座，安装高度不应低于 1.5 m。

(4)为安全使用，插座盒(箱)不应设在水池、水槽(盆)及散热器的上方，更不能被挡在散热器的背后。

(5)插座如设在窗口两侧，应对照供暖图，插座盒应设在与供暖立管相对应的窗口另一侧墙垛上。

(6)插座盒不应设在室内墙裙或踢脚板的上皮线上，也不应设在室内最上皮瓷砖的上口线上。

(7)插座盒也不宜设在小于 370 mm 墙垛(或混凝土柱)上。如墙垛或柱为 370 mm 时，应设在中心处，以求美观大方。

(8)住宅厨房内设置供排油烟机使用的插座，应设在煤气台板的侧上方。

(9)插座的设置还应考虑躲开煤气管、表的位置，插座边缘距离煤气管、表边缘不应小于 0.15 m。

(10)插座与给水管、排水管的距离不应小于 0.2 m；插座与热水管的距离不应小于 0.3 m。

2. 插座接线

插座接线时可参照图 5-34 进行，同时，还应符合下列各项规定：

212

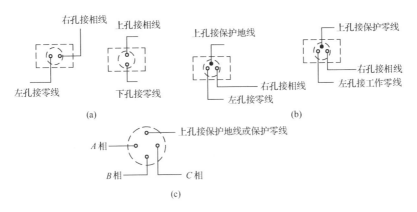

图 5-34　插座接线图
(a)两孔插座；(b)三孔插座；(c)四孔插座

(1)插座接线的线色应正确，盒内出线除末端外应做并接头，分支接至插座，不允许拱头(不断线)连接。

(2)单相两孔插座，面对插座的右孔(或上孔)与相线(L)连接，左孔(或下孔)与中性线(N)连接。

(3)单相三孔插座，面对插座的右孔与相线(L)连接，左孔与中性线(N)连接，PE 或 PEN 线接在上孔。

(4)三相四孔及三相五孔插座的 PE 或 PEN 线接在上孔，同一场所的三相插座，接线相序应一致。

(5)插座的接地端子(E)不与中性线(N)端子连接；PE 或 PEN 线在插座间不串联连接，插座的 L 线和 N 线在插座间也不应串接，插座的 N 线不与 PE 线混用。

(6)照明与插座分回路敷设时，插座与照明或插座与插座各回路之间均不能混用。

(四)照明配电箱安装

照明配电箱适用于工业及民用建筑在交流 50 Hz、额定电压 500 V 以下的照明和小动力控制回路中，作线路的过载、短路保护以及线路的正常转换之用。为防止火灾的发生，照明配电箱不应采用可燃材料制作。在干燥无尘的场所采用的木制配电箱，应经阻燃处理。配电箱的箱门(箱盖)应是可拆装的，面板出线孔应光滑、无毛刺，为加强绝缘，金属面板应装设绝缘保护套。

1. 弹线定位

在照明配电箱(盘)安装的施工过程中，配电箱(盘)的设置位置是十分重要的，位置不正确不但会给安装和维修带来不便，安装配电箱还会影响建筑物的结构强度。根据设计要求找出配电箱(盘)位置，并按照箱(盘)外形尺寸进行弹线定位。配电箱安装底口距离地面一般为 1.5 m，明装电度表板底口距离地面不应小于 1.8 m。在同一建筑物内，同类箱盘高度应一致，允许偏差为 10 mm。为了保证使用安全，配电箱与供暖管距离不应小于 300 mm；与给水、排水管道不应小于 200 mm；与煤气管、表不应小于 300 mm。

2. 安装要求

照明配电箱(盘)安装还应符合下列规定：

(1)箱(盘)不得采用可燃材料制作。

（2）箱体开孔与导管管径适配，边缘整齐，开孔位置正确，电源管应在左边，负荷管在右边。照明配电箱底边距离地面为 1.5 m，照明配电板底边距离地面不应小于 1.8 m。

（3）箱（盘）内部件齐全，配线整齐，接线正确，无铰接现象。回路编号齐全，标志正确。导线连接紧密，不伤芯线，不断股。垫圈下螺丝两侧压的导线的截面面积相同，同一端子上导线连接不应多于 2 根，防松垫圈等零件齐全。箱（盘）内接线整齐，回路编号、标志正确，以方便使用和维修，防止误操作而发生人身触电事故。

（4）配电箱（盘）上电器、仪表应牢固、平正、整洁、间距均匀。铜端子无松动，启闭灵活，零部件齐全。其排列间距应符合表 5-8 的要求。

表 5-8　电器、仪表排列间距要求

间　距	最小尺寸/mm		
仪表侧面之间或侧面与盘边	60		
仪表顶面或出线孔与盘边	50		
闸具侧面之间或侧面与盘边	30		
上、下出线孔之间	40(隔有卡片柜)、20(不隔卡片柜)		
插入式熔断器顶面或底面与出线孔	插入式熔断器规格/A	10～15	20
		20～30	30
		60	50
仪表、胶盖闸顶间或底面与出线孔	导线截面/mm²	10	80
		16～25	100

（5）箱（盘）内开关动作灵活可靠，带有漏电保护的回路，漏电保护装置的设置和选型由设计确定，保护装置动作电流不大于 30 mA，动作时间不大于 0.1 s。

（6）照明箱（盘）内，分别设置中性线（N）和保护线（PE）汇流排，N 线和 PE 线经汇流排配出。因照明配电箱额定容量有大小，小容量的出线回路少，仅 2 个或 3 个回路，可以用数个接线柱（如绝缘的多孔瓷或胶木接头）分别组合成 PE 和 N 接线排，但决不允许两者混合连接。

（7）箱（盘）安装牢固，安装配电箱箱盖紧贴墙面，箱（盘）涂层完整，配电箱（盘）垂直度允许偏差为 1.5‰。

3. 照明配电箱（盘）的固定

（1）明装配电箱（盘）的固定。配电箱（盘）在混凝土墙上固定时，有暗配管及暗分线盒和明配管两种方式。如有分线盒，先将分线盒内杂物清理干净，然后将导线理顺，分清支路和相序，按支路绑扎成束。待箱（盘）找准位置后，将导线端头引至箱内或盘上，逐个剥削导线端头，再逐个压接在器具上。同时将保护地线压在明显的地方，并将箱（盘）调整平直后用钢架或金属膨胀螺栓固定。在电具、仪表较多的盘面板安装完毕后，应先用仪表核对有无差错，调整无误后试送电，并将卡片柜内的卡片填写好部位，编上号。在木结构或轻钢龙骨护板墙上固定配电箱（盘）时，应采用加固措施。

配管在护板墙内暗敷设并有暗接线盒时，要求盒口与墙面平齐，在木制护板墙处应做防火处理，可涂防火漆进行防护。

（2）暗装配电箱的固定。安装时，首先应在预留孔洞中找好箱体的标高及水平尺寸，稳住箱体后用水泥砂浆填实周边并抹平齐，待水泥砂浆凝固后再安装盘面和贴脸。如箱底与外墙平齐，应在外墙固定金属网后再做墙面抹灰，不得在箱底板上直接抹灰。盘面安装要求平整，周边间隙应均匀对称，贴脸(门)应平正、不歪斜，螺丝应垂直受力均匀。

(五)电动机安装

1. 工艺流程

电动机安装的一般操作工艺流程为：安装前的检查→抽芯检查→干燥→试运行前的检查→试运行及验收。

2. 抽芯检查

(1)当电动机有下列情况之一时，应进行抽芯检查：

1)出厂日期超过制造厂保证期限。

2)出厂日期已超过一年，且制造厂无保证期限。

3)进行外观检查或电气试验，质量有可疑的。

4)开启式电动机经端部检查有可疑的。

5)电动机试运转时有异常声音，或者有其他异常情况的。

(2)电动机拆卸抽芯检查前，应编制抽芯工艺。

(3)电动机安装时应检查下列各项要求：

1)盘动转子不得有卡碰声。

2)润滑脂情况应正常，无变色、变质及硬化等现象，其性能应符合电动机工作条件。

3)测量滑动轴承电动机的空气间隙，其不均匀度应符合产品的规定；若无规定，各点空气间隙的相互差值不应超过10%。

4)电动机的引出线接线端子焊接或压接良好，且编号齐全。

5)绕线式电动机需检查电刷的提升装置，提升装置应标有"启动""运行"的标志。动作顺序应是先短路集电环，然后提升电刷。

6)对电动机的换向器或滑环应检查下列项目：

换向器或滑环表面应光滑，并且无毛刺、黑斑、油垢等，换向器的表面不平程度达到0.2 mm时应进行车光。

换向器片间绝缘应凹下0.5～1.5 mm，整流片与线圈的焊接应良好。

3. 电动机机座安装要求

(1)首先应按机座设计要求或电动机外形的平面几何尺寸、底盘尺寸、基础轴线、标高、地脚螺栓(螺孔)位置等，弹出宽度中心控制线和纵横中心线，并根据这些中心线放出地脚螺栓中心线。

(2)按电动机底座和地脚螺栓的位置确定垫铁放置的位置，在机座表面画出垫铁尺寸范围，并在垫铁尺寸范围内砸出麻面，麻面面积必须大于垫铁面积；麻面呈麻点状，凹凸要分布均匀，表面水平，最后应用水平尺检查。

(3)垫铁应按砸完的麻面标高配制，每组垫铁总数常规不应超过三块，其中包含一组斜垫铁。

1)垫铁加工。垫铁表面应平整，无氧化皮，斜度一般为1/10、1/12、1/15、1/20。

2)垫铁位置及放法。垫铁布置的原则为：在地脚螺栓两侧各放一组，并尽量使垫铁靠近螺栓。斜垫铁必须斜度相同才能配合成对。将垫铁配制完成后要编组做标记，以便对号入座。

3)垫铁与机座、电动机之间的接触面面积不得小于垫铁面积的50%；斜铁应配对使用，一组只有一对。配对斜铁的搭接长度不应小于全长的3/4，相互之间的倾斜角不应大于30°。垫铁的放置应先放厚铁，后放薄铁。

（4）地脚螺栓的长度及螺纹质量必须符合设计要求，螺母与螺栓必须匹配。每个螺栓不得垫两个以上的垫圈，或用大螺母代替垫圈，并应采用防松动垫圈。螺栓拧紧后，外露丝扣应不少于2～3扣，并应防止螺母松动。

（5）中、小型电动机用螺栓应安装在金属结构架的底板或导轨上。金属结构架、底板及导轨材料的品种、规格、型号及其结构形式，均应符合设计要求。金属构架、底板、导轨上螺栓孔的中心必须与电动机机座螺栓孔中心相符。螺栓孔必须是机制孔，严禁采用气焊割孔。

4. 电动机整体安装

（1）基础检查：外部观察，表面应没有裂纹、气泡、外露钢筋以及其他外部缺陷；用铁锤敲打，声音应清脆，不应喑哑，不发出"叮当"声；经试凿检查，水泥应无崩塌或散落现象。然后检查基础中心线的正确性，地脚螺栓孔的位置、大小及深度，孔内是否清洁，基础标高、装定子用凹坑尺寸等是否正确。

（2）在基础上放置楔形垫铁和平垫铁，安放位置应沿地脚螺栓的边沿和集中负载的地方，尽可能放在电动机底板支撑筋的下面。

（3）将电动机吊到垫铁上，并调节楔形垫铁使电动机达到所需的位置、标高及水平度。电动机水平面的找正可用水平仪。

（4）调整电动机与连接机器的轴线，此两轴的中心线必须严格在一条直线上。

（5）通过上述（3）、（4）项内容的反复调整后，将其与传动装置连接起来。

（6）二次灌浆，5～6 d后拧紧地脚螺栓。

5. 电动机本体安装

（1）定子为两半者，其结合面应研磨、合拢并用螺栓拧紧，其结合处用塞尺检查应无间隙。

（2）定子定位后，应要装定位销钉，与孔壁的接触面面积不应小于65%。

（3）穿转子时，定子内孔应加垫保护。

（4）联轴节的安装应符合下列要求：

1）联轴节应加热装配，其内径受热膨胀比轴径大0.5～1.0 mm为宜，位置应准确。

2）弹性连接的联轴节，其橡皮栓应能顺利地插入联轴节的孔内，并不得妨碍轴的轴向窜动。

3）刚性连接的联轴节，互相连接的联轴节各螺栓孔应一致，并使孔与连接螺栓精确配合，螺帽上应有防松装置。

4）齿轮传动的联轴节，其轴心距离为50～100 mm时，其咬合间隙不大于0.10～0.30 mm；齿的接触部分应不小于齿宽的2/3。

5）联轴节端面的跳动允许值一般应为：刚性联轴节：0.02～0.03 mm；半刚性联轴节：0.04～0.05 mm。

6. 电动机校正

电动机的校正有纵向及横入水平校正和传动装置校正。

电动机吊上基础以后，可用普通的水准器（水平仪）进行水平校正，如图5-35所示。如果不平，可用 0.5～5 mm 厚的钢片垫在电动机机座或安装底板下面，来调整电动机的水平，直至符合要求为止。垫片与基础面接触应严密，稳装电动机的垫片一般不超过三片。在电动机与被驱动的机械通过传动装置互相连接之前，还必须对传动装置进行校正。由于传动装置的种类不同，校正方法也有差异，通常有皮带传动、联轴节传动和齿轮传动三种传动装置。

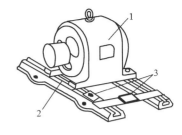

图 5-35　用水平仪校正电动机水平
1—电动机；2—电动机底板；
3—水平仪

7. 二次灌浆

(1)对电动机及地脚螺栓进行校正验收后，进行二次灌浆，灌浆的配合比根据设计要求的强度等级以试验为准。其强度等级应高于机座强度一个等级。

(2)灌浆前要处理好机座预留孔，孔内不能有杂物，地脚螺栓与孔壁距离须大于 15 mm。用水刷洗孔壁使其干净湿润。地脚螺栓杆不能有油污。

(3)浇灌的混凝土应采用细石混凝土。

(4)浇灌时采用人工捣固，并应固定好地脚螺栓以防止螺栓位移，若发现位移，应随时扶正。地脚螺栓的四周应均匀捣实，并确保地脚螺栓垂直地位于地脚螺栓孔中心，对垂直度的偏移不得超过 10/1 000。

(5)施工作业时应做好记录，并应做好养护。

8. 电动机接线

(1)电动机配管与穿线。电动机配管管口应在电动机接线盒附近，从管口到电动机接线盒的导线应用塑料管或金属软管保护；在易受机械损伤及高温车间，导线必须用金属软管保护，软管可用尼龙接头连接；室外露天电动机进线，管子要做防水弯头，进电动机导线应由下向上翻，要做滴水弯；三相电源线要穿在一根保护管内，同一电动机的电源线、控制线、信号线可穿在同一根保护管内；多股铜芯线在 10 mm^2 以上应焊铜接头或冷压焊接头，多股铝芯线 10 mm^2 以上应用铝接头与电动机端头连接，电动机引出线编号应齐全。裸露的不同相导线间和导线对地间最小距离应符合下列规定：

1)额定电压在 500～1 200 V 时，最小净距应为 14 mm。

2)额定电压小于 500 V 时，最小净距应为 10 mm。

(2)电动机接地。电动机外壳应可靠接地(接零)，接地线应接在电动机指定标志处；接地线截面通常按电源线截面的 1/3 选择，但最小铜芯线不应小于 1.5 mm^2，铝芯线不应小于 2.5 mm^2，最大铜芯线不应大于 25 mm^2，铝芯线不应大于 35 mm^2。

(六)电动机调试

1. 电动机调试的要求

电动机的调试是电动机安装工作的最后一道工序，也是对安装质量的全面检查。一般电动机的第一次启动要在空载情况下进行。空载运行时间为 2 h，记录空载电流，检查机身和轴承的温升，一切正常后方可带负荷试运转。

2. 电动机调试的内容

(1)电动机在试运行检查接通电源前，应再次检查电动机的电源进线、接地线与控制设备的连接线等是否符合要求。

（2）检查电动机绕组和控制线路的绝缘电阻是否符合要求，一般应不低于 0.5 MΩ。

（3）电动机的引出线端与导线（或电缆）的连接应牢固正确，引线端子与导线之间的连接要垫弹簧垫圈，螺母应拧紧。

（4）扳动电动机转子时应转动灵活，无碰卡现象。

（5）检查转动装置，皮带不能过松、过紧，皮带连接螺钉应紧固，皮带扣应完好，无断裂和损伤现象。联轴器的螺栓及销子应紧固。

（6）检查电动机所带动的机器是否已做好启动准备，准备好后，才能启动。如果电动机所带动的机器不允许反转，应先单独试验电动机的旋转方向，使其与机器旋转方向一致后，再进行联机启动。

3. 电动机调试的程序

电动机应按操作程序启动，并指定专人操作。空载运行 2 h，记录电动机空载电流。正常后，再进行带负荷运行。交流电动机带负荷启动，在冷态时，可连续启动两次；在热态时，可连续启动一次。

（1）电动机空载运行。

1）电动机第一次启动空载运行 2 h，并记录运行时间、工作电压、空载电流、声音是否正常及振动情况。

2）检查电动机旋转的方向是否符合要求。

3）检查电动机各部位温度（不应超过产品技术条件的规定）。

4）滑动轴承温度不应超过 80 ℃，滚动轴承温度不应超过 95 ℃，并应做好记录。

5）检查转子转动情况，对有电流换向装置的电动机，应检查电刷与换向器或滑环的工作情况，有异常时应认真分析随时处理，停机检查、调整，然后再启动运行。

（2）电动机负载运行。

1）空载试运行合格后方可带负载试运行，负载运行时间为 8 h。

2）关于交流电动机负载连续启动次数，如无制造厂家规定，一般规定冷态下可连续启动两次，热态下只允许启动一次。

3）电动机负载试运行中检查的项目有：旋转方向是否正确；换向器、滑环及电刷的工作情况是否正常；电动机的温度不应有过热现象，滑动轴承不应超过 80 ℃，滚动轴承不应超过 95 ℃。

二、防雷接地装置的安装

（一）接闪器安装

1. 基本规定

（1）接闪器安装用材料的进场验收。

（2）接闪器安装工序的交接确认。接闪器安装要在接地装置和引下线施工完成后安装，且与引下线连接。这是一个重要的工序安排，不准逆反。若首先安装接闪器，而接地装置尚未施工，引下线也没有连接，会使建筑物遭受雷击的概率增大。

2. 避雷针的制作安装

避雷针一般采用镀锌圆钢或焊接钢管制作，针长在 1 m 以下时，圆钢为 φ12，钢管为

$\phi20$；针长为 1～2 m 时，圆钢为 $\phi16$，钢管为 $\phi25$。

避雷针在屋面上安装，电气专业应向土建专业提供地脚螺栓和混凝土支座的资料，在屋面施工中由土建人员浇筑好混凝土支座，与屋面成一体，并预埋好地脚螺栓，地脚螺栓预埋在支座内，最少有 2 根与屋面、墙体或梁内钢筋焊接。待混凝土强度符合要求后，再安装避雷针，连接引下线。

(1)避雷针安装位置应正确，焊接固定的焊缝饱满无遗漏，螺栓固定的应备帽等防松零件齐全，焊接部分补刷的防腐油漆完整。

(2)避雷针要与引下线焊接牢固，屋面上若有避雷带(网)，还要与其焊成一个整体。

3. 明装避雷带(网)安装

避雷带适用于建筑物的屋脊、屋檐(坡屋顶)或屋顶边缘及女儿墙上(平屋顶)，对建筑物的易受雷击部位进行重点保护，如图 5-36 所示。

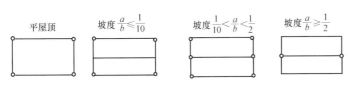

图 5-36　建筑物易受雷击部位

屋顶避雷安装
施工工艺与标准

避雷网适用于较重要的防雷保护。明装避雷网是在屋顶上部以较疏的明装金属网格作为接闪器，沿外墙引下线，接到接地装置上。

明装避雷带(网)的安装应遵循以下原则和要求：

(1)建筑物顶部的避雷带(网)等必须与顶部外露的其他金属物体焊成一个整体的电气通路，形成等电位，可防静电危害，且与避雷引下线连接可靠。

(2)避雷带(网)应平正顺直，固定点支持件间距均匀、固定牢固，每个支持件应能承受大于 49 N 的垂直拉力，不因受外力作用而发生脱落现象。

(3)避雷带在转弯处的做法应符合设计要求。

(4)避雷带(网)位置应正确，焊接固定的焊缝饱满无遗漏，螺栓固定的应备帽等防松零件齐全，焊接部分补刷的防腐油漆完整。

(5)避雷带(网)之间及与引下线的焊接，应采用搭接焊，搭接长度应符合接地装置安装中相关内容的规定。

4. 暗装避雷网安装

(1)利用建筑物内的钢筋作避雷网，这是暗装避雷网的特点，无论是屋面板内还是女儿墙内的钢筋形成的避雷网，都必须与引下线焊接。

(2)采用明装避雷带与暗装避雷网相结合，是最好的防雷措施，即在女儿墙上部安装避雷带，与暗装避雷网再连接在一起。

(3)建筑物屋面上部往往有很多金属凸出物，如金属旗杆、透气管、金属天沟、铁栏杆等，这些金属导体都必须与暗装避雷网焊接成一体，作为接闪装置。

(4)对高层建筑，一定要注意防备侧向雷击和采取等电位措施。应注意检查均压环，并与防雷装置的所有引下线连接。建筑物高度在 30 m 以上的外墙上的栏杆、金属门窗等较大金属物，应与防雷装置连接。

5. 半导体少长针消雷装置安装

半导体少长针消雷装置是在避雷针的基础上发展起来的新技术。它利用了少长针的独特结构，在雷云电场下发生强烈的电晕放电，使布满在空中的空间电荷产生屏蔽效应，并中和雷云电荷；利用半导体材料的非线性改变雷电发展过程，延长雷电放电时间以减小雷电流的峰值和陡度，从而有效地保护被保护物体及内部的各种强弱电设备。半导体针下部的金属箍及电气连接，不得有松动和断开现象，应保证其接触电阻小于消雷装置要求接地装置的接地电阻值。接地引下线应保持完好，接地电阻每年雨期前应测量一次。

（二）引下线安装

防雷引下线是将接闪器接受的雷电流引到接地装置，引下线有明敷设和暗敷设两种。暗敷设引下线可分为在建筑物抹灰层内敷设、沿墙或混凝土构造柱暗敷设和利用建筑物钢筋作引下线等几种。变配电室接地干线是供室内的电气设备接地使用的。

1. 基本规定

（1）镀锌圆钢和扁钢的进场验收要点如下：

1）按批查验合格证或镀锌厂出具的镀锌质量证明书。

2）外观检查镀锌层应覆盖完整、表面无锈斑。

3）对镀锌质量有异议时，按批抽样送往有资质的试验室检测。

（2）引下线安装的工序交接确认内容如下：

1）利用建筑物柱内主筋作引下线，在柱内主筋绑扎后，按设计要求施工，经检查确认，才能支模。

2）直接从基础接地体或人工接地体暗敷埋入粉刷层内的引下线，经检查确认不外露，才能贴面砖或刷涂料等。

3）直接从基础接地体或人工接地体引出明敷的引下线，先埋设或安装支架，经检查确认，才能敷设引下线。

2. 安装要求

（1）引下线采用圆钢或扁钢，截面面积不应小于如下数值：圆钢直径为 8 mm 或 12 mm，扁钢截面面积为 48 mm^2 或 100 mm^2，扁钢厚度为 4 mm。

（2）引下线应镀锌，焊接处应涂防腐漆，但利用混凝土中钢筋作引下线的除外（暗敷时其截面面积应加大一级）。在腐蚀性较强的场所，还应增大截面面积或采取其他防腐措施。

（3）一级（二级、三级）防雷建筑物专设引下线时，其根数不应小于两根，间距不应大于 18 m（20 m、25 m）。

（4）引下线固定支架与其敷设方法不同，应根据施工规范进行安装。

引下线路径应尽可能短而直。当通过屋面挑檐板等处，在不能直线引下而要拐弯时，不应构成锐角转折，应做成曲径较大的慢弯，弯曲部分线段的总长度应小于拐弯开口处距离的 10 倍，如图 5-37 所示。

3. 引下线支持卡子预埋

当引下线位置确定后，明装引下线应随着建筑物主体施工预埋支持卡子，然后将圆钢或扁钢固定在支持卡子上，作为引下线。一般在距离室外护坡 2 m 高处预埋第一个支持卡

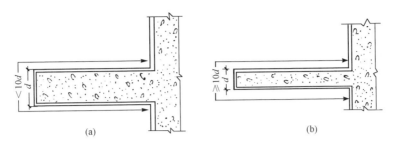

图 5-37 引下线拐弯的长度要求

(a)符合要求；(b)不符合要求

子，随着主体施工，在距离第一个卡子正上方 1.5～2 m 处，用线坠吊直第一个卡子的中心点，埋设第二个卡子，依此向上逐个埋设，其间距应均匀相等，支持卡子应凸出建筑外墙装饰面 15 mm 以上，露出的长度应一致。

4. 利用建筑物钢筋作防雷引下线

(1)利用建筑物钢筋混凝土中的钢筋作为引下线时，引下线的数量不作具体规定。一级防雷建筑物引下线间距不应大于 18 m，但建筑物外廓各个角上的柱筋应被利用；二级防雷建筑物引下线间距不应大于 20 m，但建筑物外廓各个角上的柱筋应被利用；三级防雷建筑物引下线间距不应大于 25 m，建筑物外廓易受雷击的几个角上的柱子钢筋应被利用。

(2)钢筋直径≥16 mm(或≥10 mm)时，应利用两根(或四根)钢筋(绑扎或焊接)作为一组引下线。

(3)其引下线的上部(屋顶上)应与接闪器焊接，焊接长度不应小于钢筋直径的 6 倍。下部应与 φ12 或 40 mm×4 mm 镀锌导体焊接，该镀锌导体应距室外墙皮≥1 m 处埋地深 0.8～1 m。作为接地装置的建筑物基础内混凝土钢筋，也应与该导体焊接。

(4)建筑物基础内钢筋网作为接地时，每根引下线在距离地面 0.5 m 以下的钢筋表面积总和不应小于 $4.24K_C$(对一级防雷建筑物)。其中，K_C 为引下线表面积参数，$K_C=1$(单根引下线)，或 $K_C=0.66$(两根引下线及接闪器不呈闭合环的多根引下线)，或 $K_C=0.44$(接闪器成闭合环路或网状的多根引下线)。

(5)测试接地电阻值，需在距离护坡 1.8 m 处的柱(或墙)的外侧，用角钢或扁钢制作的预埋连接板与柱(或墙)的主筋进行焊接，再用引出连接板与预埋连接板相焊接，引至墙体的外表面，作为接地电阻测试点。

(6)利用建筑物钢筋混凝土基础内的钢筋作为接地装置，每根引下线处的冲击接地电阻不宜大于 5 Ω。

(三)接地装置安装

1. 基市规定

(1)镀锌制品接地装置用材料的进场验收要点如下：

1)按批查验合格证或镀锌厂出具的镀锌质量证明书。

2)外观检查：镀锌层覆盖完整、表面无锈斑，配件齐全，无砂眼。

3)对镀锌质量有异议时，按批抽样送有资质的试验室检测。

(2)接地装置施工的工序交接确认。图纸会审和做好土建施工、电气安装施工协调工作，是完成接地装置工序的关键。接地装置安装应按以下程序进行：

1) 建筑物基础接地体要在底板钢筋敷设完成后，按设计要求做接地施工，经检查确认，才能支模或浇捣混凝土。

2) 人工接地体先按设计要求位置开挖沟槽，经检查确认，才能打入接地极和敷设地下接地干线。

3) 接地模块应按设计位置开挖模块坑，并将地下接地干线引到模块上，经检查确认，才能相互焊接。接地模块与干线焊接位置，要依据模块供货商提供的技术文件，在实施焊接时进行一次核对，以检查有无特殊要求。

4) 接地装置的隐蔽应在检查验收合格以后才能覆土回填。

接地装置的回填土内，不应夹有石块和建筑垃圾等，外取的土壤不得有较强的腐蚀性，在回填土时应分层夯实。

2. 人工接地装置安装

(1) 接地模块应集中引线，用干线将接地模块并联焊接成一个环路，干线的材质与接地模块焊接点的材质相同，钢制的采用热浸镀锌扁钢，引出线不少于2处。

(2) 人工接地装置或利用建筑物基础钢筋的接地装置必须在地面以上按设计要求位置设测试点。由于人工接地装置、利用建筑物基础钢筋的接地装置或两者联合的接地装置，随着时间的推移、地下水水位的变化、土壤导电率的变化，其接地电阻值也会发生变化，故要对接地电阻值进行检测监视，则每幢有接地装置的建筑物要设置检测点，通常不少于2个，施工中不可遗漏。

3. 自然建筑物基础接地装置安装

高层建筑的接地装置大多以建筑物的深基础作为接地装置。在土壤较好的地区，当建筑物基础采用以硅酸盐为基料的水泥(如矿渣水泥、波特兰水泥)和周围土壤当地历史上一年中最早发生雷闪时间以前的含水量不低于4%以及基础的外表面无防腐层或有沥青质的防腐层时，钢筋混凝土基础内的钢筋都可以作为接地装置。

(1) 对于一些用防水水泥(铝酸盐水泥等)做成的钢筋混凝土基础，由于导电性能差，不宜独立作为接地装置。

(2) 利用钢筋混凝土基础内的钢筋作为接地装置时，敷设在钢筋混凝土中的单根钢筋或圆钢，其直径不应小于10 mm。被利用作为防雷装置的混凝土构件内用于箍筋连接的钢筋，其截面面积总和不应小于一根直径10 mm钢筋的截面面积。

(3) 利用建筑物基础内的钢筋作为接地装置时，应在与防雷引下线相对应的室外埋深0.8～1 m处，由被利用作为引下线的钢筋上焊出一根ϕ12或40 mm×4 mm镀锌圆钢或扁钢，此导体伸向室外，与外墙皮的距离不宜小于1 m。

(4) 为了防止反击，防雷接地装置宜和电气设备等接地装置共用。防雷接地装置宜与进出建筑物的埋地金属管道及不共用的电气设备的接地装置相连。

4. 接地装置的各部焊接

接地装置的焊接应采用搭接焊，搭接长度应符合下列规定：

(1) 扁钢与扁钢搭接为扁钢宽度的2倍，不小于三面施焊。

(2) 圆钢与圆钢搭接为圆钢直径的6倍，双面施焊。

(3) 圆钢与扁钢搭接为圆钢直径的6倍，双面施焊。

（4）扁钢与钢管、扁钢与角钢焊接，紧贴角钢外侧两面，或紧贴 3/4 钢管表面，上下两侧施焊，如图 5-38 所示。

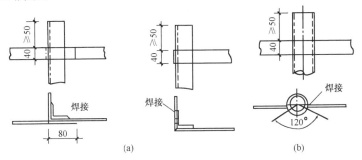

图 5-38　接地装置扁钢与角钢、钢管的焊接
(a)扁钢与角钢焊接；(b)扁钢与钢管焊接

（5）除埋设在混凝土中的焊接头外，其他焊接头都要有防腐措施。

5. 接地装置的测试

接地装置整体施工完毕后，应测量其接地电阻，常用接地电阻测量仪直接测量。《建筑电气工程施工质量验收规范》(GB 50303—2015)要求：接地装置在地面以上的部分，应按设计要求设置测试点，测试点不应被外墙饰面遮蔽，且应有明显标识。测试接地装置的接地电阻必须符合设计要求。

接地电阻应按防雷建筑的类别确定，接地电阻一般为 30 Ω、20 Ω、10 Ω，特殊情况要求在 40 Ω 以下。当实测接地电阻值不能满足设计要求时，可考虑采取以下措施降低接地电阻。

（1）置换电阻率较低的土壤。当接地体附近有电阻率较低的黏土、黑土或砂质黏土时，可用其置换接地体周围 0.5 m 以内和接地体长 1/3 处原有电阻率较高的土壤。

（2）接地体深埋。对含砂土壤，一般表层为砂层，而在地层深处的土壤电阻率较低，可采用深埋接地体的方法。

（3）人工处理。在接地体周围土壤中加入降阻剂，以降低土壤电阻率。常用的降阻剂有炉渣、木炭、炭黑、氯化钙、食盐、硫酸铜等。

（4）外引式接地。外引式接地是将接地体外引至附近导电很好的土壤及不冰冻的湖泊、河流等。对重要的装置至少要有两处相连。

三、有线电视系统主要设备的安装

有线电视系统的安装主要包括天线安装、前端设备安装、线路敷设和系统防雷接地等，安装工艺流程是：天线安装→前端设备安装→干线传输部分安装→分支传输网络安装→系统调试。

1. 天线安装

天线安装在水平坚实的地表之上。天线所对的方向是背北朝南，天线的正前方 100 m 内不要有高大的建筑物或茂密的树木遮挡，附近要有避雷措施。

固定天线有两种方法：一种是通过在固定面上打孔，使用膨胀螺钉把天线固定；另一种是使用沉重的方形石块或方形铸铁将天线的底座牢牢压住，天线与地面应平行安装。

2. 前端设备安装

前端箱一般可分为箱式、柜式、台式三种。

箱式前端明装于前置间内时，箱底距离地面 1.2 m，暗装为 1.2～1.5 m；台式前端安装在前置间内的操作台桌面上，高度不宜小于 0.8 m，且应牢固；柜式前端宜落地安装在混凝土基础上面，安装方式同落地式动力配电箱。

3. 干线传输部分安装

干线传输电缆常用同轴电缆，有 SYV 型、SYFV 型、SDV 型、SYWV 型、SYKV 型、SYDY 型等，其特性阻抗均为 75 Ω。同轴电缆的种类有实心同轴电缆、藕芯同轴电缆、物理高发泡同轴电缆，其结构如图 5-39 所示。

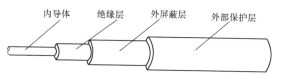

图 5-39　同轴电缆结构示意

干线放大器安装：在地下穿管或直埋电缆线路中干线放大器的安装，应保证放大器不得被水浸泡，放大器设置在金属箱内并有防水措施，可将放大器安装在地面以上。干线放大器所接输入、输出电缆，均应留有余量，以防电缆收缩时插头脱落，连接处应有防水措施。

4. 分支传输网络安装

(1)进入户内电缆可墙上明敷，也可穿管暗敷。

(2)分配器和分支器应按施工图设计的标高、位置进行安装。

(3)用户终端盒安装：明装用户盒可直接用塑料胀管和木螺钉固定在墙上；暗装用户盒应配合土建施工将盒及电缆保护管埋入墙内，盒口应和墙面保持平齐，面板可略高出墙面，如图 5-40 所示。

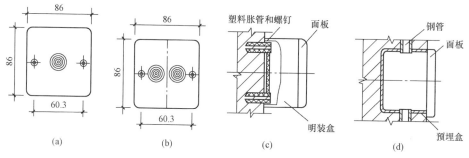

图 5-40　用户终端盒安装图
(a)单联；(b)双联；(c)明装；(d)暗装

5. 系统调试

系统安装完毕后首先要对天线、前端、干线和分配网络依次进行调试，检查各点信号的电平值是否符合设计和规范的要求，并做好调试记录；其次进行系统的统调。

6. 防雷接地

电视天线防雷与建筑物防雷采用同一组接地装置，接地装置做成环状，接地引下线不得少于两根。在建筑物屋顶面上不得明敷天线馈线或电缆，且不能利用建筑物的避雷带做支架敷设。

7. 系统供电

共用天线电视系统采用 50 Hz、220 V 电源作系统工作电源。前端箱与配电箱的距离一般不小于 1.5 m。

四、电话室内交接箱、分线箱、分线盒的安装

1. 交接箱安装

对于不设电话站的用户单位，其内部的通信线缆用一个接线箱直接与市话网电缆连接，并通过箱子内部的端子分配给单位内部分线箱(盒)，该箱称为"交接箱"。交接箱主要由接线模块、箱架结构和接线组成。交接箱设置在用户线路中主干电缆和配线电缆的接口处，主干电缆线对可在交接箱内与任意的配线电缆线对连接。

交接箱按容量(进、出接线端子的总对数)可分为 150、300、600、900、1 200、1 800、2 400、3 000 及 6 000(对)等规格。

交接箱内的接头排一般采用端子或针式螺钉压接的结构形式，且箱体防尘、防水、防腐并有闭锁装置。

2. 分线箱、分线盒安装

室内电话线路在分配到各楼层、各房间时，需采用分线箱，以便电缆在楼层垂直管路及楼层水平管路中分支、接续、安装分线端子板用。分线箱有时也称为接头箱、端子箱或过路箱，暗装时又称为壁龛，如图 5-41 所示。

分线箱和分线盒的区别在于前者带有保护装置而后者没有，因此，分线箱主要用于用户引入线为明线的情况，保护装置的作用是防止雷电或其他高压电磁脉冲从明线进入电缆。分线盒主要用于引入线为小对数电缆等不大可能有强电流流入电缆的情况。

过路箱一般作暗配线时电缆管线的转接或接续用，箱内不应有其他管线穿过。过路盒应设置在建筑物内的公共部分，宜为底边距离地面 0.3~0.4 m，住户过路盒安装设置在门后。

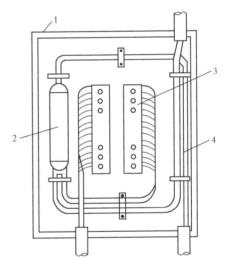

图 5-41 壁龛内结构示意

1—箱体；2—电缆接头；3—端子板；4—电缆

3. 户内布放电话线

户内电话线主要采用 RVS 双绞线布放。双绞线由两根 22~26 号的绝缘线芯按一定的密度(绞距)的螺旋结构相互绞绕组成，每根绝缘芯线由各种颜色的塑料绝缘层的多芯或单芯金属导线(通常为铜导线)构成。将两根绝缘的金属导线按一定密度相互绞绕在一起，每一根导线在传输过程中辐射的电波会被另一根导线在传输过程中辐射的电波抵消，可降低信号的相互干扰程度。

将一对或多对双绞线安置在一个封套内，便形成了屏蔽双绞线电缆。由于屏蔽双绞线电缆外加金属屏蔽层，其消除外界干扰的能力更强。通信电缆常用的型号见表 5-9。

通信电缆型号常用的有 HYV—10×2×0.5 和 HPVV—20×2×0.5 等。

表 5-9　通信电缆常用的型号

类别、用途	导体	绝缘层	内护层	特征	外护层	派生
H—内内话缆 HB—通信线 HD—铁道电气化电缆 HE—长途通信电缆 HJ—局用电缆 HO—同轴电缆 HR—电话软线 HP—配线电缆	G—铁芯线 L—铝芯线 T—铜芯线	F—复合物 SB—纤维 V—聚氯乙烯塑料 X—橡皮 Y—聚乙烯 YF—泡沫乙烯	B—棉纱编制 F—复合物 H—橡套 HF—非燃型橡套 L—铝包 LW—皱纹铝管 Q—铅包 V—塑料 VV—双层塑料 Z—纸(省略)	C—自乘式 D—带形 E—话务员耳机用 G—工业用 J—交换机用 P—屏蔽 P—鱼泡式 R—柔软 S—水下 T—弹簧型 Z—综合型	0—相应的裸外护层 1—一级防腐,麻被防护 2—二级防腐,钢带铠装麻被 3—单层细钢丝铠装麻被 4—双层细钢丝铠装麻被 5—单层粗钢丝铠装麻被 6—双层粗钢丝铠装麻被	1—第一种 2—第二种

户内布放电话线根据敷设方式及线对数不同,在线槽、桥架、支架、活动地板内明布放电话线。

4. 电话出线盒安装

住宅楼电话出线盒宜暗装。电话出线盒采用专用出线盒或插座,不得用其他插座替代。如在顶棚安装,其安装高度应为上边距离顶棚 0.3 m;如在室内安装,出线盒为距离地面 0.2～0.3 m;如采用地板式电话出线盒时,宜设置在人行通路以外的隐蔽处,其盒口应与地面平齐。

最后,一般是由用户将电话机直接连接在电话出线盒上。

由于工程性质和行业管理的要求,对于建筑物电话系统工程,建筑安装单位一般只作室内电话线路的配管配线、电话机插座以及接线盒的安装。对于交接箱、通信电缆的安装、敷设以及调试工作,一般由电信部门的专业安装队伍来施工。

五、火灾探测器、火灾报警控制器的安装

(一)火灾探测器安装

火灾探测器是火灾自动报警系统的检测元件,它将火灾初期所产生的热、烟或光转变为电信号,当其电信号超过某一确定值时,传递给与之相关的报警控制设备。它的工作稳定性、可靠性和灵敏度等技术指标直接影响着整个消防系统的运行。探测器安装时,应注意以下问题:

(1)各类探测器有中间型和终端型之分。每分路(一个探测区内的火灾探测器组成的一个报警回路)应有一个终端型探测器,以实现线路故障监控。一般的感温探测器的探头上有红色标记的为终端型,无红色标记的为中间型。感烟探测器上的确认灯为白色发光二极管者为终端型,而确认灯为红色发光二极管者为中间型。

(2)最后一个探测器加终端电阻 R,其阻值大小应根据产品技术说明书中的规定取值,并联探测器的数值一般取 $5.6\ k\Omega$。有的产品不需接终端电阻。但是有的终端器为一个半导体硅二极管(ZCK 型或 ZCZ 型)和一个电阻并联,应注意安装二极管时,其负极应接在 $+24\ V$ 端子或底座上。

(3)并联探测器数目一般以少于 5 个为宜，其他有关要求见产品技术说明书。

(4)如要装设外接门灯，必须采用专用底座。

(5)当采用防水型探测器有预留线时，要采用接线端子过渡分别连接，接好后的端子必须用绝缘胶布包缠好，放入盒内后再固定火灾探测器。

(6)采用总线制并要进行编码的探测器，应在安装前对照厂家技术说明书的规定，按层或区域事先进行编码分类，然后再按照上述工艺要求安装探测器。

(二)火灾报警控制器安装

1. 火灾报警控制器安装要点

(1)火灾报警控制器(以下简称控制器)在墙上安装时，其底边距离地(楼)面的高度宜为 1.3~1.5 m，落地安装时，其底宜高出地坪 0.1~0.2 m。

(2)控制器靠近其门轴的侧面距离不应小于 0.5 m，正面操作距离不应小于 1.2 m。落地式安装时，柜下面有进出线地沟；如果需要从后面检修时，与后面板距离不应小于 1 m，当有一侧靠墙安装时，另一侧距离不应小于 1 m。

(3)控制器的正面操作距离：设备单列布置时不应小于 1.5 m，双列布置时不应小于 2 m，在值班人员经常工作的一面，控制盘前距离不应小于 3 m。

(4)控制器应安装牢固，不得倾斜，安装在轻质墙上时应采取加固措施。

(5)配线应整齐，避免交叉，并应固定牢固，电缆芯线和所配导线的端部均应标明编号，并与图纸一致。

(6)在端子板的每个接线端，接线不得超过两根。

(7)导线应绑扎成束，其引线、引入线穿线后，在进线管处应封堵。

(8)控制器的主电源引入线应直接与消防电源连接，严禁使用电源插头。主电源应有明显标志。

(9)控制器的接地应牢固，并有明显标志。

(10)竖向的传输线路应采用竖井敷设，每层竖井分线处应设端子箱，端子箱内的端子宜选择压接或带锡焊接的端子板，其接线端子上应有相应的标号。分线端子除作为电源线、故障信号线、火警信号线、自检线、区域号外，宜设两根公共线供给调试时作为通信联络用。

(11)消防控制设备的外接导线，当采用金属软管作套管时，其长度不宜大于 2 m，且应采用管卡固定，其固定点间距不应大于 0.5 m。金属软管与消防控制设备的接线盒(箱)应采用锁母固定，并应根据配管规定接地。

(12)消防控制设备外接导线的端部应有明显标志。

(13)消防控制设备盘(柜)内不同电压等级、不同电流类别的端子应分开，并有明显标志。

(14)控制器(柜)接线牢固、可靠，接触电阻小，而线路绝缘电阻要求保证不小于 20 MΩ。

2. 区域火灾报警控制器安装

(1)安装时首先根据施工图位置，确定好控制器的具体位置，量好箱体的孔眼尺寸，在墙上画好孔眼位置，然后进行钻孔，孔应垂直墙面，使螺栓间的距离与控制器上的孔眼位置相同。安装控制器时应平直端正。

(2)区域火灾报警控制器一般为壁挂式，可以直接安装在墙上，也可以安装在支架上。控制器底边距离地面的高度不应小于 1.5 m。靠近其门轴的侧面距墙不应小于 0.5 m，正面操作距离不应小于 1.2 m。

（3）控制器安装在墙面上可采用膨胀螺栓固定。如果控制器质量小于 30 kg，则采用 ϕ8×120 mm 膨胀螺栓固定；如果控制器质量大于 30 kg，则采用 ϕ10×120 mm 膨胀螺栓固定。

（4）如果报警控制器安装在支架上，应先将支架加工好，并进行防腐处理，支架上钻好固定螺栓的孔眼，然后将支架装在墙上，控制箱装在支架上，安装方法同上。

3. 集中火灾报警控制器安装

（1）集中火灾报警控制器一般为落地式安装，柜下面有进出线地沟。如果需要从后面检修，与后面板距离不应小于 1 m，当有一侧靠墙安装时，另一侧距离墙不应小于 1 m。

（2）集中火灾报警控制器的正面操作距离：当设备单列布置时不应小于 1.5 m，双列布置时不应小于 2 m，在值班人员经常工作的一面，控制盘前距离不应小于 3 m。

（3）集中火灾报警控制箱（柜）、操作台的安装。应将设备安装在型钢基础底座上，一般采用 8～10 号槽钢，也可以采用相应的角钢。型钢的底座制作尺寸，应与报警控制器外形尺寸相符。

（4）火灾报警控制设备经检查，内部器件完好、清洁整齐、各种技术文件齐全、盘面无损坏时，可将设备安装就位。

（5）报警控制设备固定好后，应进行内部清扫，用抹布将各种设备擦干净，柜内不应有杂物，同时，应检查机械活动部分是否灵活，导线连接是否紧固。

（6）一般设有集中火灾报警器的火灾自动报警系统的控制柜都较大。竖向的传输线路应采用竖井敷设，每层竖井分线处应设端子箱，端子箱内最少有 7 个分线端子，分别作为电源负线、故障信号线、火警信号线、自检线、区域号线、备用 1 和备用 2 分线。两根备用公共线是供给调试时通信联络用的。由于楼层多、距离远，在调试过程中用步话机联络不上，所以，必须使用临时电话进行联络。

本章小结

在日常生活中，人们根据安全电压的习惯，通常将建筑电气分成强电和弱电两大类。强电部分包括供电、配电、照明、建筑物与建筑物防雷保护，弱电部分包括通信、有线电视、有限广播、火灾报警系统等，弱电主要涉及日益增长的信息交流和人身、财产安全的需要。本章重点介绍电气照明与动力系统、建筑接地与防雷装置、建筑拖点系统的识图与施工工艺。

思考与练习

一、填空题

1. 在建筑电气工程中，照明线路基本上是由 _____、_____、_____ 及 _____ 四部分组成的。

2. 电光源是指发光元件或发光体。按发光原理区分，电光源主要分为 _____ 和 _____ 两种。

3. _____是一种将电能转化成机械能，再作为拖动各种生产机械的动力的电气设备。

4. 供电滑触线装置由_____、_____、_____三个主要部件及一些辅助组件构成。

5. 电气设备的任何部分与大地做良好的连接就是_____。

6. 电力系统和电气设备的接地，按其不同的作用可分为_____、_____、_____。

7. 避雷线架设在架空线路_____，用来保护架空线路免遭雷击。

8. _____是用来防护雷电波沿线路侵入建筑物内，使电气设备免遭破坏的电气元件。

9. 火灾自动报警系统主要由_____、_____、_____组成。

10. 电气图一般由_____、_____和_____三部分组成。

11. 分线箱和分线盒的区别在于_____带有保护装置而_____没有。

12. 防雷装置由_____、_____和_____组成。

二、选择题

1. 建筑电气照明的方式不包括(　　)。
   A. 一般照明　　　　B. 分区集中照明　　C. 局部照明　　　　D. 混合照明

2. (　　)是连接接闪器与接地装置的金属导体，一般采用圆钢或扁钢，应优先使用圆珠钢。
   A. 引下线　　　　　B. 接地体　　　　　C. 接地线　　　　　D. 接闪器

3. (　　)的主要作用是将高频道变成低频道进行传输。
   A. 调制器　　　　　B. 解调器　　　　　C. 频道变换器　　　D. 分配器

4. 荧光灯的安装方式不包括(　　)。
   A. 吸顶式安装　　　B. 链吊式安装　　　C. 外挑式安装　　　D. 嵌入式安装

三、简答题

1. 在建筑电气工程中，电气照明可分为哪几种类型？

2. 电气照明线路的形式有哪几种？

3. 什么是动力系统？

4. 低压配电系统的接地方式有哪些？

5. 有线电视(CATV)系统由哪几部分组成？

6. 综合布线系统一般由哪几个独立的子系统组成？

7. 简述电气工程图的识读程序。

8. 明装避雷带(网)的安装应遵循哪些原则和要求？

参考文献 References

[1] 张志勇，徐立君，牛保平．建筑安装工程施工图集[M].4 版．北京：中国建筑工业出版社，2014.

[2] 陈思荣．建筑设备安装工艺与识图[M].2 版．北京：机械工业出版社，2017.

[3] 曾澄波．建筑设备[M]．武汉：武汉理工大学出版社，2013.

[4] 汤万龙，刘玲．建筑设备安装识图与施工工艺[M].2 版．北京：中国建筑工业出版社，2010.

[5] 王东萍，王维红．建筑设备工程[M]．哈尔滨：哈尔滨工业大学出版社，2009.

[6] 程文义．建筑给水排水工程[M]．北京：中国电力工业出版社，2009.

[7] 龚延风．建筑设备[M]．天津：天津科学技术出版社，1997.

[8] 刘昌明，鲍东杰．建筑设备工程[M].2 版．武汉：武汉理工大学出版社，2012.